广西传统村落及建筑空间
传承与更新研究

潘 洌 著

同济大学 出版社
TONGJI UNIVERSITY PRESS
·上海·

内 容 提 要

本内容共分五个部分,由八章组成。

第一部分:由第1章绪论构成。主要叙述选题缘由,对研究所涉及的概念进行仔细界定,并对国内外最前沿的相关研究进行综述,以及对广西传统村落及建筑研究现状进行分析,为传统空间的传承与更新研究提供空间哲理指引、建立理论框架、追溯空间原型的一体化方法提供思路。

第二部分:由第2章构成。建构广西传统村落及建筑空间传承与更新的理论框架。

第三部分:由第3、第4两章构成。即对广西传统村落及建筑的地理空间格局、空间意义进行逻辑框架建构,为具体空间研究提供支撑。

第四部分:由第5至7章构成。在第二、第三部分的理论框架基础上,对传统村落及建筑的空间要素、空间结构和空间形态的传承与更新进行具体方法与策略研究。

第五部分:由第8章构成。通过对第二至第四部分各章节(第2至7章)独自建立的理论、方法和策略框架进行概括总结,搭建出广西传统村落及建筑空间传承与更新框架,并提出后期研究展望。

图书在版编目(CIP)数据

广西传统村落及建筑空间传承与更新研究 / 潘洌著.

上海:同济大学出版社,2025. 1. -- ISBN 978-7
-5765-1392-9

Ⅰ. TU-862

中国国家版本馆 CIP 数据核字第 20244S8N17 号

广西传统村落及建筑空间传承与更新研究

潘 洌 著

责任编辑 邢宜君　　**责任校对** 徐春莲　　**封面设计** 完 颖

出版发行	同济大学出版社　　www.tongjipress.com.cn	
	(地址:上海市四平路 1239 号　邮编:200092　电话:021-65985622)	
经　销	全国各地新华书店	
制　作	南京月叶图文制作有限公司	
印　刷	苏州市古得堡数码印刷有限公司	
开　本	787 mm×1092 mm　1/16	
印　张	18	
字　数	383 000	
版　次	2025 年 1 月第 1 版	
印　次	2025 年 1 月第 1 次印刷	
书　号	ISBN 978-7-5765-1392-9	
定　价	92.00 元	

序

　　广西地处云贵高原东南，八桂大地独特秀丽的山水坡峒和毗邻北部湾的亚热带气候，孕育了广西先民们古朴自然的稻作农耕和社会文化。其传统村落得以生长、延续和传承，形成了独特的地域文化、聚落人居空间环境和建筑特色。

　　古往今来，三江融汇，灵渠贯通此地，多民族杂居共处，文化互融。璀璨多元的民俗民风使传统村落与环境和谐共生。

　　明清时期，社会变迁剧烈，传统村落木构年久失修，新旧交替无序。现今钩沉传统村落建筑遗存，大多仅可回溯至此时期，甚是可惜。

　　近代以来，西风东渐，中西建筑文化交融，翻开了中国建筑的近现代篇章。广西地远人稀，民风淳朴，传统村落及建筑仍能基本保持其原生态风貌，实属大幸。

　　新中国始，过去难以廓清的族群归为56个民族的多元一体格局，使散落于广西各地分布的多民族传统村落及建筑进行跨时空、多层级的分析比较和研究思考成为可能。

　　世纪之交，城镇化的浪潮汹涌澎湃，城市的人口"虹吸效应"使乡村社会空心化，传统村落空间失去活力，面临可持续发展危机。如何继承和弘扬传统地域建筑文化，重新焕发传统村落的生机，可持续地促进乡村振兴，使城乡一体化统筹协调发展，已成为社会的重要共识和面临的重大课题。

　　综观广西城乡社会历史文化变迁与传统村落兴衰的历史与现状，本书作者深入发掘地域建筑文化的内涵与哲理，细心梳理传统村落建筑空间环境的营建规律，试图在当下时空中找到其扬弃与传承的可持续设计方法与策略。

　　从文化人类学的视角看，传统村落如何传承与更新？其形态是"皮"（外显的建筑文化），其观念是"核"（内涵的观念文化），其规制是二者之间的"结构联系"（现实的规制文化）。观念文化具有深远的影响，规制文化具有主宰的作用。传统村落的传承与更新是复杂的系统性工程，并且是一个需要可持续发展的过程，其涉及政治经济、材料科技和社会人文等方方面面。人是一切社会关系的总和。人、建筑与环境的和谐共生，需要宏观的整体思维和系统辩证思想，任重而道远。

桂渝隔黔相望,浩荡长江,壮阔巴蜀,延绵西江,绚丽八桂。作为生于斯、长于斯的广西客家人,本书作者在重庆大学随卢峰老师和我求学多年,毕业后归根广西,执教于广西大学,扎实调研,仔细求证,勤于思考,修改完善成书。本书是一本集资料性、思想性、学术性和艺术性于一体的学术专著。在推动乡村振兴的大背景下,希望此书能燔山熠谷,给读者以启发和求知的乐趣!是以为序。

2024 年 9 月于重庆

前　言

广西沿边沿海,地形气候特征明显,有汉、壮、侗、苗、瑶、佬、毛南、回、京、彝、水、仡佬 12 个世居民族长期聚居此地,民族研究价值极高。截至 2023 年底,获得国家及自治区级认定的传统村落数目却较少,且大多处于非物质与物质遗产双重遗失的濒危状态,村落地域空间特征快速消失,急需对其进行记录与分析。目前,广西传统村落面临以下几方面的问题:村落空间格局难以适应现代生活需求,自然生态空间被过度侵占,村落原生态空间格局被破坏;村落内部空心化的同时,外围又变得无序化,导致空间秩序失控;空间形态被随意改变,致使村落风貌受到破坏;对村落空间只注重保护而对传承与发展方式研究较少;村民自我文化认同感低,外来者对本地文化认知度差,使传统村落及建筑传承与更新缺乏适宜哲理等。

诚然,随着外部政治、经济、文化环境的变迁,内部乡民生活方式与观念的转变,营建房屋的技术与适用资源的更新,传统村落及建筑作为活态文化遗产,其演变和发展是不可避免的,但如果对村落及建筑中以隐性、抽象、本质性形态存在的"空间"缺乏足够的认知与重视,那么就不能理清它与"环境""人""技术"的传承与发展关系,也难以从本质上解决上述问题。

建筑学的任务是提供、优化和美化空间,因此要解决传统村落及建筑的传承与发展问题必然要回到空间。笔者认为,传统村落及建筑是广西地域文化的典型载体,而空间是环境、聚落、建筑与人之间互生关系的基本载体,从传统村落及建筑中抽象、显现并理清其宏观、中观和微观的空间特征及演变方式,是连接传统、现代和未来聚落及建筑发展的关键。当前,在空间增量受限的条件下,设计师们需要仔细反思传统与现代、保护与发展、传承与更新等矛盾共同体在传统村落及建筑(多为存量空间)多元时空格局里的共存关系,并做好发展趋势预测,以便在从现代性中获得发展动力的同时,也能从传统性中发现并重建自身对本民族与区域的认同感,为传统村落及建筑在新形势下寻找新方向,为地域聚落及建筑空间设计提供指引。

基于此,本书选取广西全域内具有典型性的国家级传统村落为样本,以理清其村落与建筑在时空里蕴藏着的朴素哲理为目标,从由上至下的宏观环境和由下至上的微观场景两头开始,在中观的传统村落及建筑空间中进行意义整合。由此,建构出基于广西独特自然地理、民族文化、政治经济的村落外部环境空间↔村落空间↔建筑空间↔内部空间↔家具陈设的多元时空格局,建立一个既适应宏观规划要求又符合微观自组织需求的广西传统村落及建筑空间理论框架;在此框架基础上,用概念提取、分类比较及图解构成的定性方法抽象出广西传统村落及建筑的"空间格局""空间意义""空间要素""空间结构"和"空间形态"的概念集群;在此基础上结合定量分析的再抽象(数目、体量、坐标、角度、质量等数据)来建立能适应现代发展与更新的传统空间模型;并提出广西传统村落及建筑空间传承与发展的方法与策略;借此建构出一个具有系统性、开放性、互逆性的传统空间传承与更新框架。就此,笔者希望通过对过去的提炼,解决现实问题,完成对未来的预测与构想。

2024 年 8 月于南宁

目　录

1 绪 论

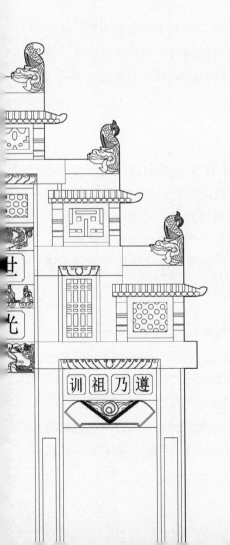

「讨论过去与现在之间的适当关系是一个当今关键的问题，因为中国当今的城镇化进程正在引发一场关于建筑应当基于传统还是只应面向未来的讨论。」

——普利茨克奖评委会主席对王澍获奖理由的阐述

1.1 概念辨析

本书主要谈论的是广西传统村落与建筑空间传承、更新,在进入这项研究议题之前,笔者在此想先讨论以下几个概念。

1.1.1 广西

广西壮族自治区(简称"桂")地处中国地形第二级阶梯中的云贵高原东南边缘、两广丘陵西部。广西主要包括山地、丘陵、台地、平原等类型地貌,中部和南部多为丘陵平原,呈盆地状,有"广西盆地"之称。广西被分为五大区:桂北区,相当于现在桂林市;桂中区,相当于现在的柳州市、来宾市;桂东区,相当于现在的梧州市、贺州市、玉林市、贵港市;桂南区,相当于现在的南宁市、崇左市、北海市、钦州市、防城港市;桂西区,相当于现在的百色市和河池市。五大区都有其独特的自然地理、民族文化、政治经济背景,上述因素使广西的传统村落散布在五大区各处,独具特色。

本书的研究对象为经过抽象化处理的、不同类型传统村落及建筑中的典型空间。为对其进行充分、全面的比较研究,故将研究范围定为广西全域,从而厘清广西传统村落及建筑的空间地理分布格局,并揭示影响传统村落及建筑空间特性的各种因素,为建立一个适应概念化、片段化、系统化的传承与更新框架提供帮助。

1.1.2 传统村落及建筑

就目前发展状况来看,地理环境是传统空间的基本物质载体,传统村落及建筑是传统空间的母体,城镇聚落及建筑是传统空间的变体。对"传统空间"进行现代性解读,首先需要对传统村落及建筑空间进行抽象分析以便获取原型,同时还要对自然环境↔乡土建筑↔传统聚落↔传统村落↔新乡土建筑↔新农村的双向生成与发展图示进行历时性认知。在此,笔者按照这一双向可逆的过程时序,通过对"乡土建筑""聚落""传统村落""新乡土建筑"及"新农村"的概念解读来理解"传统村落及建筑"的内涵与外延。

1. 乡土建筑

陈志华先生认为,乡土建筑位于乡村环境之中,产权归乡民所有,基本上不是由建筑师设计,而是由使用者和邻里乡亲自建,居住模式大体形成于农耕社会并传承至今;乡土建筑多采用地方建筑材料和地方传统营建工艺建造。笔者根据语言结构分析将"乡土建筑"拆分为"乡""土""建筑"来理解其内涵。"乡"有"乡村""乡民""乡村社会""乡村生活""乡村经济"的含义,具有传统性;"土"有"本土""土地""地气"的含义,具有地域性;"乡"和"土"可以说是乡土建筑的"魂"和"根",具有时间上的延续性,反映了滞后于物质空间发展而缓慢变化的心理过程。而"建筑"则有"乡土建筑系统"的含义,是"乡"和"土"的物质空间与技术载体,是"形"的概念。它是由乡民自己参与建设的平民化、本土化的平凡建筑,而不是建筑师、开发商或执政者自说自话的理想化建筑。即"乡土建筑"为根植于本区域的土地、由乡民自己参与建造、供乡民世代居住、传承乡土社会文化、充满本土气息的建筑,是一个"形、魂、根"兼备的有机概念体系。这个概念体系应根据村落空间的时间发展历程划分为历史建筑①、近现代建筑、现代建筑等不断延伸发展的有机概念(图1.1)。

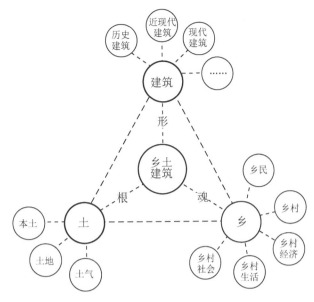

图1.1 乡土建筑的概念构成

2. 聚落②

建筑学中常常将有着较丰富的传统文化和历史建筑遗存的村落称为聚落;城镇史中将城镇产生之前人类的居住点称为聚落;而考古学中将所探查的人类居址称为聚落,并且一般用于指代国家出现以前的考古遗存。这些用法往往将聚落区别于城镇,聚落一般指村庄。《辞海》中定义:"聚落是指人类社会的聚居地,是由人类集体聚居的社会状态和居住环境所构成的整体。"因此,聚落的概念就不应仅仅停留在村庄,凡是人类聚居的地方都应该被称为"聚落"。可见聚落是一个宽泛、动态、包容性强的空间规模单位,但要使聚落这个单位对研究有意义,研究者就得为其赋予一些其他解释(图1.2)。下面将从不同角度解析"聚落"一词的含义。

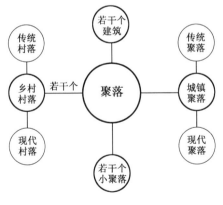

图1.2 聚落的定义

(1)按所处地域环境,聚落可分为乡村村落与城镇聚落两种类型。我国古代相关文献对乡村和城镇的形成有以下观点,《史记·五帝本纪》载:"一年而所居成聚,二年成邑,三年成都。"可见,聚落先于村落形成,村落先于城镇形成,村落是人类生产、居住、休息和进行社会交往的空间复合场所,是区别于城镇空间的一种聚落形式。

(2)根据建成年代、文化差异,聚落可分为传统聚落和现代聚落。传统聚落又可划分为以乡土建筑

---

① 历史建筑是经市、县人民政府确定公布的具有一定保护价值,能够反映历史风貌和地方特色的建筑。历史建筑以院落为单位填报。

② 本书的聚落是指宏观层面的聚落,其概念包含传统聚落。

为主的空间、文化、经济系统性整体存在于原生自然环境中的传统村落,和以片段方式存在于城镇环境中的传统聚落。因此,在进行研究和设计时首先要了解对象是何种类型的聚落。

(3)根据功能、核心和层级等的不同,聚落可分为由若干空间单元构成的、具有某种边界的大聚落与小聚落。大聚落可以是由若干村落相联系或若干小聚落集合而成的,小聚落是由若干建筑集合而成的。如果把聚落看作一个完整的功能空间,那么每个村落、小聚落及建筑都是聚落的局部功能点之一,聚落需要由村落或小聚落或建筑在功能上相互联系才能得以成立,正如王澍的观点:"建筑一定要成片,不成片,生活也就不存在了。"

3. 传统村落

传统村落是指拥有物质和非物质文化遗产,具有较高的历史、文化、科学、艺术、社会、经济价值的村落。不同于静态、法定的历史文化名村,作为中华文明的"基因库",传统村落是动态、默认的"第三类文化遗产"①。传统村落是环境性与时间性相结合的概念,它对地域环境具有极大的依赖性和适应性,必须是保留了较完整的历史信息,即建筑环境、建筑风貌、村落选址未有大的变动,现在依然充满自然活力、具有浓郁人文情感和乡土民俗文化特质,虽年代久远但至今仍为人们服务的活态村落(图1.3)。

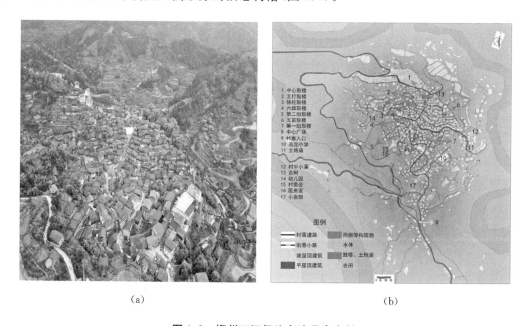

(a)   (b)

图1.3　柳州三江侗族自治县高定村
(图片来源:广西传统村落数字化保护及其成果开发利用研究课题组提供)

在此需要指出,传统村落是由多个传统聚落根据某种规则(如血缘、地缘、业缘关系等)聚集而成的、较高一级的整体组织机构,是一种"家屋社会"。如果传统村落整体结构发生

①　联合国教科文组织把遗产划分为物质文化遗产、非物质文化遗产、自然遗产等,并未将村落遗产单独列出,而是放在历史遗产、历史建筑或者物质文化遗产中。冯骥才认为中国传统村落,既不是物质文化遗产、非物质文化遗产,也不是物质和非物质文化遗产的简单组合。它不可肢解,它的范畴要大于联合国教科文组织提出的任何一个遗产种类的范畴,或许可以称之为"另一个系统的遗产"或"第三类文化遗产"。

较大改变,它就会降级分解为传统聚落而独立存在,这样的存在也应受到认可及相应的保护。

4. 新乡土建筑

在乡村环境里新建成的建筑都是新乡土建筑吗?在城镇里新建成的建筑就不是新乡土建筑吗?如上文所述,如果建筑只有乡土建筑的"魂",即乡土思想和生活习惯保留;或只有乡土建筑的"形",即传统建筑形态与空间的物质残存,"魂"和"形"不能出现在同一时间与空间中;还有"无形无根无魂"的建筑不应被称为新乡土建筑[图 1.4(a)]。在广西阳朔旧县村,一些外来者将桂北山区少数民族聚落闲置的木构干栏式民居迁建于此,这种迁建老建筑的营建方式只是移来了"形",而没有立住"根",留下"魂",没有在地的见证性,所以很难被称为新乡土建筑[图 1.4(b)]。只有"形""根""魂"三者兼得,同时还能适应现代发展的乡土建筑(即兼具地域性、传统性和现代性的建筑)方可称其为"新乡土建筑"(图 1.5)。

(a) "无形无根无魂"建筑

(b) "有形有魂无根"

图 1.4 伪乡土建筑

(a) 在壮族村落荒芜土地上新建的侗族干栏式建筑

(b) 马山三甲屯新旧民居共存

图 1.5 新乡土建筑

5. 新乡村

随着信息时代的到来和城乡一体化建设的快速推进,现代思想观念、生活方式、科学技术和现代经济的强势介入,使"传统村落及建筑"不再囿于农耕文明时代的地理文化结构框架内,它的内涵发生了更新和延展。现代性因子(生活方式、科技等)与"传统村落及建筑"特有的地域性两相适应,衍生出了"传统村落"的新外延,即"形""魂"("神")兼备的"新乡村"。形,指的是传统村落及建筑的空间要素、结构和形态;魂(神),则是传统思想、生活的保留与传承,进而言之是空间意义。当它们出现在同一时间与空间中时,且能适应现代发展的,即兼具传统性、地域性和现代性的村落才可被称为"新乡村"。

当前,新乡村建造方式分为"保护式""改造式""新建式"三种。①"保护式"是指对历史风貌保持较好、保存价值较高的传统村落可采用生态博物馆、民间博物馆式的重保护、轻建设的方式,这类传统村落留存较少,见图1.6(a)和图1.6(b)。②"改造式"是指在村落历史发展进程中,村落选址未变,但村落布局和环境在不同历史时期发生了不同程度的改动,村落中一部分传统建筑及环境因年久失修、现状质量低劣而被废弃;一部分被保留下来,仍在使用;还有一部分被拆除,在原址上或另选新址修建新房的方式。这样的村落现存较多,应针对不同情况,采取理清核心、划分区域、注重边界的分级控制建设方式[图1.6(c)]。③"新建式"则是另选新址进行修建,为整村迁移的乡民提供新的居住空间,或者将一些残破旧村中零散且无法单独保护的遗存迁至异地,集中起来保护,同时还将一些掌握着传统手工艺的匠人请进来,组成一个活态的"露天博物馆"式新村的方式,如图1.6(d)和图1.7所示。其中,新建式村落应重点关注传统空间概念的传承与更新。

(a) 保护式:金秀瑶族自治县门头屯

(b) 保护式:鹿寨七建乡龙腾村

(c) 改造式:漓江云庐

(d) 新建式:金秀瑶族自治县古占屯新村

图1.6 三种类型的新乡村建造方式

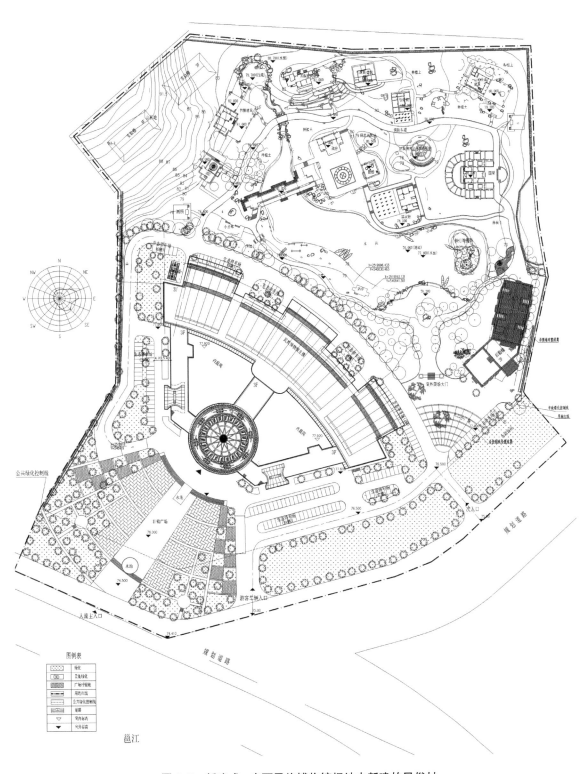

图 1.7 新建式：广西民族博物馆场地内新建的民俗村

（图片来源：广西文物保护研究中心提供）

1.1.3 传统空间

1. 空间＝器＋气＋用

中国道家哲人老子在其名言"埏埴以为器,当其无,有器之用。凿户牖以为室,当其无,有室之用。故有之以为利,无之以为用"中对"空间"作出了释义。在具象的"器"生成前存在一个前置空间,即存在于天地之间、抽象均质地存在于任何地方以接纳"器物"的"气"空间;用西方说法则是可以丈量的"物理空间"。"气空间"与"物理空间"的绝对存在是东西方(传统与现代)空间比较的逻辑起点。自然"器物"于东西方是同质的,但化生天地万物的"气"却是东方文化所独有的,这种"气"可以解释为自然之"地气"、文化之"意气"、社会之"风气"、经济之"财气"。器物须被赋予"地气""意气""风气""财气",并转化为某种"生气"(氛围)才能被称为"用"空间(图1.8)。

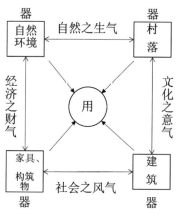

图 1.8 空间非虚:器、气与用的空间关系

被自然环境、村落、建筑、家具及构筑物等"器物"从容纳它们的"气"空间中分隔出来的"用"空间是从地域文化中生成的,那么脱离了原生环境,"器物"空间的"用"空间还有意义吗? 在现代社会,随着人口流动性的加大,周边"器物"正快速改变,处于不同地理环境的人,其心中的空间概念改变较慢,这为将"气"空间从传统村落与建筑的旧"器物"中抽象出来,再转换成塑造新器物的"用"空间提供可能。"用"空间可以以一种清晰可辨、原生性的整体状态存于传统村落及建筑中,也可以以一种模糊难辨、拓扑变形的片断状态广泛存在于现代聚落环境之中。空间的"器"与"用"就像空间的"图""地"关系,二者关系的辩证认识对传统村落及建筑的空间分析、空间规划、空间设计具有较大帮助。

2. 空间＝过去＋现在＋未来

1941 年,著名现代建筑理论家和史学家希格弗莱德·吉迪恩(Sigfried Giedion)在《空间·时间·建筑——一个新传统的成长》一书中首次提出了"空间-时间"概念,即空间不只是由 x、y、z 轴 3 个维度(时间、心理认知、空间)限定生成的"器物",它还是包含了线性时间的四维空间,加入时间平面的五维空间……时间对人的影响主要是记忆,如何通过精心安排人在时空序列上的运动和体验等来引发人的心理变化,从而激发或深或浅的回忆,使空间产生意义,这一直是空间研究的重点。从时间是线性的观点来看,传统与现代有着时间上的先后顺序,是历时性的;从时间是平面的观点来看,它们是共时性的。在对传统村落进行分析时,不应过分强调历时性区别,而应注重共时性融合。"传统"在时间上是过去时,由于其具有时间的积累,使它在人的心中常以回忆、复古怀旧的形式出现;现代在时间上是现在时,因其与将来很近,其在人的心中不时以幻想的、超前的形式出现。过去、现在和未来从心理认知上看是一种时间积累、过渡及继承关系,对这种关系的认可就是对传统的认定。

中华优秀传统文化的包容性和柔韧性,为过去、现在和未来在空间上累积叠加,形成恒久图示提供了可能(图1.9)。

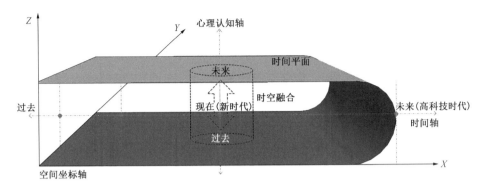

(a) 空间＝过去＋现在＋未来

(b) 墙画层层相叠

(c) 形态共存

(d) 不同年代的符号共存

(e) 材料共存

(f) 构造共存

图 1.9 传统:时间、空间、心理的叠合

传统空间随着时间流逝而解体重构,某种意义上是东方哲学"死而复生"的合理体现。因此,关注广西传统村落及建筑,必须从时间角度来解读,并尊重这种时间造成的痕迹的共存状态。比如夯土墙随着时间推移而慢慢坍塌,这种过程和呈现的结果应该被作为一种具有景观与哲理意义的时间痕迹保存(图 1.10)。那么如何给传统村落及建筑的时间痕迹划代呢,有学者认为,传统大概指三代,如果一代以 20 年为计,三代大概是 60 年的时间。按此逻辑,几十年形成的精神、思想、风俗及行为等是小传统;而三代以上累积下来的是人传统。在广西传统村落及建筑里,大小传统遗留的时间痕迹处于共存状态:①传统民族文化长期占据的封建时期(最早可追溯至宋代),②新中国成立的时代(至今 75 年),③"消灭一切牛鬼蛇神"的"文化大革命"时期,④改革开放以来的新时期(至今 30 多年),⑤"人工智能"下的高科技时代。

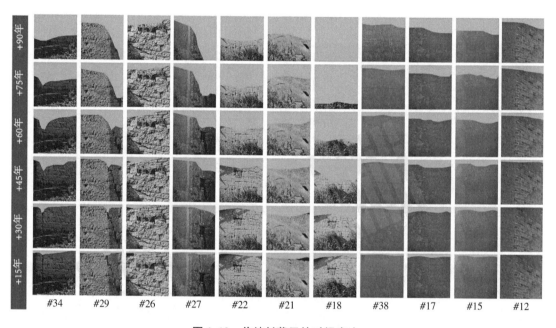

图 1.10 传统村落里的时间痕迹

(图片来源:广西鼓鸣寨竞赛作品集 ID574,广西鼓鸣寨旅游投资有限公司提供)

3. 传统空间

从空间构成上看,传统空间是从传统村落及建筑中抽离出来,遵循某种文化规则和自然(宇宙)秩序的空间,其由概念或图示集群构成,它可以从时空限制中分离出来,成为数学的概念或"存在的向度"而独立存在与传播。从空间的"器""用"性和时间性可以看出,传统空间是连接传统、现代和未来聚落及建筑的重要载体,也是连接传统与现代的重要桥梁。

1.1.4 传承与更新

传承与更新的根本在于如何处理传统与现代的关系连续性问题,即用"现代性"去传承"传统"的"精华",并剔除"糟粕"的过程(图 1.11)。前文就传统空间概念进行了解析,下面笔者将对什么是现代性及如何更新与传承展开论述。

海德格尔（Martin Heidegger）认为现代性可概括为三个层次：一是以理性主义、效率至上观（即时间最短、效用最高）为核心的现代观念体系；二是以机器生产为标志的现代生产体系；三是把一切存在者当作对象甚至质料的现代揭示方式。哈贝马斯（Jürgen Habermas）将"现代"界定为"一种与古典性的过去息息相关的时代意识"，这种新的时代意识是"通过更新其与古代的关系而形成自身"，是一个"从旧到新的变化的结果"。唐文明认为现代性是把原始的、过去的、近代的"过去"糅合在一起的"模糊"传统性，现代性适应永远都是一个人或一群人不断扬弃与取舍过程，通过更新而非断绝与过去的关系，从而凝结成自身传统的现代性。传统对环境现状持有一种客观理解、尊重、聚合、改良的态度，现代则持一种主观强加、背离与改革的态度。

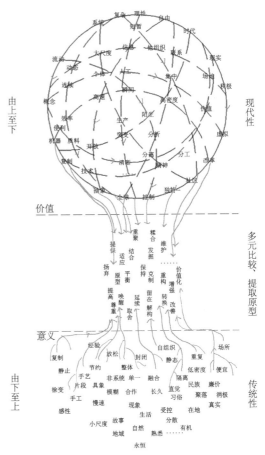

图 1.11 传统与现代的概念性传承与更新

传统和现代性的关系主要在于以下几点。

首先，"现代性"不是一个和"传统性"完全对立的概念。现代性是一个多种力量相互斗争的力场，它的任何一个要素、原则、力量在建立自己的"领域"时，都会受到其他要素、原则、力量的反制。其基本原理和传统的天人合一、物我合一、相生相克、互生互换等原则是相互吻合的，即任何一个事物，都需要更大、更全面的关系网支撑，才能求得它的稳定性存在。

其次，传统谓之传统是在于过去流传或积累下来的思想现在仍对人们的行为和思想具有影响。这是因为：第一，传统是保留在现代人的记忆中、话语中、行动中的那一部分过去；第二，传统是被现代人从过去之中精选出来的，由于现代人的选择，这部分过去才得以留存下来；第三，由于现代人的反复实践和应用，这些留存的过去获得了传统的意义；第四，现代人通过"重构"过去的方式创造出新的传统。

"传统"实质上就是"现代"的另一面，是对"现代"更为深刻的表达和揭示，传统与现代实质上是现代性过程的两种"面相"；传统是现代成长和开拓的土壤，现代需要回到传统中去寻找整合自身趋向分离的各种因子的伦理道德秩序。现代要想成功地继承传统中有活力、有价值的遗产,必须通过现代性本身的原则(而非传统主义的方法)将古典性唤醒,即通过追认将古典性本真化,从而实现传统的现代性。

通过以上分析可知,传统与现代两对概念集合群如何衔接是本书的研究重点,即寻找"传承与更新"的方式方法(图 1.12)。传承与更新的方式方法笔者在此总结了四点。

（a）"师徒"间手把手交流（龙胜金竹寨）

（b）"老师"间学术交流

（c）"师生"间共建友谊（大浪乡红邓小学）

（d）广西大学与华蓝设计共同展开乡村课题调研（隆林某屯）

图 1.12　传承与更新的方式

（1）网络状融合。从表面上看,传统空间是分散、复杂、自组织、非线性的,而现代空间是联系、简单、他组织、线性的。当用"树状图""网络化""大数据""大规划"①去糅合衔接"地域性"与"全球性"、"民族性"与"时代性"、"单一性"与"复杂性"、"片段性"与"整体性"等多对两相矛盾的问题概念集群时,采用扁平化、系统化、网络化、互动性的复杂思维去破解传

---

① 　指兼顾乡村外在环境改善和组织机制软性建设的系统乡村建设规划,其内容包括规划设计、施工指导、内置金融创建与图底抵押贷款、土地流转、合作与集体经济、乡村治理、景观环境改善、垃圾分类、污水处理,居家养老中心与养老村建设运营服务,经营乡村理念方法推广与基层干部村民培训,以及乡村建设融资投资服务等。

统与现代的隔阂,很多新特质就会涌现,传统空间则具有生存的机会和意义。

(2)概念性抽象。苏珊·朗格认为概念是"理性认识的起点",是定义、分类与概括现象的方法,是西方理性逻辑分析系统的重要构成。作为整体性存在而被感知的传统观念和生活方式的迅速解体,使人们在关系复杂、信息膨胀的当代日益依赖于抽象的、片断的概念来理解和构筑世界。在这样的发展趋势下,传统村落及建筑空间也必然要转化成为一种相对独立、抽象的空间概念集群及概念图示关系,才能更好地适应现代生产生活的自我、片断性需求,并融入现代空间系统之内。在仔细谨慎地把空间概念化后,就可以对概念进行定量,从而抽象地传承与更新传统空间。

(3)构成性分析。将隐性的传统空间构成特征通过现代空间要素、结构、形态概念进行构成显现和演算,为提炼广西各地区传统村落及建筑所特有的空间构成特征提供分析方法。

(4)价值性转换。传统空间讲究一种内敛"意义",而现代空间讲究目的、过程、结果逻辑关系清晰的外显"价值",传统空间的"意义"和现代空间的"价值"有相似也有相左之处,如何把"意义"转换成"价值"是传统空间得以传承和更新的关键。

1.2　广西城乡中传统与现代的时空矛盾

当前,广西的传统村落获得国家及自治区级认定数量很少,分布呈现"东北多、西南少,山区多、平地少"的不平衡格局,大多处于非物质遗存与物质遗产双重遗失的濒危状态。民族文化式微,村民自我价值认同感逐渐消失,村落空间格局分散破损,自然生态空间被过度侵占,村落内部空心化的同时外围又变得无序化,新建农房过度现代化等问题造成了当前广西城乡发展传统与现代的时空矛盾。诚然,传统村落的外部政治、经济、文化环境,内部乡民的生活方式与观念,以及营建房屋的技术与适用资源也都发生了改变,传统村落及建筑的改变也是必然的,但如果对村落和建筑中隐性、抽象的本质性"时空"矛盾缺乏足够的重视和辩证认知,则不能理清它与"环境""人""技术"的传承与更新关系,也就很难从本质上解决上述问题。

建筑学的任务是提供、优化和美化空间,因而解决传统村落及建筑的传承与更新问题必然要回到空间。传统村落及建筑是广西地域文化的典型载体,空间是环境、聚落、建筑与人互生关系的基本载体,从传统村落与建筑中抽象、显现、理清其宏观、中观和微观空间是连接传统、现代和未来聚落与建筑的关键。

当前,在增量发展受限的条件下,人们开始仔细反思传统与现代、保护与发展、传承与更新等矛盾在传统村落及建筑(多为存量空间)多元时空格局里的共存关系并进行发展趋势预测,以便在从现代性中获得发展动力的同时,也能从传统中、地域里发现并重建民族对区域的认同感,从而在新形势下为广西传统村落及建筑寻找新的发展方向。在寻找新发展方向之前,先要理清传统村落中传统与现代时空矛盾的关键点,下面将详细展开。

1.2.1 传统村落中传统与现代时空分离的危机

在以发展为第一目标的机器大生产时代,感性的、慢速的、手工的"传统"在现代人的意识中成了"绊脚石",代表"传统"的村落及建筑被视为过时静态的"旧物",遭到任意破坏或遗弃,如罗城仫佬族小长安镇龙腾村大勒洞的古村落,目前该村落的房屋保存基本完好,传统格局未受到破坏,仅有为数不多的老人、妇女和儿童居住,大部分居民都搬到靠近旧村的新村里或者更远的城镇里工作居住,古村落逐渐衰败。为此,如何应对传统村落逐步衰败的难题和重新焕发生机的可能已成为一个不可逃避的历史课题(图1.13)。

图1.13 传统与现代分离(罗城仫佬族小长安镇龙腾村的大勒洞)

1.2.2 传统与现代时空压缩的混沌

正如丹尼尔·贝尔(Daniel Bell)在《资本主义文化矛盾》中所说:"由于批判了历史的连续性而相信未来即在现在,人们丧失了传统的整体感和完整感。破碎或部分代替了整体。"当前,随着全球化信息共享,传统以片段状态从其原生环境中被抽离,像商品标签与民俗符号一样被跨地域、跨空间地挪用拼贴,时空被极度压缩而产生了空间错位感。这种情形貌似混乱,其实是乡村与城镇互动共生的一个发展阶段,需要智慧才能走出混沌。如广西某集团研究中心大楼,低矮的仿真传统聚落被放置在6层楼高的办公建筑顶层,传统与现代近距离并置在一起,这是一种必要也是一种学习(图1.14)。当然,"一旦原生态的文化环境遭到破坏,单一的标志性建筑将不再具有实际的社会功能和美学意义,其存在的必要性也就自然受到漠视和怀疑。"①

图 1.14 传统与现代并置(南宁某集团研究中心大楼,2024 年笔者自摄)

1.2.3 传统与现代时空重构的同异

全球化时代的到来对文化和生活产生了巨大影响,不同地区的文化、环境、建筑出现了同质化现象。乡村建筑的外观、材质和色彩极力模仿城镇建筑,造成建设性破坏;乡村空间格局多从城镇由上至下的政治、经济视角进行规划,而非以乡间尺度,从由下至上的人文、生态视角来聚合(图 1.15);乡村聚落中自发的碎片空间形态被规划成几何、连续的制度空间形态。这种同质化是因当地域文化与外来文化发生冲突时,对各种复杂现象的关系没有梳理好,且传承方式单一而造成的,建设者没有认识到地域主义的核心在于地域自尊心的重建。为此,传统"地域基因"与全球"现代基因"的时空关系,应该是一种趋向复杂、主动、积极、扬弃的异质重叠关系,而不是单一、消极、被动、模仿的同质互斥关系。

1.2.4 传统与现代时空转换的新旧

吴焕加先生认为当代中国"老的传统建筑和建筑传统已经从舞台的中心转到了边缘",中国建筑也应该由"传统"进入到"新统"。杨宇振教授认为,在当前"换了人间"的世界是否还留存有传统文化生存的空间是十分可疑的事情,毕竟是两种完全不同的文化与建造体系。那进

---

① 摘自潘年英《在田野中自觉》一书。

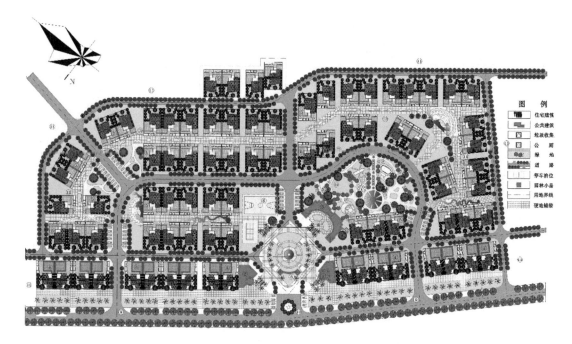

图 1.15 农村还是城镇（广西某文明村规划平面图）

入新范式的传统村落及建筑该怎样发展？如何寻找它们的新起点？又该按照何种模板去新建乡村？当前，在传统村落建设中存在三种失语状态(图 1.16)：①乡民不专业地(或者是半专业地)把现代材料和建造方法运用到旧居改造与更新中，常出现结构安全性差、空间效能低等问题；②乡民完全运用新材料、新技术就地重建，使村落传统风貌遭破坏，建筑空间品质差；③实验建筑师运用现代的适应性手法建造新乡土建筑，但其可推广性较差。

1.2.5 传统与现代时空融合的一体

21 世纪两个主要趋势，一是信息涌集，二是各类问题本质间相互作用不断复杂化，这使传统村落"边界"越发模糊、开放，村落间、村落与城镇间的关系越发紧密，形成一种复杂细密的网络状结构。个体乡村问题的解决不能仅从乡村自身寻找答案，还要将乡村置于更大尺度的结构中，使其和其他个体产生某种联系，即乡村的出路就在"城乡空间一体化"①。从表面上看，讲究信息涌集、复杂关系和快速更新的现代数字世界与信息封闭、关系简单、节奏缓慢并注重手工的传统村落呈对立状态，但正是这种差异为城乡统一与多样化共存提供了机会。无论是过去还是现在，传统村落都会受到气候、资源、地理、生物等自然因素和经济、技术、文化、风俗等人文因素的影响，并在空间中有所体现，且随着空间抽象转换而得以有效传承与

---

① 2008 年 1 月《中华人民共和国城乡规划法》实施，提出了城乡一体化的概念。这打破了我国城乡二元对立的局面，开启了我国城乡统筹发展、一体化规划的新时代。这对传统乡村的空间研究提出了新要求，促使从业人员对传统村落空间的考虑必须跳出狭义的地理空间限制，将乡村纳入城镇空间体系里进行一体化考量，即"城乡空间一体化"。

（a）旧建筑更新（三江马鞍寨杨宅）

（b）新乡土建筑（大浪乡红邓小学）

（c）新建筑重建（江头村爱莲家祠旁新建农房）

图 1.16 当前乡村建造的三种失语状态

发展。如何使低密度、功能简单、自组织性、布局分散、流动性弱、边界模糊的传统空间图示与高密度、功能复杂、外部系统性、规模集中、流动性强、边界清晰的现代空间图示实现有机融合，是传统（乡村）与现代（城镇）空间格局一体化的关键。传统村落在现代时空里的现状SWOT 分析见图 1.17。

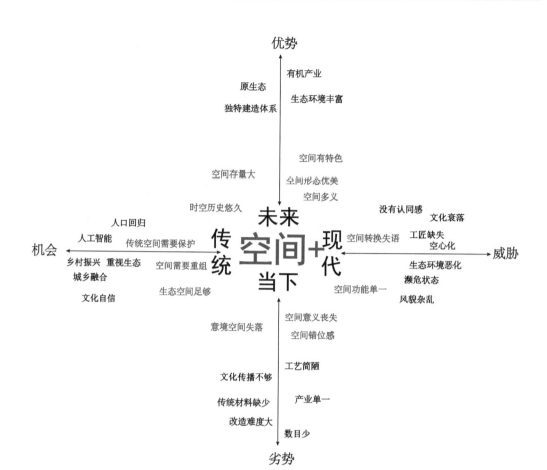

图 1.17 传统村落在现代时空里的现状 SWOT 分析

1.3 国内外传统村落及建筑研究的现状

1.3.1 国内外传统村落及建筑空间研究方法初探

笔者认为,国内外理论研究及成功案例中值得借鉴的是其发现和切入问题的角度、依托的理论基础、方法论和策略,笔者根据这些内容整理成图(图 1.18)。

1. 从空间体系入手

(1) 对环境、村落与建筑进行整体性研究。陈志华、李秋香根据功能把传统村落分成住宅、宗祠、文教建筑和其他建筑四小类,在研究中将重点聚焦到各类建筑与村落整体布局的相互关系上,重点关注聚落整体以及它的各个部分与自然环境和文化环境的关系,其基本研究方法是在一个生活圈或文化圈范围里,全面细致地研究乡土建筑的整个系统,将乡土

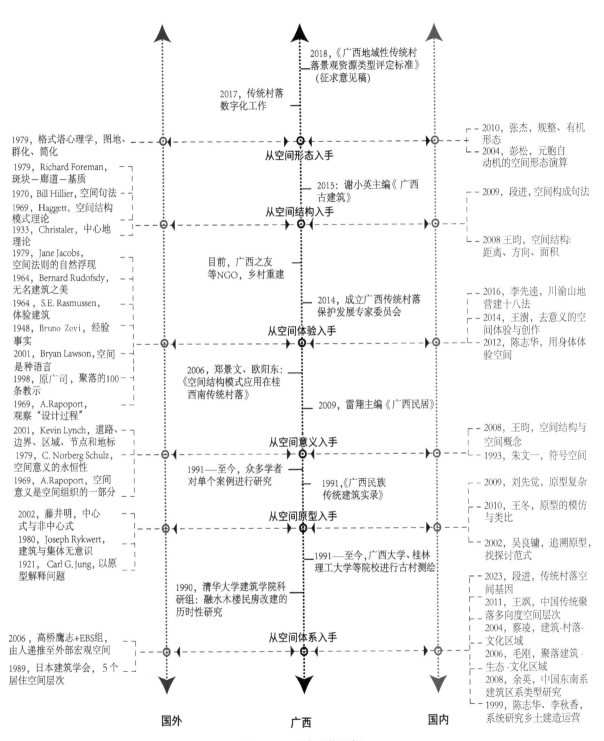

图 1.18 研究现状图解

建筑与乡土文化、乡土生活联系起来研究;余英则基于历史民系进行了中国东南系建筑区系类型研究;毛刚结合生态学与人文地理学的理论,按海拔高度从北向南逐渐下降的规律划分地域文化圈,进而讨论了历史聚落与生态、民族聚落与文化交融,以及地缘建筑与自然景观的相互关系;蔡凌则从"文化圈"的角度建立一套具有自然性、历史性、完整性、现实性的文化地理学"区域"理论,即由"文化圈/文化区"、区域共同传统、文化变迁为特性的"建筑-村落-文化区域"的研究框架等。尽管从更为宏观的角度进行研究值得被借鉴,但此类研究更多还是从历史角度入手,而从现在和未来角度切入的研究较少,需要加强。

(2)对地域空间进行狭义限定,对单个聚落内部空间体系展开研究,提高研究的可操作性。段进等学者将空间自上而下与自下而上的两个生长过程相结合,对黄山传统村落(西递)的空间进行解析。他们认为空间生长自上而下的主导因素包括自然地理条件、风水理念、宗族意识、土地制度、传统习俗与行为习惯和儒家思维方式(古时徽商崇尚儒家文化);村落是自下而上地从建筑单元生长到空间节点、街坊形态、空间界面再到村落整体形态的过程,所以对乡土建筑的研究必须从聚落整体乃至区域入手才合理。王飒建立了中国传统聚落多向度空间层次的描述框架,分别界定了体系层次、尺度层次、规模层次三类物质性层次类型,以及等级层次、非等级层次、职能层次三类社会性层次类型。日本有关学者在集落研究中提出"家屋""居住群""居住域""集落域""集落间"五个居住空间层次。高桥鹰志和EBS组从人的身体空间开始逐渐扩展至外部宏观空间进行层次划分,即 1 m 尺度中的人体姿势与行为的空间范围→10 m 尺度中家庭团聚的"家居"→10^2 m 尺度中适于各类社交活动的"居住群"→10^3 m 尺度中不完整的空间体验所构成的"居住域"和"集落域"→10^4 m 尺度中的宏观空间→无穷大绝对存在的空间等。以上空间格局的划分对深入系统地分析传统空间具有借鉴意义。

2. 从空间原型入手

人类在面对大自然创建家园时,尽管运用的智慧和策略存在差别,但人的原始本能、解决基本问题时的行为、对安全空间的原始需求等基本不变,这些本能、行为和需求往往成为现代空间创作的原型,从而产生了的多样化聚落空间。荣格(Carl Gustav Jung)认为原型不是具体问题的解决办法,也不是简单模仿的形式或范本,而是作为解释问题的先天倾向、基本图式、最初概念等的可能性存放于人的潜意识中,能通过幻想、联想等活动显现出来;约瑟夫·里克沃特(Joseph Rykwert)认为原始棚屋对任何建筑和其居住者的关系产生永恒且不可避免的影响,其存在于人的集体无意识里。吴良镛说要追溯原型,探讨范式。找出原型及其发展变化就易于理出其发展规律,这也是进一步研究的根本。日本建筑师藤井明调查了亚洲、非洲、欧洲的大量乡土民居,提出聚落的基本空间图包括中心式和非中心式,以及基于这两种基本图式的变形体。王冬认为传统村落在生长过程中,对其原型的模仿和类比起到了重要作用,模仿保持了从定居到群居过程中的秩序,而类比则在定居和游动过程中为聚落形态带来了"变异"和更新。刘先觉认为,特定人群的文化储存和其跨世代的复制之间的相互独立性是由文化适应机制普遍作用所造成的……每个世代复制了先前世代的行为。由此可知,中国民居一个非常重要的特点就是既遵循一定的原型,又包括许多的变体形式,在空间演变的过程中,技术性、服务性的形式与空间特性变化最大;而与传统风水、宗教、伦理等较深层的空间意义有关的特性相对稳定。

综上所述,掌握空间原型的生成规律与演变过程(探究原型如何生成其他变体的演变模式)一直是行业的研究热点。

3. 从空间意义入手

诺伯格·舒尔茨(Christian Norberg Schulz)认为空间揭露了人与自然存在的场所意义,所有的材质会随着时间的推移而腐败,空间完整性会被打破并逐渐消失,但空间意义却是永恒的,这种对环境、人与建筑之间永恒意义关系的探索是空间研究的基点;凯文·林奇(Kevin Lynch)认为,空间以人的认知为前提而发生作用,人根据他对空间环境所产生的意象(图式)而采取行动,并提出城市意象五要素:道路、边界、区域、节点和地标;拉普普特(A. Rapoport)认为,空间意义在需求、评价、环境偏好乃至环境特性(氛围、色彩、材料、风格等)中举足轻重。

国内学者朱文一在舒尔茨场所理论、凯文·林奇城市意象五要素和卡西尔符号理论基础上,根据场所、路径、领域三者之间的突出、显现、隐含关系,提出了符号空间的概念,如图1.19所示。王昀通过对传统聚落的大量调研发现聚落及建筑空间具有自我明示性,它们的客观存在是人的观念性空间概念的物象化投射。空间在未建成之前,聚落空间的意象(模糊或清晰的)已经存在于人的意识中;空间建成之后,人们通过直接观察这些空间,能体验到空间建造者的空间概念。

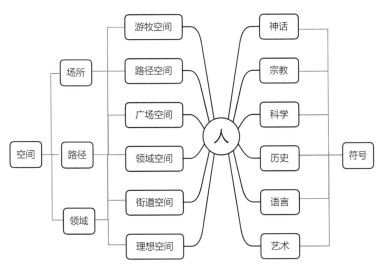

图 1.19 符号空间的概念

4. 从空间体验入手

(1)只有关注村落及建筑中人与空间的关系,研究村落及建筑才有意义,这在众多学者的研究中能一窥端倪。陈志华认为传统聚落和建筑是经验的而不是先验的,只有到现场用身体去体验才能感悟到空间的意义,只有到不同的现场去感受题材的特殊性,才能写出一点中国乡土建筑的丰富性和多样性;简·雅各布斯(Jane Jacobs)提出更接近地、尽可能少一些期望在最普通的场景和事件中,尝试去发现空间的含义,去寻找是否有任何法则的蛛丝马迹在其中浮现出来;拉普普特提出以观察"设计过程"来定义风土的方法,并认为风土设计过程是一种模式调适或"变异"的过程;日本学者藤井明从聚落观察方法入手,研究了聚落选址、聚落形态、住屋形态等方面,以及空间布局、配置、形态特征等;拉斯姆森(S. E. Rasmussen)认为只看建筑物是不够的,必须去体验建筑;布莱恩·劳森(Bryan Lawson)认为空间是种语言,人通过身体在空间中的姿态和对空间的占据来作为交流的语言,这种语言是有力、微妙而复杂的;诺伯格·舒尔茨提出"面向事物本身",认为人是根据自身的需求去体验事物,进而对由事物构成的空间特性有所理解,从而探索出自身存在的意义,空间也就有了意义;赛维(Bruno Zevi)认为以经验事实为参考的、试验性的、从具体实例中发展产生出来的理论才是正确的;王澍主张不要先想什么是重要的事情,而是动手去做,他自发地以在湘西洞庭溪村落中的体验及回忆为源泉,创作出了中国美术学院象山校区的"山居水岸";鲁道夫斯基(Bernard Rudofsky)在纽约现代艺术博物馆举办了主题为"没有建筑师的建筑"的展览,通过展示没有受过正规训练的大众建造的非正统建筑,来强调基于生活而建造的无名建筑之美,让观者对这些无名建筑或空间的起源与存在意义产生了新的认识,即没有建筑学背景的大众根据生活体验、实践参与建造的空间具有永恒意义。这也为本书的研究由下至上的展开分析提供理论依据。

(2)运用空间概念对传统空间进行分析。原广司运用现象学方法,用100条简短而抽象的概念感性分析了世界聚落及建筑所蕴藏的教示,这些教示没有严格的等级序列关系,对主要以自组织方式结合起来的聚落分析非常贴切,其对聚落现象的精辟、独特描述方式值得借鉴,对现代聚落研究具有较大启示。李先逵根据川渝传统建筑的营建经验和体验提炼出"台、挑、吊;坡、拖、梭;转、跨、架;靠、跌、爬;退、让、钻;错、分、联"十八字的营建方法;雷翔将广西传统民居的空间构成语法分为联系、分隔、渗透、融合、潜伏及围合等。从中可见,从传统空间要素的营造关系中提取出构成概念是研究传统村落和建筑空间的基本方法。

5. 从空间结构入手

德国地理学家克里斯·泰勒(W. Christaller)提出"中心地理论",该理论从经济学角度对聚落空间分布规律进行了结构性探讨。中心地理论认为,在一个区域内各中心地大小组合呈六边形网状模式,如图 1.20(a)所示。对于单个聚落来说,作为一个相对平衡的系统,在和外界进行交换物质能量的过程中,其内部长期形成的行为机制也将产生一定组织特性,从而维持系统均衡有序的稳定状态。比尔·希列尔(Bill Hillier)利用空间原点、空间结构的重设与人的认知过程之间的关系来使空间产生一种新的意义。这种方法对从多角度重新认识乡村聚落及建筑空间,理性分析空间具有借鉴意义。哈格特(P. Haggett)提出了空间结构模式理论:人类往往通过 6 种空间结构模式对地理空间进行组织[图 1.20(b)]:第一要素是具有方向和速度特性的"运动";第二要素是解释运动轨迹的"路径";第三要素是指路径网络的"结点",诸多结点控制着整个空间系统,其空间布局构成区域分析的重要因素;第四要素是决定该空间领域内各地重要性的"结点层次";第五要素是位于结点网络框架之间的、为结点所利用的"地面";第六要素是解释人类占据地面的模式频繁变化空间秩序的"空间扩张"。空间扩张通常由一个或几个地方开始,顺着路径、经过结点、跨越地面,达到不同层次;美国生态学家理查德·福尔曼(Richard Forman)认为组成景观的结构单元有三种:斑块、廊道和基质。"斑块-廊道-基质"模型是景观生态学用来解释景观结构的基本模型,也是描述景观空间异质性的一个基本模型,对乡村空间的生态分析具有指导意义[图 1.20(c)]。王昀认为传统聚落结构是由三个重要的空间概念即住居面积、住居方向、住居之间的距离所决定的,可以通过对这三个概念进行量化而获得聚落数据图并据此展开数理分析,最后获得聚落集合状态的数学模型、住居平均面积的定量化模型、住居之间的最近距离模型和聚落中心的数学模型这四种模型。

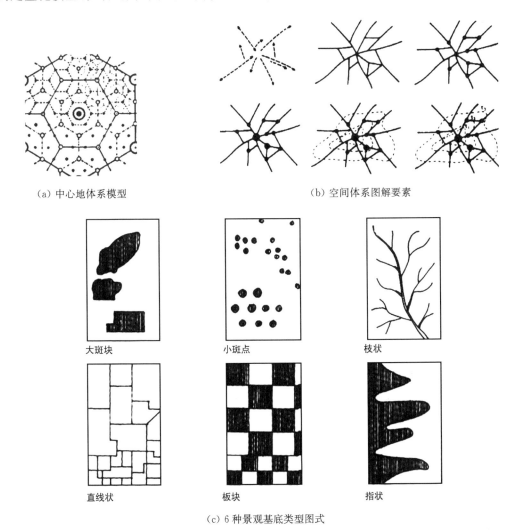

（a）中心地体系模型　　　　　　　　　　（b）空间体系图解要素

大斑块　　　　　　　　　小斑点　　　　　　　　　枝状

直线状　　　　　　　　　板块　　　　　　　　　指状

（c）6 种景观基底类型图式

图 1.20　空间结构图解分类

（图片来源:《际村的"基底"》插图）

6. 从空间形态入手

格式塔心理学从视觉整体性角度对空间形态提出了三大原则：图地关系、群化原则、简化原则,其中图地关系是地面建筑实体和开放虚体之间的相对比例关系,这对空间形态研究很有帮助。张杰把村落形态分为"规整"与"有机"两大类。"规整"是指边界明确、布局清晰的村落形态;"有机"是指与周围自然环境紧密结合的村落形态,这类村落外表多呈现为因地制宜、较为自由的形态。彭松采用"元胞自动机"[①]这种非线性方法来研究村落空间形态,元胞代表的是村落能被划分成的最小的空间要素,通过计算机编程,使元胞状态的变化能够表示真实世界中人们在村落内局部空间建造建筑物、组建街巷单元的过程,元胞在设定的栅格空间中的分布表示村落的空间形态等。

1.3.2 广西传统村落及建筑空间的研究现状

1. 由上至下的研究现状

过去,受"中原中心论"的影响,广西传统村落及建筑研究并不太受重视。朱光亚先生在"中国古代建筑文化分区简图"中,未标出壮族文化圈,但从历年广西建设年鉴可知,广西很早就出台了《广西壮族自治区文物保护管理条例》(1993年),"民族文化'1+10'生态博物馆保护模式"(2005年),《广西历史文化名城名镇名村评价指标体系》(2009年),《自治区历史文化名城名镇名村评选办法》(2009年),《广西村庄规划编制技术导则》(2011年),《加强广西传统村落保护发展的指导意见(试行)》(2015年),《广西壮族自治区乡村规划建设管理条例》(2019年),《广西壮族自治区法治乡村建设条例》(2022年),2023年广西开展了第六次非物质文化遗产调查和全国第四次文物普查。

从这些政策与行动可见,广西已按照"调查建档—编制保护发展规划—保护修缮—改善人居环境—适度开发利用"的总体思路,划定全区传统村落的保护区、保护群和保护带,对传统村落挂牌保护;对重要而又闲置的历史建筑,将探索政府回购、社会认领保护等多渠道保护方式。同时,传统村落内的建设活动,必须实行严格的乡村规划建设许可。要加强传统村落中集体土地管理制度创新,在传统村落中的居民有新建住房需求时,应调整土地易址新建,避免历史建筑遭到破坏;要使传统村落活态传承,维护传统村落的居住功能,尽量减少和避免对原住民日常生活的干扰,让传统村落见人见物见生活。此外,区级建设主管部门还开展了"专家团队包村打造",在培养当地匠师的同时组织"三师"(规划师、建筑师、建造师)下乡。同时,一些政府组织如广西文物保护研究中心、广西壮族自治区文物工作队等也对广西各地传统村落及建筑进行了大量的勘测与保护工作。

2. 由下至上的研究现状

当前,因各地政府重视程度不同,且由于桂北、桂东北地处湘、黔、桂三省交界,民族建

---

① 元胞自动机:是一种时间、空间、状态都离散,空间相互作用和时间因果关系为局部的网格动力学模型,具有模拟复杂系统时空演化过程的能力。

筑文化非常丰富,广西传统村落及建筑研究主要集中在此片区。全国民居大师李长杰主编的《桂北民间建筑》较为全面详细地介绍了桂北地区壮族、侗族、瑶族的村落和乡土建筑,以及鼓楼、风雨桥等公共建筑;《龙脊十三寨》选择桂北龙脊的壮族建筑作为研究对象,对壮族干栏的布局、建造技术和建造方式进行了详细描述。而对于多元文化交错区的桂中、桂东和少数民族建筑分布较典型的桂西则研究较少,目前主要有覃彩銮、黄恩厚等著的《壮侗民族建筑文化》,该书从多维度的视野揭示了壮族、侗族建筑文化产生的自然生态环境、生产方式、文化心理和社会人文环境。而这一现状,光从政府层面进行制度干预很难达到良好的效果,同时需要个人和非政府组织的协同配合,共同逐点、动态化解当前困境。

目前,较为系统地对广西传统乡土建筑进行研究的成果有雷翔主编的《广西民居》,其从民族角度对广西乡土建筑进行分类研究,从建筑和聚落两个层次对广西乡土建筑进行了探讨,分析了广西乡土建筑的聚落形态、空间意象以及建筑特征,同时还将乡土建筑的保护、传承和发展等相关内容纳入研究的范围。《广西古建筑》则从乡土建筑、园林、庙宇、公共建筑、古桥、古塔等方面收录了各民族各种类型传统建筑的范例。《广西古建筑》对广西的城镇聚落、村寨、寺观坛庙、书院会馆、宗祠、宅地、园林进行了分类详述。

在村落空间研究上。林志强通过对广西传统聚落空间意象的研究,对广西传统村落的道路、边界、区域、节点、地标、环境六项元素进行分析,认为聚落的空间形态是人地关系作用的结果,是当地居民物质文化、制度文化和精神文化的形成、发展、扩散、整合的结果和反映。郑景文和欧阳东以桂北壮族村寨龙胜平安寨、金竹寨以及侗族村寨马安寨、高定寨为例,运用哈格特的"空间结构模式"理论,从结点、路径、网络单元等要素出发,分析传统聚落内部的空间结构特征;并进一步研究区域层面的聚落网络之间相互的社会关系和空间关系;研究聚落网络在由自然经济转向商品经济的过程中,受经济与社会因素的双重制约进行"空间扩散"的动态过程,以及距离变化所呈现的不同方式和特点。他们认为人类活动是具有一定"方向性的运动",在此过程中产生了"路径",路径的交叉点产生"结点",多个"结点"通过路径的联系形成地面网络,也就是人类最易聚集的地点——聚落。所有的聚落都是由各具特征的领域及使各领域相互连接的路径所构成。

有关桂北乡土建筑文化的研究包括:广西大学刘彦才的《广西侗族建筑的明珠——琵团风雨桥》[①]收集了基础资料;《民族村寨的更新之路——广西三江县高定寨空间形态和建筑演变的启示》揭示了侗族村寨空间形态形成的地理环境、民族背景和社会制度因素,提出新时期民族村寨的更新要保护村寨的地理环境和民族特点,更要注入社会主义新时期的内容。《广西传统乡土建筑文化研究》基于广西各民族之间文化传播与演变对建筑形制演变的影响,全面阐述了广西传统乡土建筑,研究依据建筑文化的区划方法划分了百粤干栏建筑文化区和汉族地居建筑文化区,并解释了各大区及亚区之间建筑文化的传播现象,同时

---

① 在本篇论文中用的是"琵团风雨桥",但实际多用"岜团风雨桥",因汉音译少数民族的一些读音,故存在不同,本书其后统一用"岜"。

对具体的空间实体进行了相应的文化分析与解读。

除个人学者的研究外,还有以团队形式开展的实地调研、设计工作:广西大学、广西民族大学等设有建筑学专业的院校师生,从 20 世纪 90 年代中期开始,有计划地针对广西各地具有研究和保护价值的传统乡土聚落和乡土建筑进行精测。目前已有三江高定寨、龙胜金竹寨、龙胜龙脊寨、那坡达文屯、富川秀水村、灵山大芦村、灵山苏村、恭城朗山村、灵川江头村、灌阳月岭村、西林那岩寨、兴业庞村和兴业榜山村、隆林平流屯等村寨总平面图、建筑单体平面图、立面图、剖面图等基础测绘资料被整理出来,为广西传统村落及建筑空间研究提供了详尽的基础资料。这些资料测绘范围广,表现的细节、深度较完备,但仍停留在建筑及广西传统村落的图集整理与还原层面,而对其空间生成、发展过程及其背后蕴含的发展规律的多学科分析和总结却较少。1990 年清华大学建筑学院科研组进行了融水木楼民房改建的研究,并发表了一系列文章,如《欠发达地区传统民居集落改造的求索——广西融水苗寨木楼改建的实践和理论探讨》《融水木楼寨改建 18 年——一次西部贫困地区传统聚落改造探索的再反思》等,对村落新建民居进行跟踪研究;香港杨澍人博士发起,并由香港中文大学举办"瑶学行"项目,联合广西大学土木建筑工程学院为融水县大浪乡红邓屯小学新校舍展开了与乡民共建的援建工作。

一些社会公益组织如"广西古村之友",提出公益和商业共同积极全力挽救和活化传统村落之外的其他古村落。

3. 研究不足

(1)从研究方法上看,当前研究多注重对传统村落及建筑的测绘调查、形态描摹、文化发掘和历史研究,案例专项研究多于多元理论整合,且对传统村落及建筑与当地自然、社会、文化、政治、经济环境,以及人的心理与行为之间发生紧密关联的空间载体研究较少,少量涉及的研究仍停留在理论推演上,而这些理论建构浅显并缺乏系统性与批判性,同时对有机应用策略的研究欠缺针对性与时效性。

(2)在由上至下的研究中,就宏观、中观、微观空间进行系统逻辑层次性研究较少;对传统的、近现代的、当代的、未来的聚落及建筑的时空关系缺乏系统串联和方法论指引,研究范围狭窄,传统的解释性研究比较多,对广西传统空间的传承与更新研究方向较少。

(3)在由下至上的研究上,对具体案例、具体空间细节研究不够深入,对实践指导意义不大。

(4)从研究对象上看,研究往往比较注重公共空间,弱化了对作为私人领域的"民居"的关注;对单体建筑空间研究比较多,而从聚落、村落层级来研究"单体"与"单体"之间空间关系的较少。

由此看出,对广西传统村落及建筑空间的研究还任重道远。本书的撰写旨在推动广西传统村落及建筑空间的研究深度,为其未来的保护与发展提供参考。

1.3.3 研究创新点

1. 新的视角:从空间系统性来分析传统村落及建筑的传承与发展

本书针对广西传统村落及建筑传承与发展中出现的各种问题,以空间为研究切入点,提出一套以"空间格局"为根基、以"空间意义"为主线、以"空间要素"为节点、以"空间结构"为骨架、以"空间形态"为表现的广西传统村落及建筑空间传承与发展的研究框架,为系统分析、解决问题提供新视角。

2. 新的框架:建构广西传统村落及建筑空间传承与发展的研究框架

建构一个由多元时空格局决定,由空间要素、空间结构、空间形态概念集群平行构成,由空间意义整合联系而成的复合、动态、开放性架构。空间概念的自生成性与普适性使对广西全域内传统村落及建筑进行系统梳理、专题提取、分类比较成为可能。该研究框架既能适应抽象化、系统化、价值化的宏观规划要求,又符合现象化、拼贴化、情感化的微观自组织需求。

3. 新的方法:以现代性方法去解读传统村落及建筑空间

研究通过对国内外传统村落及建筑空间研究方法的综合分析,厘清广西传统村落及建筑空间的传统性和地域性,进而再抽象归纳出一般性的广西传统空间模型及其演变方式,从而为广西传统村落及建筑空间的传承与发展、地域聚落及建筑空间的设计提供清晰有效的方法和策略。

1.4　广西传统村落及建筑中的宝贵财富

1.4.1　寻根:理清广西传统村落及建筑中蕴藏着的朴素哲理

吴良镛先生说:"尽管改革开放以来,通过信息媒介,种种建筑理论与作品纷见杂陈,但是对新时代中国建筑的发展道路却莫衷一是,建筑哲学与创作的贫困不能不说是一个更深层次的原因。"因此,身处由科技信息推动的现代,在进行地域性极强的传统村落及建筑传承与更新时,应不断反思自己的创作立场和基本态度,即为什么要这么做?这样做对吗?是向传统看齐还是向现代看齐?传统还有存在的必要和空间吗?如果有,用现代性去解读传统是对的吗?如果对,又如何去读懂?读懂了,又如何去指导实践?是旁观还是体验?是排斥还是包容?以上这些哲学思考影响着当代的建筑师与规划师,但其实中国传统空间里存在可供现代科学驻足的锚点,这些锚点可从传统性、地域性、现代性在不同时空交织时所产生的问题中去追寻。

1.4.2　回归:建构广西传统村落及建筑空间研究框架

建筑学的任务是提供、优化和美化空间,因此对传统村落及建筑的研究必须回归空间。本书以广西特有的自然地理、民族文化、政治经济、场景事件为视角,以广西传统村落及建筑空间为对象,高度抽象出其独特的空间格局、空间意义、空间要素、空间结构、空间形态,为广西传统村落及建筑空间传承与更新研究提供一个从宏观到中观再到微观的空间理论框架,使混沌模糊的空间分布与构成转变为有机清晰的空间框架体系。

1.4.3 出发:形成广西传统村落建筑空间传承与更新框架

在广西传统村落及建筑空间研究框架基础之上,通过案例调查、分类、比较等方法抽象出以概念、图示、数据等形式存在的空间原型(基因),将其整合进研究框架形成开放性端头(创新的起点),并进一步完善框架,形成广西传统村落及建筑空间体系框架及原型库(基因库),为营建具有地域性、时代性的广西地域聚落及建筑提供一套空间分析模式、生成导则与评价标准等。

1.4.4 融合:探索兼具传统与现代空间特性的传承与更新方法策略

从具有典型地域性的广西传统村落及建筑空间体系框架开始,探索其如何与现代科技、文化、经济等形成一体化的传承与更新方法[1],为其他区域及地区的传统村落及建筑空间的保护与更新、为现代空间设计与评价提供方法与策略。

1.5 研究方法

本研究采用田野调查、分类、比较、图解分析相结合的动态研究方法。

1.5.1 田野调查

在地观察是了解空间、印证猜测的重要途径之一。**调查思路**:借鉴并发展费孝通的在地研究方法,即以"现在"为原点,以"社区"为基点,深入民众的日常生活,以小传统为切入点,研究传统空间在不同格局上扩展演变的机理与过程,以实现从微格局←→小格局←→中格局←→大格局的系统调查。**研究方法**:以旁观者、参与者、设计者三重身份,以测绘、访谈、拍照、行为地图、意象地图、视频记录、现场设计等方法长时间深入具有代表性的传统村落进行田野调查。

1.5.2 分类方法

分类是本书中运用较多的方法。广西传统村落及建筑的空间类型呈现多样性和复杂性,而原型又具有本质性,找出原型及其发展变化的脉络就易于理出其发展规律,这也是进一步研究的基础。依据类型学理论,本书的研究可分为三步:第一,在已有的广西传统村落及建筑研究基础上合并归类,抽象出村落及建筑的空间格局、意义、要素、结构、形态五种空

---

① 吴良镛教授认为"更新"主要包括以下三方面内容:改造、改建或再开发,指比较完整地剔除现有环境中的某些消极方面,目的是开拓空间,增加新的内容以提高环境质量;整治,指对现有的空间进行合理的调整利用,一般指作局部的调整或小的改动;保护,则指保护现有的空间格局和形式并加以维护,一般不许进行改动。

间概念及集合关系;第二,通过实地调查、比较分析,对概念集合进行再抽象,从而找出空间概念原型。第三,掌握空间概念原型背后的生成规律与过程,即探究原型如何生成其他形式的模式。对于村落及建筑研究,分类的方式方法多种多样,这将在具体章节中展开论述。

1.5.3　比较方法

本书主要采取三种比较方法:①选取宏观空间格局(自然、文化、政治、经济)或建筑类型或发展过程和程度相近的传统村落及建筑进行共时性比较;②对处于同一地理单元的传统村落及建筑空间进行历时性比较;③对传统村落及建筑与现代聚落及建筑就空间概念进行比较。通过比较,希望能找到广西传统村落及建筑所具有的"地域性"和"一般性"的概念和图示,寻求出村落的发展规律,为城镇与乡村的空间分析、创作提供新视野。

1.5.4　图解方法

当代是一个读图时代。"图解"是一种通过发散后再集聚的分析方法,其试图在"图解化演算"过程中去透彻理解事物以求新。因此,研究希望把隐晦的空间、隐藏的结构与构造抽象成易于逻辑分析的概念、图像、数字等因子,并通过人的发散思维、计算机 AI 演算的自生成特性去寻找这些因子的相互关系,最终形成可视化的概念图①、认知图②等,以便理清错综复杂的现象,精准描述出其最基本的空间框架,为空间分析、创作提供一个图形化、清晰化、逻辑化同时充满多种可能性的设计思路,为空间再生提供方向。

1.6　研究框架

1.6.1　研究框架

本书的研究遵循"发现问题→复核分析问题集→逐个解决问题→复核后再发现问题"的技术路线,具体过程与内容如下:以广西传统村落的三个基本特性,即自然环境复杂、民族文化多样、历史沿革的独特性为依据,选择代表性案例进行实地比较研究→采用定性与定量相结合的方法对空间本体从要素、结构、形态等方面进行抽象描述→抽象出以概念、图形、数据等形式存在的空间原型→分析理清这些形式的相互关系→比较论证空间原型的现代适宜性→构建广西传统村落及建筑空间传承与更新研究框架→将框架及其模型带入实例进行研究、试验以便反馈调整,如图 1.21 所示。

---

① 概念图是一种意义建构工具。它将某个领域相关的各种想法、物体和时间连接在一起,为设计人员提供了一个视觉表达系统复杂性的平台,帮助他们建立或打破联系。

② 认知图是一种信息视觉化工具,能解释人们如何思考问题空间,形象地体现人们的体验过程以及对这个体验过程的看法。

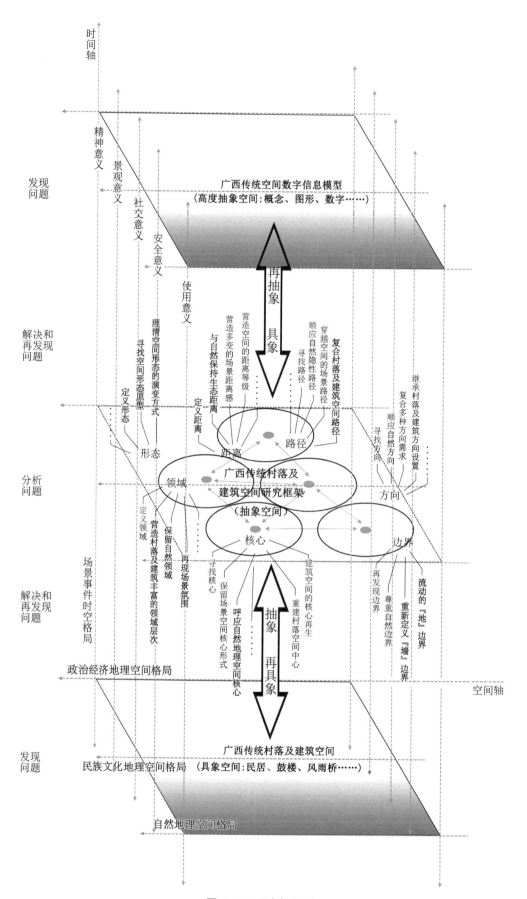

图 1.21 研究框架图

2 广西传统村落及建筑空间传承与更新框架

在一个生活圈或文化圈范围里，全面地研究乡土建筑的整个系统，把乡土建筑、乡土文化和乡土生活联系起来研究。

——陈志华

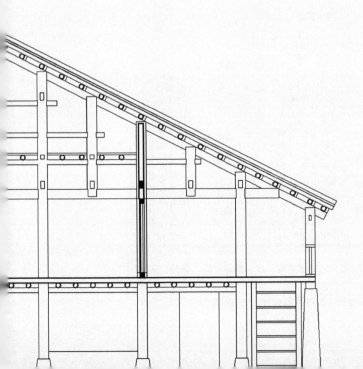

2.1 传承与更新框架的理论建构

2.1.1 框架建构的意义

由前文可知,建构广西传统村落及建筑空间传承与更新框架的理由有以下几点:①当今,传统村落的问题不再是个体自身问题,而是相关区域内综合性问题的具体体现,需要从更大尺度的宏观空间格局来考虑乡村发展出路;②个体传统村落的空间特性必须与其他传统村落空间进行比较才能凸显,所以需要对广西全域内的传统村落进行归类、比较研究;③广西传统村落及建筑是一个特殊性与复杂性共存的时空结合产物,需要系统归纳分析才能理清其一般性和特性;④空间本身具有抽象性与多变性,只有建立一个完整的空间框架体系才能稳定地把它们传承下去。如果不能在现代建筑中大规模推广传统匠作和现代建造技术相结合的营造手法,中国的建筑传统将难以继承。

2.1.2 框架建构的方式

广西传统村落及建筑空间传承与更新框架按系统理论可分成四个层次、四座根基、一条主线。四个层次包括目标层、方法层、策略层和指标层;四座根基为自然地理空间、民族文化地理空间、政治经济空间及场景空间;一条主线,即空间意义脉络。基于这个体系,以空间要素的节点建构、空间结构的关系建构和空间形态的形态建构为具体对象,对应相关理论与实际问题进行具体框架、方法与策略研究,并选取主要因子作为指标,从而形成系统性的广西传统村落及建筑空间传承与更新框架,具体见图2.1。

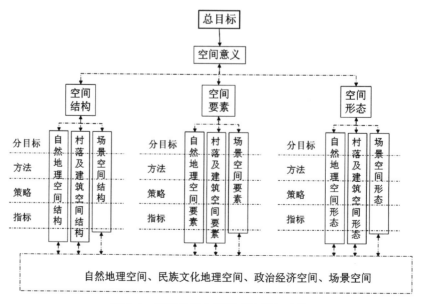

图2.1 空间传承与更新理论框架建构

中国文化在哲学认识论上的特点是整体辩证思维,它强调事物之间联系和变化交替的观念。任何尝试用单一坐标系或框架去分析传统村落及建筑空间都不够充分,只有多角度、动态地建立好框架后才能深入、正确地展开研究。因而,传统村落及建筑空间传承与更新理论框架也应该是一个复合、动态、开放、非闭合的半系统框架,这是由空间格局所决定的,由空间要素、空间结构、空间形态平行构成的,是一张由空间意义所组织联系的有机网络。这个框架是一个由上至下和由下至上双向构成的网络结构体系,也是一个复杂交叉的空间概念集群。动态框架应该是一种能够融合由宏观到微观和由微观到宏观的层级逻辑,其同时以一种相互影响的方式运作与调整,空间与空间不再是一种整体与局部的层级关系,而是一种整体与整体的有机关系。这个空间整体是开放的,任何相关的要素都能在这个系统中找到自己的大概位置,虽不确定,但拥有自由发展的机会。

2.2 目标建构:诗意的栖居的环境

广西传统村落及建筑空间传承与发展的目标必然是保持原生态、人口回归、文化多样、生态永续、社会和谐、风景优美、特色经济的宜居环境目标。在这样的总目标之下可细分出传统空间传承与更新的分目标,即保持根基、留住人口、多种要素、结构复杂、形态多样的空间目标,帮助分目标具体实现的方法、策略等更细分的目标将结合具体问题在下文各章节中展开论述。

2.3 根基建构:多元地理空间格局的叠加

广西作为多民族聚居、地形变化丰富、沿边沿海的区域,其独特的民族文化、自然地理和政治经济特征深深影响着广西传统村落及建筑空间格局的划分及演变。过去,村落空间格局是基于自然民族文化、政治经济和地理空间格局的一种区域分化,这种分化出来的宏观区域在空间意义、要素、结构和形态上具有独特性和相似性,这一大格局作为传统村落及建筑的环境背景而存在;而建筑通过选址、朝向、距离、路径等因地制宜地塑造合理的聚落及建筑空间中观格局;人们通过环境要素的布置和自身心理与行为调适来创造宜居的场景空间微观格局,如图 2.2(a)所示。先辈们就是在复合叠加的多元地理空间格局里去选择并营造自己的生活环境和居住空间,经过时间检验后发现这是可行的,见图 2.2(b)和图 2.3。

基于此,研究将广西传统村落及建筑地理空间划分为自然地理、民族文化、政治经济、场景空间四层格局。

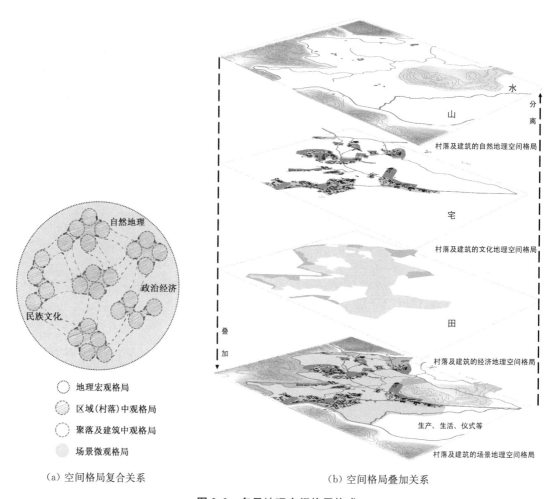

（a）空间格局复合关系　　　　　　　　　　（b）空间格局叠加关系

图 2.2　多元地理空间格局构成

图 2.3　广西靖西平江自然环境与壮族聚落天人合一的空间格局叠加

2.4 主线建构：理清空间意义脉络

空间以有形的物质存在(象)和无形的心理图式(境)两种状态存在,空间意义(体)的形成是由有形的空间提供(物质遗产)与无形的心理需求(非物质文化遗产)通过"空间行为模式-心理空间图式"的耦合作用产生的结果。个体在某种物质空间与群体营造的场景氛围中直接体验并根据自己的直觉经验和心理需求对空间要素进行选择→重构→行动,并赋予空间不同的意义。

2.4.1 空间意义传承与更新

空间意义是串联各空间格局的主线,是空间的"魂",是决定空间"生与死"的关键因子,是评价空间效能的重要指标,是传承与更新得以实施的重要保证。

2.4.2 意义生成的过程性：片段性存在

空间意义是一个无终止、完整的生理满足和心理认知的体验过程,是人的一种主动建构能力。人通过感知对自然环境、聚落、建筑空间有意识(处于事件外)或无意识(处于事件中)地接受信息刺激→产生有意识的注意与期待→唤醒人对过往的记忆(图式、意象、偏好……)→思考、想象后产生情感,理解并满足生理需求→保持并修正记忆→产生新的空间期待(动机)→展开有意识的空间认知、复制与创造等行为→有意识或无意识地接受信息刺激等的反复体验学习过程[图 2.4(a)]。

空间意义生成的过程性决定了传统村落及建筑空间要素、结构和形态在整体框架下片段性存在的合理性。人对空间的认知往往是由感性(使用、安全、社交、景观意义)转向理性(价值转换)最后升华为感悟(精神意义)。空间框架应既保证片段性存在,又考虑如何将片段认知通过价值转换整合成一个和谐意义整体,这样的空间意义脉络[图 2.4(b)]建构才合理。

2.4.3 意义认知的多样性：开放性关系

"言有尽而意无穷。"作为"言"的物理空间可以是不变的,但其中"隐藏"的作者之"意"与读者之综合而成的"意"却不是一成不变的。"意义"由人所感受,必然会受到人心理活动的影响。每个人的心理活动在不同时空情境下千差万别,心理变化的不稳定决定了传统空间意义是不同时代,以及同时代中不同个人、不同解释复杂产物,面对它需要谨慎地甄别其过去、现在和未来的开放的复合关系。不同的人对同一建筑空间意义的理解各有不同:

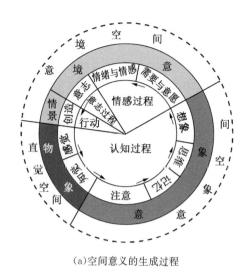

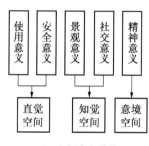

（a）空间意义的生成过程

（b）空间意义脉络

图 2.4　空间意义的片段性存在

（图片来源：《中国风景感受美学的现代性》）

（1）对于修建这幢建筑的人来说，空间是他们在建造生活栖居场所过程中无意产生的衍生品，对于他们来说传统建筑最有价值的部分不是空间，而是围合它的物质实体。

（2）对于曾经和仍在里面生活的人来说，这幢建筑是承载当时、当地生活与传统精神的载体，这些传统建筑最有价值的部分是已经和正在发生的生活与记忆。

（3）对于短暂体验它的人来说，它可以是洗净灵魂的圣殿，或是忘却尘世的桃花源，这些传统建筑最有价值的部分是体验的愉悦和释放感。

（4）对于负责管理它的人来说，它成为创造某种价值的工具，对于管理者来说传统建筑最有价值的部分是创造财富的工具（图 2.5）。这就决定了传承与更新框架的开放性，其提出的策略都是应时、应人、应事的因地制宜的策略。

修建者？　使用者？　体验者？　管理者？

图 2.5　空间意义的开放性关系

2.4.4　意义存在的等级性：意义间关系

1931 年，马林诺夫斯基①列出了人类七种"基本需要"，即吃喝、繁衍、身体舒适、安全、运动、成长、健康。"派生的需要"即文化的需要，派生需要就是求得慰藉、知识、舒适等的需要。1943 年，美国心理学家亚伯拉罕·马斯洛（Abraham Harold Maslow）在人本主义理论

———————————

①　马林诺夫斯基（1884—1942 年），波兰裔英国社会人类学家，其提出了新的民族志写作方法。

中将人类需求像金字塔一样从低到高分为五种层次：生理需求、安全需求、社交需求、尊重需求和自我实现需求。1967年,罗伯特·阿德瑞(Robert Ardrey)认为人们有刺激、安全与身份识别三个重要的空间需求。弗洛伊德认为人的心理活动有三大层次：低层次的本我(潜意识层);中间层次的自我(意识层);高层次的超我(超意识层)。1995年,曾奇峰博士认为空间意义划分为文化的(跨文化的)、集体的(公共的)和个体的三个层次。2007年,拉普普特曾提到三种层次的意义划分：①宇宙论、文化图式、世界观、哲学体系及信仰诸方面相关的高层次意义;②与身份、地位、财富及权力等潜在的、非效用性方面有关的中层次意义;③与私密性、接近性、恰当性等日常效用有关的低层次意义。尽管意义分类不同,但基本可在马斯洛的需求层次塔中找到相互关系[图2.6(a)]。

广西传统村落及建筑本身与上述多种意义有着千丝万缕的关系,空间意义的存在及其等级秩序的安排使传统村落及建筑成为外显或潜在有序的场所空间,而传统空间又为各意义间相互转换提供可能性。不同环境下的传统村落及建筑其多种意义的主次关系是有差异的,比如传统注重等级性,而现在注重平等性,所以,弄清多种意义的等级关系对传统村落及建筑空间研究具有决定性作用[图2.6(b)]。

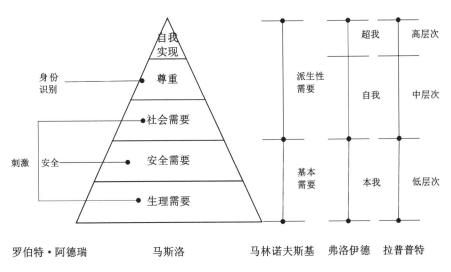

（a）不同理论下的空间意义层级特性

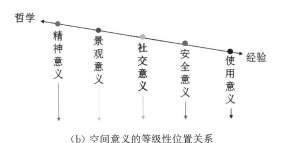

（b）空间意义的等级性位置关系

图2.6 空间意义的等级性关系

2.5 节点建构：空间要素传承与更新

2.5.1 空间要素传承与更新的意义

当前,在大量传统村落空间逐渐被分解后,如何使空间要素得以片段性存在、传承与更新成为重中之重。空间要素是空间分析的起点,只有找到它们,才能对传统村落及建筑进行深入分析。

2.5.2 空间要素的框架构成

（1）从抽象构成上看,空间要素由核心、领域和边界这三个基本概念组成。顾大庆认为空间的基本要素是点、线、面。点的基本意义是聚集,对周边元素具有吸引力,起着核心作用,如村落格局中的塔楼、祠堂、桥梁等公共空间;线的基本意义是分割,起着划分空间、提供支持的作用,如河流、沟渠、街道、里巷、墙垣、田埂、篱笆等;面的基本意义是占据,起着占据空间的领域作用,如民居、农田、水面、草地、森林等。这些元素构成了村落空间,元素越丰富越好,独特性越强越好。

（2）从传统空间的生成上看,空间首先由核心位置占据开始,并向四面扩展延伸出面积和体量成为领域,随着核心影响力的减弱或受到其他核心影响力的制约并最终形成边界。因此,找到村落的核心成为研究的第一步(图 2.7)。

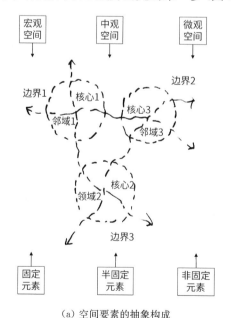

（a）空间要素的抽象构成

（b）贺州黄姚古镇水井空间

图 2.7 空间要素的构成

（3）空间要素的定义方式是一个相对概念，应根据它在自然环境、聚落及建筑、场景这三个空间格局中所处的相对位置而定义。

核心、领域和边界三要素分别由固定、半固定和非固定这三个具体环境元素所组成。拉普普特认为环境就是一种固定、半固定与非固定元素的组合体。固定元素指变化缓慢的物体，如土地、建筑；半固定元素指容易变化的物体，如树木、家具、图像、色彩等；非固定元素以人为本，变化性较强，如人的空间感知、行为活动、价值观、需求等（图2.8）。固定元素由设计师设计，而半固定元素应由使用者进行"个性化"设计，它们的目的都是为了满足非固定元素的多元化共存，即每个群体和个体都能找到属于自己的空间。这里划分三要素的关键是"变化"，变化可以指时间自然流动所产生的变化，如光影在空间中一天的变化，也可以指人为因素而产生的变化，如家具在空间中的位置挪动。

（a）半固定要素：柚子树　　（b）固定要素：柚子树旁的人家　　（c）非固定要素：带笔者参观的小弟弟

图2.8　柳州程阳马鞍寨实地调研

因此，空间是在大、中、微这三种格局下，由核心、领域和边界三个抽象要素与固定、半固定和非固定三个具体环境元素来共同定义。抽象的要素具有一般性，而具象要素具有特殊性，二者自身都各有意义，正如前文所述，本书更关注于普适性，以抽象要素作为研究主要内容，以具体环境元素作为研究次要内容来展开综合研究。

2.6 关系建构：空间结构传承与更新

2.6.1 空间结构传承与更新的意义

所谓空间结构是指两个或两个以上空间要素的线性或非线性关系，是人与环境、人与建筑、人与人之间意义关系的主要体现，通过方向、路径和距离三个主要特征所构成的一种关系框架。对于讲究事物之间整体联系、偶然性重于必然性的传统村落及建筑，与西方关注个体之间逻辑推演关系不同，东方关注两个空间要素及其以上的空间关系如何组织，从要素的无序分布转为有序秩序，即组织空间的方式、过程与背后的力量尤为关键。人的空间认知一般始于体验阶段，即人在场所里经由距离、方向、路径相关体验所构成的空间结构原型。这些原型是具体空间结构的开始；进而才向空间知识阶段发展，即聚落及建筑之间位置序列和结构关系的物质存在。本书以人的空间结构认知原型为框架建立其与传统聚落及建筑空间物质性结构的关系。

2.6.2 空间结构的框架构成

乡村聚落空间看似散落无序，其实深藏着一种有机秩序，核心空间及其连接路径形成的拓扑网络关系成为村落空间结构的基本骨架。传统村落及建筑的空间结构按照空间格局由大至小划分为三个结构层次（图 2.9 和图 2.10）。

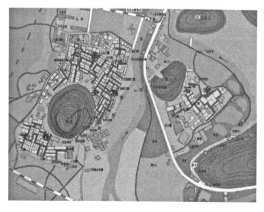
（a）总平面图

（b）空间结构图

图 2.9 环境地理空间格局的结构构成

（a）聚落及建筑空间格局的结构构成

（b）山村边滨水场景空间

（c）入口场景空间（东江首关）

（d）下马石

（e）祭祀场景空间

（f）巷道场景空间

图 2.10　村落的三个空间结构层次［贺州朝东镇秀水村（湘赣式）］

（1）环境地理空间的大结构是由自然地理结构、社会文化组织、经济技术体系所构成的大结构秩序，对于村落及建筑来说是他组织结构。

（2）场景空间的小结构对于村落来说是自组织结构。空间小结构是人在知觉范围内对感知对象加以组织和秩序化而形成的，其可以孕育出适应个体生存环境、蕴含着巨大可能性的多样性。这种由局部和局部之间的相互关系衍生出来的一种秩序，我们将其称为由局部产生的秩序。在聚落中空间要素构成的局部之和能产生许多令人意想不到的多样性效果。

（3）村落及建筑空间的中结构，其本身是历史遗存的物资空间结构，会受到大结构与小结构的双向影响。以现在的眼光看，其形式和结构都是很特别的，如何让这种既定的传统空间结构适应现代新的利用方式是研究重点。

2.7 形态建构：空间形态传承与更新

2.7.1 空间形态传承与更新的意义

空间形态因其契合人们认知心理的符号性、完形性和图地性而最易被人认知、模仿和传承。空间形态不仅包括空间形状、位置关系等，还包括空间中人对空间的心理反映与认知，以及由此产生的主观空间形态。对于传统建筑来说，空间形态并非存在于图纸之上，而是存在于工匠和屋主观念中，只有随着营建过程的完成，才得以成形。人体姿势和运动轨迹除了本能，还有就是习惯。历经五千年的中国建筑符号以师徒相授的匠作方式传承和演变，徒弟在老师的严格指导下养成的建造手段与动作习惯成为符号形态得以稳定传承的重要保证之一（图 2.11）。

图 2.11 动作习惯的传承

研究传统村落及建筑空间形态有利于找到传统村落及建筑的形态原型，揭示其生成演变原理，控制传统村落及建筑的风貌及更新。传统村落及建筑空间形态是在漫长时间积淀中逐步形成的，不同空间格局里的聚落及建筑都有其独特的空间形态及生成机理：

（1）传统空间形态是空间内部核心力量与外部核心力量相互牵制达成动态平衡后的边界形状。聚落及建筑空间形态是受核心牵引，被领域填充，由边界勾勒出来丰富多样的平面、立面、剖面图等。

（2）空间形态可以被认为是人工空间和自然空间以及人的活动轨迹与行为聚合状态的叠加外在表现。

（3）村落核心空间的形状和自然空间要素的形状，村落内部空间结构在决定村落空间形态上起着相互制约的作用。

2.7.2 空间形态的框架构成

传统空间形态按空间格局来分可分为"点""线""面"三种基本形态：场景空间的行为点状形态；建筑空间的线状形态；自然地理空间的面状形态。

（1）场景空间根据人群行为分布特性分为点状、链状、团状、分形四种点状空间，由社会组织结构和具体事件决定其形态及变化。

（2）建筑空间形态按视觉特性可分为以下三种线形。

① 平面线形：1956年，刘敦桢在中国民居建筑研究的开山之作——《中国住宅概说》中把明清住宅类型以平面形状为标准，自简至繁，分为圆形、纵长方形、横长方形、曲尺形、三合院、四合院、三合院与四合院的混合体、环形与窑洞式住宅九类。

② 立面线形：主要由房屋及细节勾出的轮廓线。

③ 剖面线形：主要在建筑朽败后才会真实呈现。

（3）自然地理空间分为匀质高中低密度（高如河流、中如稻田、低如石山等）、异质高中低密度（高如山林、中如土山、低如荒地等）两类面状空间。

村落空间形态受上述三个基本形态影响而成，对以上三种传统空间基本形态进行分析与重构（图2.12）是研究传统村落及建筑空间形态的主要方法。

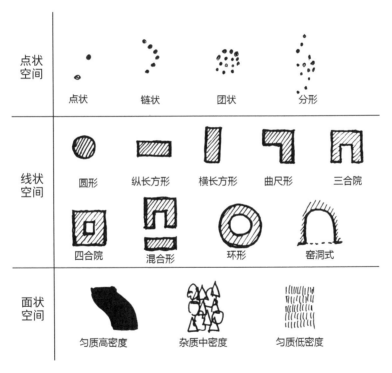

图2.12 "点""线""面"三种传统基本空间形态

2.8 小结：广西传统村落及建筑空间传承与更新理论框架

根据以上内容的理论构建，形成如图2.13所示的理论框架。

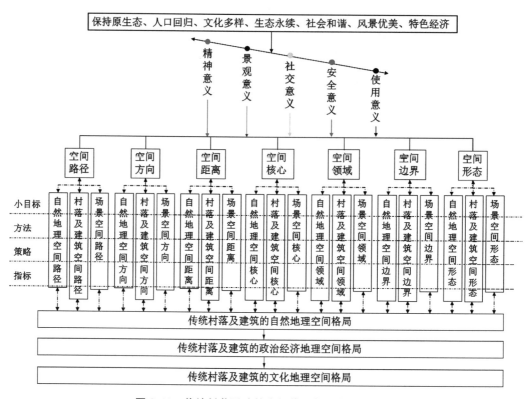

图 2.13 传统村落及建筑空间传承与更新理论框架

3

广西传统村落及建筑多元地理空间格局分析

广西独特的地理特征、多民族特征、政治区位等条件，使广西乡土建筑成为一个「各具个性的多元统一体」。

——费孝通

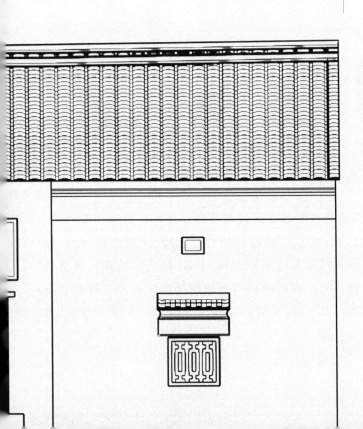

3.1 广西传统村落自然地理空间格局现状分析

自 2012 年 12 月公布首批中国传统村落名录至 2023 年初,经田野调查整理各地县级政府组织材料上报统计,在广西五大区 14 个市约 18.5 万个自然村中,符合"历史传承明显、社会关系清晰和艺术科学价值较大"申报条件的,入选自治区级的传统村落有 770 个,其中有 342 个分六批列入中国传统村落名录,占比 40%左右,获批数目仍较少。就广西国家级传统村落自然地理分布看,桂北地区(桂林)171 个,桂东地区(梧州、贺州、玉林、贵港)86 个,桂中地区(柳州、来宾)46 个,桂南地区(南宁、崇左、北海、钦州、防城港)30 个,桂西区(百色、河池)数量较少,仅 9 个;就文化地理看,瑶族乡有 63 个,各族自治县有 38 个,侗族自治县有 21 个,苗族自治县有 12 个,仫佬族乡有 2 个,回族乡有 1 个,少数民族村落共 137 个,占比 40%,汉族村落共 205 个,占比 60%。总体看呈"东北多、西南少,山区多、平地少""大杂居、小聚居""汉族多、少数民族少"的地理空间格局,直观分析见图 3.1。

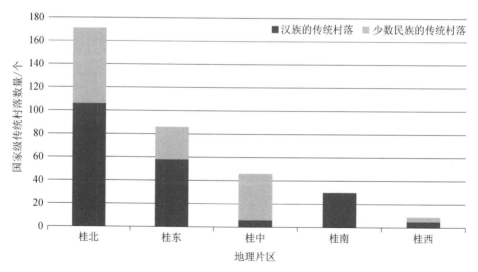

图 3.1 2023 年广西国家级传统村落地理空间分布直方图

为系统梳理广西传统村落及建筑地理空间分布现状和为待发现传统村落认定、成片区整体传承与更新提供更为详细的依据,应从广西特有的自然地理、民族文化、政治经济、场景事件四个方面出发,对广西传统村落及建筑的宏观、中观、微观的地理空间格局现状进行分层梳理、叠加整合,力求整理出广西传统村落及建筑的多元地理空间类型及关系图谱。

如费孝通所言,传统居住文化中微妙的搭配可以说是天工,而非人力,对于传统村落来说,其所处的自然地理空间的要素、结构和形态一般都会保持相对稳定,因而对自然地理空间的解读具有重要意义。

广西壮族自治区位于全国地势第二阶梯中的云贵高原东南边缘,地处两广丘陵西部,南临北部湾海面。整个地势自西北向东南倾斜,周边被高于 1 000 m 的山脉和高原所环绕,略成四周高,中间低的盆地(海拔多在 200 m 以下),有"广西盆地"之称,盆地内部又多为丘陵平原,形成"大盆套小盆"格局。其中,大盆地有三个地形"门户",一为邕宁至合浦间的侵蚀地带,二为西江流经苍梧至广东的地域,三为桂西北越城岭与海洋山之间的湘桂谷地和都庞岭与海洋山之间的潇贺谷地。总结其空间特点为四周高,中间低,形似盆地;山地多,平原少;海岸曲折,多港湾滩涂(图 3.2)。

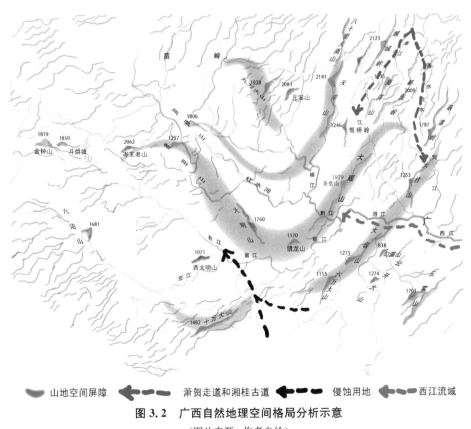

图 3.2　广西自然地理空间格局分析示意

(图片来源:作者自绘)

3.2.1 山地传统村落地理空间格局：依山为屏

1. 四大山地空间屏障

广西山地呈弧形,层层相套,形成褶皱式空间屏障,自北向南大致可分为四列,也被称为广西四大龙脉,如图3.3所示。①第一列为大苗山—九万大山,形成了广西与贵州的空间屏障。②第二列为八十里大南山—天平山—凤凰山,是广西地质构造的主轴,这一轴线形成了广西与湖南的空间屏障。③第三列为驾桥岭—大瑶山—镇龙山—大明山—都阳山,构成大明山脉。东、西两臂之上各有一"小反射弧",这一列庞大的山脉位于广西盆地的中部,西江上游从百色至桂平一段,都是绕此弧而东流,成为广西盆地内部南北空间重要的分水岭,因而得名"广西弧"。④第四列为大桂山—云开大山—六万大山—十万大山—大青山,这一列山脉形成了广西和广东、越南的空间屏障。

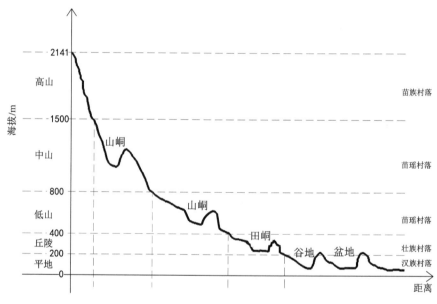

图 3.3 广西山地垂直带谱

2. 山地垂直分布格局

根据《广西大百科全书》地理篇整理,广西山地按海拔高程可分为以下几种类型(图3.4)。

海拔1500 m以上的高山。脉络状分布明显,山体庞大,地形陡峭,耕地较少,河谷宽敞,其中以桂林境内的华南第一高峰猫儿山最高,海拔为2141 m。

海拔800～1500 m以上的为中山,占广西总面积23.5%,多和高山形成一体,地形相对较缓,耕地较多,河谷渐窄。高山和中山难以利用的陡坡(坡度大于35°)往往占山体面积的一半,进行改造成为梯田的15°～35°的斜坡约占山体面积的37%,适合于耕作和建房的15°以下的缓坡地仅占山体面积的13%。

海拔400～800 m的低山占广西总面积的15.9%,地形起伏不大,耕地较多,河谷较宽。

对于选址在 400 m 高程以上的村寨,统称为高山型村落,同时依据村落所处山体的垂直位置还可细分为高山山腰型和高山山脚型。值得一提的是,在调研过程中,几乎没有发现地处山顶的村落。这类高山型村落主要分布于广西北部的龙胜、三江、融水、都安、大化、东兰、天峨、巴马,西部的西林、那坡、德保、田林和龙州等县,与第二列弧形基本符合,族群多为瑶族、苗族和高山汉族。村寨四周群山连绵,山势巍峨险峻,山下沟壑宽深,河水横流,少有平地。人们开门见山,出门爬山,村寨四周开辟有层层梯田,从山脚下一直延伸到山上。

（a）高山聚落空间环境（隆林田坝村张家寨屯）

（b）中山聚落空间环境（金秀下古陈瑶村）

（c）低山聚落空间环境（东兰太平壮乡）

（d）丘陵聚落空间环境（程阳马鞍侗寨）

（e）平原聚落空间形态（灵山县大芦古村）

图 3.4 广西山地垂直地形空间形态类型

海拔 200～400 m 的丘陵(包括石灰岩构成的石山)山体占 10.8%,多为底部是土坡,腰部是风化石,顶部是石山的低矮山地,分布在这个区域的村寨往往被统称为丘陵型村落。村寨坐落在山脚下的缓坡上,其中有的处在孤峰或独岭之下,有的处于山谷外沿的扇形冲积坡地上。这里往往是介于山、水、田不同自然地理资源的交接处,即法国地理学家白兰士所称的"不同地层的接触线",其地形特征是靠山背岭,面临江河,村前或两侧是宽阔平缓的田峒①,村庄所处

———————

① 峒:指高原山地中的小盆地或小平原,以及存在某些少数民族聚居之意,与"垌"有混用情况,本书非特指地名情况均用"峒"。

的位置地势略高于田峒,平常不会受到洪水影响。侗族往往占据这样的地理空间,如桂北三江的侗族马鞍寨就位于这样得天独厚的风水宝地上。

在广西高山山地空间格局里,零散分布着一些封闭性较强的山间坝子与发展相对滞后的小盆地,古代常称为"峒"。从地质成因看,"峒"是指溶蚀的峰丛洼地,四周为石山环绕,中间为平坝。山岭、河流等自然边界的分隔,又使各"峒"自然地理条件相差极大,因而形成了各具特色的小区域,在这样的小区域里生息的群体有着自己独立的政治、经济与文化生活,彼此经济发展水平相差较为悬殊。此外,还有一些平原聚落,如灵山县大芦古村。

3.2.2 滨水村落建筑地理空间格局:依水而居、以水为媒

广西境内河流众多、河网密布,河流分属四大水系,如图 3.5 所示。四条水系为:①珠江流域的西江水系,此水系最大,在广西境内分布最广。主要干流是发源于云南省马雄山的南盘江→广西的母亲河红水河→汇合至另一条母亲河柳江为黔江→浔江→汇合至郁江为西江,这些河流顺着地势从西北流向东南,横贯广西全境,沿西江折而东汇合珠江流入大海。②长江流域的湘、资江水系,该水系主要分布于桂东北,属洞庭湖水系上游,经湖南汇入长江。其中湘江在兴安县附近有秦代开凿的灵渠,沟通了长江和珠江两大水系。③桂南沿海诸河水系,该水系均注入北部湾。④红河水系则经越南流入北部湾。

● 自治区历史文化名镇　　● 中国传统村落　　· 广西传统村落

图 3.5　广西水系与传统村落关系示意

(图片来源:作者自绘)

　　由此看出,水是贯穿联系整个广西及其周边区域自然地理空间的自然路径,择水而居
(距水为田或直接邻水)成为村落选址首选,河流自然成为文化传播的主要路径。这些滨水村
落按自然地理空间大致可分为山脚河谷型、丘陵河谷型、平原滨水型,山脚河谷型的村落多选
址在河湾处的层积平原上,这样河水转弯时不断层积在河道内侧的土壤能为山脚下耕地较
少的村落提供面积较大、肥力较好的良田。山体与河流关系的不同又使聚落与周边山地环
境形成了不同的空间关系,主要包括四类(图 3.6)。

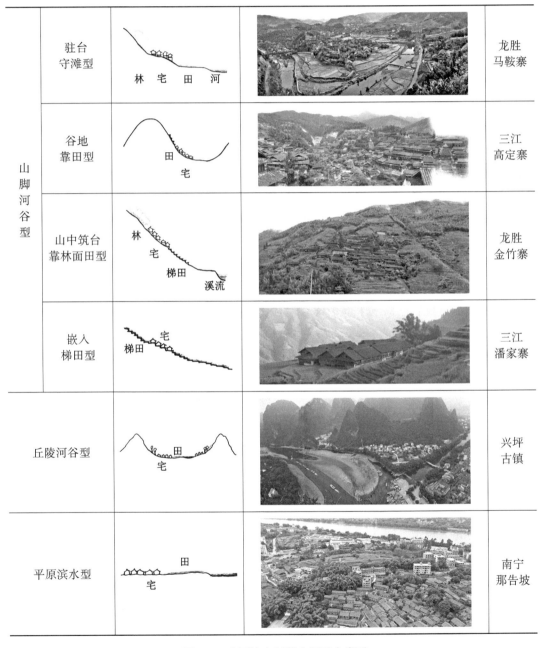

图 3.6　广西滨水村落空间形态类型

（1）驻台守滩型。其分布于受河流影响形成的河滩上，聚落位于山脚台地，相对低洼平坦的河滩则作为农业生产的主要区域；聚落后的山地多以林地形式存在，部分进行梯田开垦，这类村庄格局主要分布在山地片区河流改变方向的位置，如柳州龙胜三江位于林溪河河湾处的马鞍寨选址在侗族人常说的"座龙嘴"。

（2）谷地靠田型。建筑沿河流方向依山脚台地进行布置，山体作为梯田开发与林业种植，如三江高定寨。

（3）山中筑台靠林面田型。建筑依山而建，在山腰筑台形成聚落。聚落后为林地，其他片区为梯田，山脚有溪流通过，山中有溪涧贯穿梯田流入溪谷，如广西龙脊十三寨的金竹寨。

（4）嵌入梯田型。建筑依山而建，周边环以梯田。聚落形态顺山脊或台地择址，周边零星散布竹木林地，主要林业种植与建筑有梯田相隔，如柳州三江潘家寨。

平原滨水型村落选址相对自由一些，一般主要呈带状分布于河流的一侧，如南宁那告坡。广西滨海的村寨几乎没有，最靠近海的人是以舟楫为家的疍民，传统疍民往往不愿上岸，最多在海边搭建大竹棚居住，俗称"疍家棚"。

3.2.3　平原村落建筑地理空间格局：固守良田

广西49.8%为台地（介于平原和丘陵之间凸起的台状平地，海拔一般<200 m）和平地（包括平原和底宽50 m以上、坡度小于5°的山谷平地，包括谷地、河谷平原、山间谷地、三角洲及低平台山）。广西的"平原"，面积小，分布零星，并没有实际意义上的"平原"。广西"平原"主要有河流冲积平原和溶蚀平原两类。河流冲积平原主要分布于各大、中型河流沿岸，是由河流冲积而成。广西较大的平原有浔江平原、郁江平原、宾阳平原、南流江三角洲等。其中浔江平原最大，面积达630 km²。溶蚀平原是石灰岩经长期的溶蚀和侵蚀而成，以柳州为中心的桂中平原堪称代表（图3.7）。分布于盆地之中田峒里的村寨可称为平地型村落，其地势略为凸起并高出周围的稻田，这样可以避免水淹灾害，这类村落的前方或旁侧多有一条或多条溪河，并伴有大大小小的池塘，但村后无山或无岭可依，四周为宽阔的田地，村落处于九宫格田地中间，四野稳固。在平原地区，这类村落的数量较多，主要分布在广西中部和西南部地势开阔平缓的小平原地带。

3.2.4　村落及建筑的气候地理空间格局：九宫分区和气候印记

美国学者Victor Olgyay认为适应气候条件而产生的建筑形态是建筑地域性形成的根源。法国学者Jean Doufus认为乡土建筑的形式更大程度上由气候分区决定而非国家的行政边界，并对地区不同气候分区的乡土建筑的外墙和屋顶等围护结构与气候的关系进行对比，得出在相似的气候条件下，乡土建筑的形式也存在类似性的结论。那么，气候变迁对广西传统村落及建筑布局改变影响有多大？

广西地处亚热带，北回归线穿越其中，这是一个物产丰富、生态复杂的地区。《广西壮族自治区地图集》根据气候划分为3个气候带，9个气候区（图3.8）。

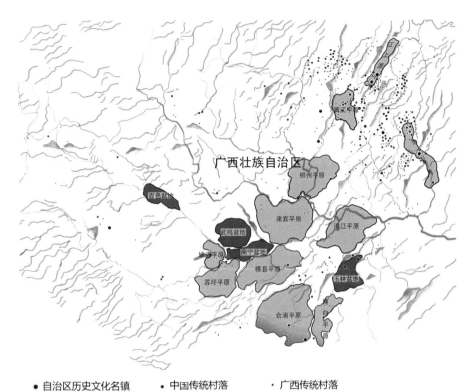

• 自治区历史文化名镇　　• 中国传统村落　　· 广西传统村落

图 3.7　广西平原、盆地与传统村落地理关系示意

（图片来源：作者自绘）

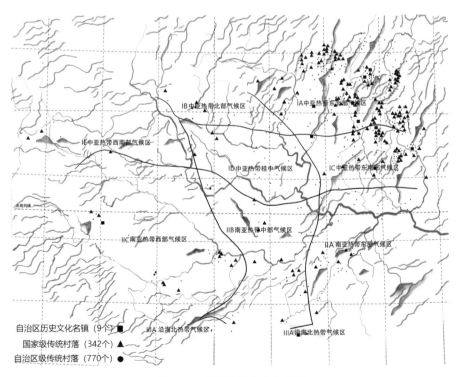

■　自治区历史文化名镇（9个）

▲　国家级传统村落（342个）

●　自治区级传统村落（770个）

图 3.8　广西气候带分布示意

（图片来源：作者自绘）

（1）中亚热带：中亚热带东北部气候区（桂东北北部气候区），境内山高谷深，气候垂直变化明显，湘桂、潇贺走廊等谷地是冷空气进入广西的主要通道，季风气候明显。中亚热带北部气候区（桂北气候区）位于河池市北部，以山地为主。气候湿润，四季分明，夏季温凉，冬有霜雪，降水日数较多，夏湿冬干。中亚热带东南部气候区（桂东北南部气候区）位于桂东北的南部，境内山地、丘陵与河谷相间，立体气候①明显。中亚热带桂中气候区（桂中气候区）位于广西中部偏北地区。中亚热带西南部气候区（桂西北气候区）位于广西的西北部，山岭连绵，峰高谷深，立体气候特征明显。气候温暖、春季回暖较早、无霜期较长、夏湿冬干。

（2）南亚热带：南亚热带东部气候区（桂东南气候区）位于广西东南部地区，气候暖热、夏长冬短，雨量充沛、夏湿冬干，夏秋光照丰富，冬春光照相对较少，如贵港君子垌客家围屋群就处于这个气候；南亚热带中部气候区（桂南气候区）位于广西南部的中部地区，气候暖热、夏长冬短，雨量丰沛、夏秋多光照，冬春光照较少，如上林鼓鸣百年壮寨位于该区域，该地月平均气温为 28.0 ℃，全县各地年降水量为 1 400～2 400 mm，年平均日照时数为 1 576 h，年平均相对湿度稳定在 80%，最低相对湿度几乎不低于 31%；南亚热带西部气候区（桂西南气候区）位于广西西南部地区，大部分地区气候暖热、夏长冬短，降水较充沛、夏湿冬春干，夏季光照丰富冬季少。德保、靖西、那坡等山区属于南亚热带山地气候。

（3）北热带：沿海北热带气候区（沿海气候区）是北热带海洋性季风气候，气候温暖，长夏无冬，日照时间长，降水充沛，夏湿冬干，夏半年受热带气旋（台风）等热带天气系统影响，冬季无雪、（基本）无霜。

值得一提的是，广西虽是全国降水量最丰富的地区之一，但不同地区存在较大差别。

从水平分布上看：大部分地区年平均降雨量为 1 200～2 000 mm，呈现东部多，西部少；丘陵山区多，河谷平原少；夏季风的迎风坡多，背风坡少的降雨特点。主要多雨区有 3 个：①十万大山东南侧的东兴市至钦州市一带；②大瑶山东侧以昭平为中心的金秀、蒙山一带；③越城岭至大苗山东南侧以永福为中心的灵川、桂林、融安、融水等地。少雨区包括 2 处：①以百色右江区为中心的右江河谷及其上游的隆林、西林一带；②以宁明为中心的明江、左江河谷至邕宁一带。这些地区降雨量小，且属大石山区喀斯特地形，土壤层较浅，难以保持水土。

从垂直分布上看，山区由于山脉的起伏，降水量分布发生了复杂的变化，这种变化最显著的规律有两个，一是随着海拔的升高，气温降低而降水增加，因而气候湿润程度随高度增加而迅速增加，使山区自然景观和土壤等也随高度而迅速变化；二是降水量，山的南坡降水量大于山坡北侧的降水量，因此山南的空气、土壤、植被均较好，是山区村落建设选址的好地点。

---

① 立体气候：指在某一区域同时分布着从寒带到热带中的某些不同的气候类型。

3.3　广西传统村落及建筑的多元民族文化地理空间共存格局

　　民族一般具有以下四个基本特征：共同语言①、共同地域、共同经济生活以及文化认同。正是由于各民族在地域空间上形成了特定的分布区域，从而形成了各具特色的民族文化区。相关学者根据广西文化特点对广西进行地理格局划分：有学者按语言地理分布特征将广西分为汉语区、南北壮语方言区、苗语区、瑶语区、汉藏语言区、其他语言区；有学者将广西传统文化按倾斜地形概括为高地文化、低地文化、海洋文化；有学者按传统村落成因划分为原始定居、地区开发、民族迁徙、避世迁居、历史移民五种类型；有学者根据文化地理学将广西建筑文化划分为桂西百越建筑和桂东汉族建筑两个文化大区，以及壮族建筑、侗族建筑、苗瑶建筑、广府建筑、客家建筑及湘赣建筑六个文化亚区。

　　在文化传播路线上，笔者梳理出五条文化传播路线：①广府和客家文化多从西江沿江而上，聚居于桂东桂中腹地；②壮文化源于桂西南，沿左、右江辐射全区；③苗瑶文化由云贵沿江穿山而来，散居于桂西北周边；④湘赣沿潇贺、湘桂走廊，杂居于桂东北；⑤京族由越南迁徙而来，主要散居于北部湾地区。鸦片战争后西方文化对村落影响在此不予讨论。在文化传播过程中，广西各民族文化相互适应，除边远山区还留有原生态单一民族聚居村落外，同一地区、同一村寨不同民族、姓氏聚居的现象普遍，各地区文化边界具有动态模糊性，很难用一个稳态的文化分区进行详细划分。由上分析概括出广西"五片原生集中地、四支文化传播路线""大杂居、小聚居"的广西传统民族文化地理空间分布特点，具体见图3.9。

3.3.1　保持文化原生态格局：大杂居、小聚居

　　王昀认为同一民族聚落通常建造在相似的地形上，且建造形式相似。即使是处于相同自然环境中，不同民族也会建造不同形式的聚落。那就产生了处在相似地理条件的同一民族村落空间有区别吗，不同自然地理空间内的相同民族村落空间有相似性吗，同一自然地理空间内不同民族村落空间有相似性吗等的疑问。

1. 民族村落建筑的水平地理空间格局

　　广西少数民族众多，现有12个世居民族，另外还有28个少数民族有少量人口在广西境内落户。其中原住民族有壮族、侗族、仫佬族、毛南族、水族，迁入民族有汉族、瑶族、苗族、回族、彝族、京族、仡佬族。壮族主要聚居在南宁、崇左、百色、河池、来宾等市。汉族在广西

---

　　① 语言既是文化的组成部分，又是民族文化活的载体，是维系存在的重要纽带，也是人们区分各民族最明显和最常用的标志之一。

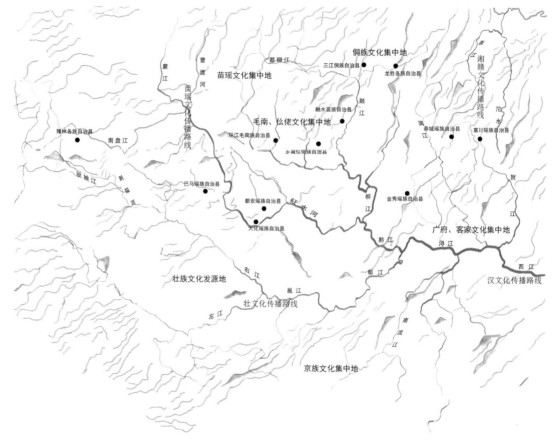

图 3.9 广西民族分布示意

（图片来源：作者自绘）

各地均有分布，主要聚居在桂东南地区；瑶族人口主要分布在都安、巴马、富川、恭城、金秀、大化等 6 个瑶族自治县；侗族主要分布在三江、龙胜、融水、融安；仫佬族主要分布在罗城、宜州、柳城等县（市）；苗族和毛南族主要分布在环江、南丹、都安等县（自治县）和河池市金城江区；回族主要分布在桂林、柳州、南宁市；京族主要分布在东兴市江平镇巫头、万尾、山心三岛一带；彝族主要分布在隆林各族自治县和那坡县；水族主要分布在南丹、融水、宜州等县（市）；仡佬族主要分布在隆林各族自治县。

2. 民族村落建筑的垂直地理空间分布

俗话说："汉族占地头（街头），壮族占水头，侗族占山脚，瑶族占箐头，苗族占山头。"台湾地区学者林宪德主张"民居垂直分布"的学术观点，不同民族遵循地形高度形成垂直的族群分布状态，其分布逻辑为强势民族占领富庶的平原，而弱势民族只得退居到贫瘠的高山区。汉族多居住在 200 m 以下的河岸地区，而壮侗语系的民族多占据海拔为 200～800 m 水源丰富的山脚河谷区域，其村落规模通常为百户乃至千户；苗、瑶两族则多居于海拔 600～1 000 m 的山地，其村落规模通常为 50～100 户。

3. 民族村落建筑的文化地理空间格局

1) 壮族村落及建筑

桂西南是壮族文化的发源地,其对外传播形成了从华南到东南亚的"那"文化圈。华南地区学者丘振声认为壮族稻作文化是"那"文化,是因为水稻耕作的海拔高度上限是 900 m,壮族多居住在海拔 600 m 以下的平原丘陵区,他们把野生稻驯化为栽培稻,"那"文化正是基于适宜稻作耕作的条件形成的。他们冠以"那"字的县、乡、圩场、村庄、田峒、田块的地名遍布广西,尤以壮族的原生地为多,从左、右江地区地名多以"那""都""罗"命名可知,该地区是壮族的主要聚居区。广西壮族分布范围主要在广西南宁以西至中越边境之间,包括扶绥、崇左、宁明、凭祥、龙州、大新等县(市),生活在该地区的壮族占该区域总人口的 90%,该区域的壮族及其先民形成了主体性、开放性、包容性相结合的民族文化特征。在南宁盆地—桂中平原—桂东北平原西缘一线以东地区,壮族与汉族及其他民族呈"大杂居,小聚居"的分布格局,这片区域是壮汉文化交融区。

壮族村落主要分布在水源丰富的田峒周围,气候潮湿多雨,地势不平,为防潮、防兽害、防盗而多采用干栏居。从空间结构来看,干栏居分为全楼居高脚干栏、矮脚干栏、半干栏(吊脚楼)、横列式干栏、地居式干栏等五种亚型。从各式干栏建筑分布的地理环境来看,其所处的地势也是由高向低再向平地移动,即全楼居的高脚干栏和半干栏民居组成的村寨多处于交通不便的高山地理空间中;矮脚干栏村寨多座落在山岭脚下,其地势相对较平缓、低矮;地居式干栏则多设置在平地上[图 3.10(a)]。壮族除堂屋中轴线和必须有的火塘间外,其他布局都可依形就势展开。

(1) 全楼居高脚干栏是指全部建筑架空高出地面,离地高度多为 1.5~2 m,是壮族生活区现存的最古老的一种建筑形式,主要分布于广西北部的龙胜、三江、融水,广西中部的忻城和西部的靖西、那坡、西林以及东部的贺州市等壮族聚居的山区村寨。其中,处于高海拔大石山区的那坡县龙合乡达文屯黑衣壮的穿斗木骨泥墙石柱础构成的高脚干栏保留最完整典型[图 3.10(b)]。

(2) 矮脚干栏是干栏的架空底层降低至 1 m 左右的建筑形式。这类干栏建筑主要分布于广西西部的平果、龙州、靖西、大新、德保和北部东兰、天峨、融水等县内,且多建造在地势较为平缓的山脚下。其结构有木石(或夯土)和砖石混合结构之分。底层高度为 1~1.5 m,约为建村时村民平均身高[图 3.10(c)、图 3.10(d)、图 3.10(e)]。

(3) 半干栏是指建在台地或斜坡上的一种建筑形式,地板一部分使用架空地板,另一部分使用地面的建筑,俗称"吊脚楼"。干栏建筑通常与半干栏建筑同处在一个村寨里,而且梁架结构也与前者基本相同,二者的不同点在于半干栏建筑依陡坡辟地而建,前三进开间底部立柱架空,形成高脚干栏楼房,人居住在铺板为面的二层楼上,后两柱则立于突兀而起与第二层楼板面齐平的台面上,与木楼下的地面高差约 2 m,使居室面形成 3/4 为楼梯,1/4 为地面的格局,故名"半楼居干栏",如图 3.11(a)所示。此外,有些地方的半楼居干栏的后部以石块或泥砖为墙,形成木石或砖混结构。

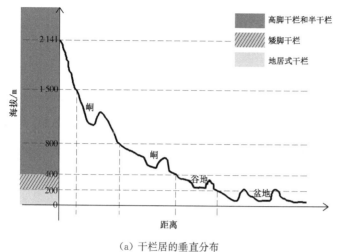

（a）干栏居的垂直分布

（b）全楼居高脚干栏：那坡达文屯（壮族）

（c）矮脚干栏：环江南昌屯
（毛南族）

（d）地居式干栏：
德保壮宅

（e）矮脚侧入干栏：
隆林某壮宅

图 3.10　壮族干栏居空间类型

（4）砖石木混合结构的建筑主要分布于地势较为平缓、交通较便利的壮族山区。此类建筑为悬山顶，屋梁是三角架搁檩结构，四面墙上部砌砖，下部砌石，门下阶梯同样以石块砌成，房屋多为三层，底层架空。这类民居建筑虽主要以土砖或石混合砌成，但其架空的底层仍留有传统的干栏建筑遗风。此外，在桂西地区的一些壮族村寨中，还有一种呈横列式排布的矮脚干栏建筑，多座房屋相连成排，其结构和建筑材料与前文所述的两种矮脚干栏民居基本相同，这种矮脚干栏建筑可节省建材且增强房屋稳固性，如图 3.11（b）所示。

（5）地居式次生干栏建筑多建于壮族与汉族杂居的平原村落。因地区不同，其样式和结构也多种多样，但基本结构仍是大同小异，均为土墙（或石或砖），木檩小青瓦，悬山顶，"一明两暗"①的合院式结构。建筑分为三层，人居下层，上层为半楼或满楼，明间为两

----

① "一明"指的是中间的厅堂，"两暗"是分列于厅堂两侧的卧室。

层通高的厅堂,具体见图 3.11(c)。有些地方的地居式房屋局部还保留穿斗木构架的遗迹,如南宁三江坡传统民居多为一明两暗,除明间外,一二层皆住人,且在暗间前檐墙处开门,门前挑梁设板成晒台或望楼,这是壮族干栏檐廊向汉族地居门廊转化的结果,形成地居干栏。

（a）全楼居半干栏：三江高定寨某宅

（b）横列式矮脚干栏：百色隆林壮宅

（c）地居式次生干栏：南宁三江坡

图 3.11　壮族干栏居空间类型

2）侗族村落及建筑

广西侗族是广西原生民族,古代文献中有不少关于洞人(峒人)、洞蛮、洞苗的记载,至今仍有不少地区保留"洞"的名称,后来"峒"或"洞"演变为对侗族的专称。侗族经历了民族迁徙,聚居区域不断改变,最终集中于今黔、湘、桂三省毗连地区,广西"皎侗"①主要分布在桂北三江、龙胜等地,该地依山傍水,交通便利。因侗族文化主要为高原文化,喜群居,村寨户数少则 50～60 户,多则达数百户,高大宽敞的吊脚楼、鼓楼、风雨桥是其建筑特色(图 3.12)。

3）苗族村落及建筑

苗族多喜聚居,原始生产方式多为烧耕,其原居湖南、贵州等地,宋元以后陆续沿山移居广西。广西苗族约 43 万人(2022 年),占全国苗族人口总数的 3.8%,主要分布在靠近黔湘二省的融水、融安、三江、龙胜、隆林、资源、西林等县;其中位于大苗山区的融水苗族自治县是全国成立最早也是广西唯一的苗族自治县。其在广西分布的特点,一是小聚居、大分散,类型差异显著;二是与汉、壮、侗、瑶等族杂居,自身特色逐渐消失;三是多居

---

① 侗族内部曾有很多小支系,至今仍有"老侗""旦侗""皎侗"三支,桂北地区以"皎侗"为主。

图 3.12 三江独峒座龙寨鸟瞰

住高寒山区。苗族因崇拜枫树神,其建筑多为枫木木质结构吊脚楼,核心空间为芦笙坪(图 3.13)。他们既保持固有的丰富的传统民族文化,又多有变异,出现了方言众多,文化多元的现象。

图 3.13 金秀瑶族古占村芦笙坪(山子瑶)

4) 瑶族村落及建筑

瑶族是一个迁徙性族群,分布广,总体上呈"大分散、小聚居",主要居住在山区,山是瑶族聚居的地理空间背景。瑶族自古就有依陡岭而居的习惯,除平地瑶选址在丘陵、河谷地带外,绝大部分瑶族居住在海拔 1 000 m 以上的高山密林中,称为高山瑶。

据推测,广西的瑶族于隋唐年间由零陵、衡阳郡迁入广西东北部,至明代散居广西,民间有"南岭无山不有瑶"之说。广西目前有位于大瑶山中的金秀,海洋山脚的富川、恭城,都阳山脉上的都安、巴马、大化六个瑶族自治县。河池地区的瑶族则大多居住在石山或半石山地区。其中金秀大瑶山位于广西中部偏东地区,为桂江与柳江的分水岭。山体自北向南延伸,大多山峰海拔在1 000 m以上,核心区域山峰在1 200～1 300 m之间,最高峰圣堂山海拔1 979 m,为桂中地区最高峰。山体四周为低山丘陵,地势较为平缓。中心区域山形陡峭,坡度常在30°,谷坡通常在45°以上。在大藤峡河谷以北的南坡是瑶族的主要分布地。这里居住着茶山瑶(六段屯)、盘瑶(大樟新村屯)、坳瑶(下古陈村)(图3.14)、花蓝瑶(门头屯)、山子瑶(古占屯)五个支系的瑶族。各支系人民有着各具特色的语言、生产生活习俗、文化艺术等,可谓"十里不同风、百里不同俗"。费孝通说过:"世界研究瑶族在中国,中国研究瑶族在金秀。"

图3.14　金秀下古陈村(坳瑶)

　　瑶寨特点是背靠大山建村立寨,一般是几户至几十户聚居成村,与大分散的居住特点相应的就是瑶族与其他民族的大杂居。周围与汉、壮、傣、侗、哈尼、苗族的村落毗邻,也有些瑶族与其他民族同村寨居住。瑶族村落的选向依山势而定,只要是靠近水源和耕作区域、易找建筑材料、野兽出没较少的向阳处,便可建寨。瑶族村寨规模小,多则几十户,少则三、五户。只有富川、恭城等地的瑶族(平地瑶)和金秀瑶族自治县的瑶族(茶山瑶、花篮瑶、坳瑶)村落比较大,住户较为集中,数十户有血缘关系的家庭组成一个村寨。村与村的距离也较远,近者二三里,远者三五十里①。

---

①　1里=500 m。

瑶族民居善于因地制宜建造,有半边楼、全楼和四合院之分。半边楼一般为五柱三间,此种建筑多为红瑶所建,罗德启认为半边楼是为了解决将民居建在山坡上这一矛盾,在山地斜坡上开挖部分土壤,垫平房屋后部地基,然后用穿斗式木构架在前部做吊层,形成半楼半地的"吊脚楼"。全楼相对半边楼而称,一般建于沿河一带或半山较平坦的一层地基上。花瑶、盘瑶多居全楼;四合院则是在较平坦的地面上修建四幢全楼连接而成的房屋,中间有一小块方形空地庭院,故称四合院,这种建筑仅为沿河一带红瑶富裕人家所居,如贺州富川福溪村。

5)汉族聚落及建筑

潘安根据方言划分把南岭以南的汉族分为越海系、闽海系、湘赣系、客家系和南海系五大民系。广西境内居住有湘赣系、客家系和南海系三大民系的汉族人,这些汉族人主要分布于梧州、玉林、钦州、贺州等桂东南平原地区,南宁、柳州、来宾也深受南海文化影响,同时该文化还沿着西江流域深入桂林、百色等地区。南海、湘赣、客家的区别与联系何在?笔者将从以下几个方面展开论述。

(1)南海系(广府)聚落及建筑。

梳式布局是广府地区最典型的村落民居群组布局方式,不似粤中地区般规整,该布局以水体、宗祠为空间核心,且建筑单体空间的基本形制多为"三间两廊"的三合院天井式,厅堂居中,厢房位居两侧,厅堂前为天井,天井两旁分别为厨房和杂物房,建筑结构多为砖石结构,建筑占地面积较粤中地区大。例如:玉林高山村和金秀龙屯村除了以"三间两廊"为单元形成的村落,现存于世的广府民居更多的是规模较大的宅院和由这些宅院形成的聚落,如灵山的大芦村、苏村和玉林的庞村。广府人善经商,广西沿大江大河的墟镇遍布广府人的足迹,岭南骑楼式的空间形态和粤东会馆广泛分布于梧州、贺州、南宁、百色等商业重镇和其他沿江墟镇。

(2)湘赣聚落及建筑。

湘赣民系与广府民系类似,族群聚居都以村落为单位,相对于广府地区,湘赣地区被汉族开发的时间较早,人口也比同时期的广府地区密度高,其开基建村的古老聚落比例远高于广府民系。随着聚落长期的开发、拓展过程,建筑不断被加建、改建、拆建,宅基地所有权也在不同聚落成员间买卖变更,其原有统一规划的聚落格局被打破,相对于原有严整规划保存得较完好的广府地区,湘赣民系的聚落呈现"散中有聚、乱中有序"的状态,是自由形态和几何形态的结合,体现出有限人为控制下自生自长的有机发展态势。湘赣系民居建筑类型特征,在平面上有"一明两暗"型和在其基础上发展起来的"L形""三间两廊""四合天井";有些民居建筑平面布局基本是上述各平面类型纵横拼接而成。

在湘赣系民居中,堂屋是文化的核心,天井庭院是空间的核心,民居中的堂与天井庭院是最关键的一对空间。民居主体部分的厅堂空间大多方正而规则,具有明显的中轴线,并沿轴线从前到后由厅堂和天井庭院组成一进进的纵向递进式贯穿组合建筑组群,体现了礼制、尊卑的空间序列及虚实相应的空间布局,实现了建筑空间与自然空间相互交替、情景交融的意境。广西的湘赣式建筑分布于与湖南交界的桂东北地区,包括了桂林全地区和贺州富川县、钟山县等地区。其中,桂林南部地区的阳朔、恭城以及永福等地的湘赣式建筑风格深受桂东南地区广府建筑的较大影响。

湘赣民系对广西的开发较早,所居住的区域均为广西文化经济较为发达的地区,其建筑在这些地区的存留量相对汉族其他民系建筑的存留也更多。现存具有代表性的湘赣民系村落包括全州梅塘村、全州沛田村、兴安水源头村、灌阳月岭村、灵川长岗岭村、灵川熊村等。

(3)客家聚落及建筑。

客家作为汉民族的一个重要民系,被称为"中原之旧族,三代之遗民"。明末清初,他们经历的第四次迁徙(罗香林先生提出客家人经历了五次大规模的迁徙运动)是由赣州到韶关进入多民族聚居的广西,之后才被称为"新民"。截至2022年第七次人口普查,广西是我国客家人的主要聚居地之一,客家人口约占全区人口的1/6,广西客家族的分布呈现东南密、西北疏的特点,主要聚居在桂东南的玉林片区,桂南的北海、防城港、钦州和南宁片区,桂中的柳州、贵港片区和桂东的贺州片区等四大片区,这四大片区的客家人占广西客家总人口的五分之四,余下的客家人分散在众城乡中,与壮、瑶、苗、侗等少数民族和睦相处。

广西客家聚落多建在丘陵平原交界的地区,客家地区在自然地理方面的共性是山地多、平原少,多数地域为低山丘陵地,土壤虽不肥沃,但有山、有林、有水,可樵、可采、可渔、可耕。客家聚落多为宗族性聚居,对外防御,对内畅通。广西客家建筑大部分为"四合中庭型"①的堂横屋模式,宅祠合一、防御特征突出,其最具有代表性的为贵港君子垌的客家方城和贺州莲塘镇的江氏围屋。在堂横屋模式的基础上发展起来的围垅屋、围堡较少,其中围垅屋的代表为玉林硃砂垌,围堡式的代表为北海曲樟围堡。

客家人移居广西,除了桂东南局部地区较为集中外,大部分客家人分散在桂东山区,与当地人融合程度比较深。儒家文化、移民文化和山区文化共同构成的多元建筑文化使广西客家乡土建筑区别于其他客家乡土建筑,空间防御性低,空间形态混杂难辨。客家人的聚居模式对周边汉族聚居模式产生较大影响,如贺州桂岭的于氏"四方营"(图3.15)就是模仿客家的围堡所建。

3.3.2 延续文化交融的格局:民族文化多元共存

地域性和民族性是民族聚居地建筑的两个基本属性,人类历史在空间和时间维度中广泛存在"同一地区不同民族聚居"和"同一民族不同地区聚居"两种建筑现象。从广西各少数民族传统村落的文化分区来看,汉族的文化儒化是由城镇所在的平原、河谷地区先向丘陵地带,最后向山区演变的。少数民族地区环境变迁的速度与汉族控制的统治中心的距离成反比,与交通发展状况成正比。

---

① 余英认为客家民居的基本核心单元是"三合天井型"和"四合中庭型"两种模式。

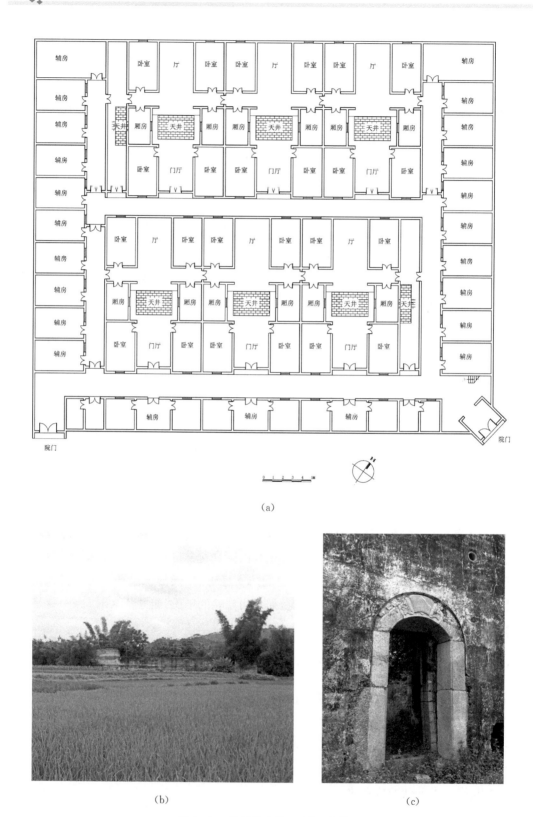

（a）

（b）　　　　　　　　　　　　　（c）

图3.15　贺州桂岭的于氏"四方营"

（1）民族迁徙是民族生存的自然选择，自然生态的优劣和变迁是引起人口迁移的一个重要原因。从人地关系对民族关系的影响看，主要有两种基本类型：一为平原↔山区型，其人地关系主要表现为少数民族人口在平原山地间的迁徙转换，过去是由平原向山区迁移，现在则是从山区向平原转移；二为边远山区型，其人地关系主要表现为所在之地因山岭高峻，远离区域统治中心，人口较少，开发程度低，故而长期保持着原始的自然景观。笔者在调研中发现当地人就当地不同的地理空间特性编成一串神话来组织空间关系，从侧面上也反映了民族迁徙的变化过程。

除了汉族，彝、京、回、仡佬等少数民族也在不同时期迁入广西，回族在宋、元、明、清各代多以经商，少数为官吏、军人从外省进入广西，多数居住在城镇。彝族在元明时期，从贵州等地迁来桂西，在那坡、隆林等县有彝族的小聚居地。京族在明代从越南东京湾的涂山等地迁到今广西防城港。仡佬族在清雍正年间从贵州迁入今广西隆林。

（2）民族迁徙催生文化融合的现象，从而形成了多元文化交融的区域与村落。民族迁徙促进了民族间的相互融合，移民每到一个地方都会存在新生的环境问题，即与当地原住民的相处问题。实际上，这是两种文化间的沟通和碰撞，文化交融一般会产生以下三种情况。

① 如果移民的总体力量凌驾于本地社群之上，他们会选择建立第二家乡，即在当地附近地区另择新点定居，这样也可能会把原住民赶出原居住地。

② 如果双方势均力敌，则采用两种方式：一是避免冲撞另选新址建立第二家乡；二是采取中庸之道彼此相互渗入，和平地同化，共同建立新社群。

③ 如果移民总体力量较小，在长途跋涉和社会、政治、经济等多重压力下，他们就会采取完全学习当地社群的模式，与当地社群融合沟通，并共同生活在一起。

当然，除上述情况外，也存在双方互不沟通的情况，在这种极端情况下，移民被迫为了保护自己而可能另建第二家乡。

（3）民族迁徙对民族文化空间分布的影响是显而易见的。在过去，民族迁徙和文化传播通道一般是沿着河谷进行的。广西的汉族主要是从三个地形缺口迁入，即湘桂走廊[①]、潇贺古道[②]，以及从粤西逆西江而上进入广西（从广东迁入广西的汉人被称为"岭南化的汉人"[③]）。而号称"西南会府"的桂林因处于湘桂走廊的越城岭口在唐宋时期得以成为广西的政治、经济、文化中心。广西传统村落的空间发展过程：同宗同姓的血缘性聚居于某个地理空间→多姓氏的同宗聚居→多民族的业缘、趣缘与地缘性杂居。不同地域的相同民族和相同地域不同民族的村落有时会出现相似空间的情况。

---

① 湘桂走廊是中国三大民族走廊之一，是中原文化长江水系湘桂上游与珠江水系漓江上游最接近的地段，由灵渠相通，是中原文化由湘西南通往岭南最便捷的通道之一。

② 潇贺古道最初建成于秦始皇二十八年，其具体走向是由湖南道州→广西富川→广西临贺古城，古道北连潇水、湘水和长江，南结临水（富江），封水（贺江）和西江，连通长江水系和珠江水系，是一条水陆兼程，以水路为主的秦通"新道"。

③ 广东西部、湖南南部、广西东部及北部地区的越人自唐代以后逐渐融合于汉族，但汉越融合后的汉人，保留了许多越文化的特征，他们已不是传统意义上的中原汉人，而是岭南化的汉人。

（4）大杂居是少数民族空间分布版图变化的总趋势。对于广西壮族自治区来说,在全区域内壮族都与汉族杂居,但在东部地区主要与汉、瑶两族杂居,北部与西部地区则呈现多民族杂居的格局。从整个壮族分布的区域看,即使是在壮族高度聚居的区域,也有一定数量的汉族分布。这里有一点要提出,在桂西,有少部分汉人长期与越人杂处,融入越人,这在中国汉族与少数民族融合中是少有的现象。在封建社会时期,统治者在交通便利的河谷平原地带设置据点式的治所,将统治范围渐次扩展开来。一般而言,统治中心多设于水陆交通便利、农耕条件较好的平原地区,如南宁、柳州、宾阳等,之后向低山丘陵地区发展,距离统治中心越远,控制力越弱,汉族移民的分布密度也随着距离的远近由高到低。随着汉族移民的不断迁入,壮族分布区域由大变小,最终被分割成若干片小区域,壮汉两族形成杂居之势,桂中一带则成为壮汉两族杂居和壮汉文化交融的地区。

3.4 广西传统村落及建筑的政治经济多元共存格局

国家政治经济制度影响地区各级行政划分与普通村寨的布局和发展模式。国家外部性权力与乡村内生性权威的合理对接、乡村是改革还是改良等,对传统村落的空间分布、演变与发展起着至关重要作用,理清二者谁主谁次、孰重孰轻的关系很关键。

3.4.1 土地制度多元化共存

传统乡土社会重农,对土地依赖性大,人的空间流动性弱;而现代社会重商,对流通很看重,人的空间流动性强。当前,在土地增量有限的条件下,如何盘活土地存量、实现其空间流动性,是传统与现代空间进行划分的前提。如根据现行"优先开发、重点开发、限制开发、禁止开发"的区域保护与发展分类指导原则,核心区空间流动性就应弱一些,而边缘区空间流动性就应强一些。

对于中国传统村落来说,空间发展最大的限制来自土地制度。1949年以前,地主制维护了村落由宗族核心按等级分配土地权属的制度;1950年进行土地改革,恢复了传统的小农村社制;1953—1979年,农村实行集体化;1980年改革开放,实行家庭联产承包责任制;1999年实施耕地保护制度,严格控制耕地转为非耕地;2000年提出城乡建设用地增减挂钩、新农村建设与土地整理并行、产权制度改革等措施。形成人口向城镇集中、产业向园区集中、土地向规模经营集中的"三个集中";2005年提出社会主义新农村建设,新村旧村毗连而建,整村迁建,多村合并建中心村等空间格局的多样化得以呈现。有很多地方就农村土地确权及流通提出了自己的解决办法,如重庆的"地票交易"、天津的"宅基地换房"、成都的"拆院并院"、广西的"腾笼换鸟"等方式。综上,农村问题从本质上说都是要解决人口、资本、文化等资源在土地上的空间流通问题(图3.16)。

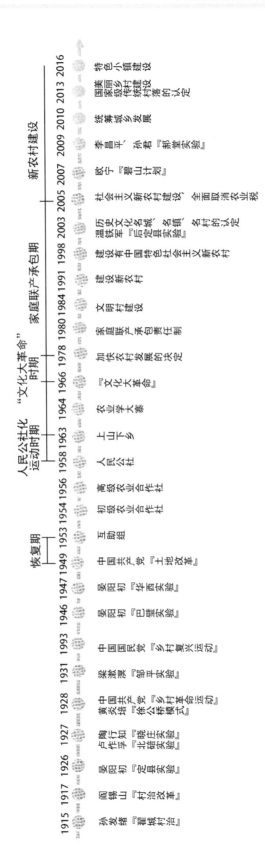

图 3.16 百年以来中国乡建演变历程

（图片来源：基于《特集：乡建模式的探究与实践》中插图修改）

当前,大多乡民的愿望是既保留耕地的同时还能获得其他产业(第二或第三产业)增加额外收入的机会,所以在坚持和完善最严格的耕地保护前提下,地方土地管理制度的制定要注意乡民在城、乡两地空间占有的合法性,探索进城务工人员能保留宅基地使用权、耕地承包经营权和林地使用权,集体资产所有权置换社区股份合作社股权,土地承包或经营权通过征地置换基本社会保障或入股换股权,宅基地使用权可参照拆迁或预拆迁办法置换城镇住房,或者直接进行货币化置换等多种土地利用和管理方法。

3.4.2 制度多元化的共存

自古以来,在传统民族社会中,国家权力作为制度要素,在以血缘、宗法为主要联系纽带的乡村中难以延伸,建立在农耕之上的乡村社会实际上是一个由血缘-宗族-伦理等人情要素构成的封闭空间,是一个与中央集权制度相对应的"生产组合的氏族共同体"或"文化共同体"。无论在过去、现在还是未来,国家与乡村的关系应该始终是一种在大传统与小传统①、进入与退出、强制与妥协的顺应与同化过程中不断寻求平衡的特殊联结。

在这样的背景下,传统村落被由上至下被赋予了不同等级的受保护身份:历史文化名镇名村→濒危传统村落→国家级传统村落(国家级景观村落)→全国重点文物保护单位→自治区级传统村落→自治区级重点文物保护单位等。尽管如此,绝大部分有保护价值的村落及建筑仍处于法规身份缺失、村社治理较弱、保护主体不明等任由自身发展的管理缺失状态,如不抓紧保护,这些村落会快速消失,如广西第一壮寨金竹寨,广西最大、保护最好的夯土聚落上林县鼓鸣寨等。此外,还应拓宽由下至上保护体系的建立,为非政府组织(Non-Governmental Organizations,NGO)、非营利组织(Non-Profit organization,NPO)等组织和个人提供可介入的制度空间,如柳州三江县侗族程阳八寨、桂林的龙脊十三寨等就是政府与旅游企业合作把流域范围内的传统村落联系起来组成一个旅游风景区进行区域旅游发展得较好的实例。

3.4.3 产业空间多元化的共生

(1)资源+地理空间集聚。传统村落最重要的资源是自然和文化资源,而旅游业一定程度上可以最大化利用这些资源。在此,需要注意的是资源独特的传统村落不应发展多产业集合,而应结合自身优势,在民族文化体验、农业产品观光、运动休闲养生、文化旅游创意等产业中选其一来打造精品,成为"全域旅游"②经济空间格局中的重要一环,这在中国台湾乡村设计中有很多成功案例可资借鉴;而资源丰富的传统村落可以打造成多产业集中的旅

---

① 美国人类学家罗伯特·雷德菲尔德(Robert Redfield)认为任何一种文明包含两个传统:一是由少数善于思考的人们(知识分子)创造出的大传统;二是由数量较大但思考不足的人们创造出的小传统。

② 全域旅游是指在一定区域内,以旅游业为优势产业,通过对区域内经济社会资源尤其是旅游资源、相关产业、生态环境、公共服务、体制机制、政策法规、文明素质等进行全方位、系统化的优化提升,实现区域资源有机整合、产业融合发展、社会共建共享,以旅游业带动和促进经济社会协调发展的一种新的区域协调发展理念和模式。

游中心地。以南宁"美丽南方"项目之一的近郊乡村乐洲村为例,通过对乐洲十六队旅客人群调研分析,发现该村有望发展高端度假项目,以满足人们逐步提高标准的乡村旅游出行需要,同时避免与周边市场中低端项目的同质化(图3.17)。

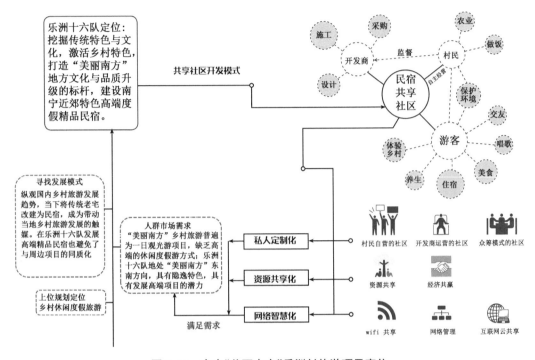

图 3.17 南宁"美丽南方"乐洲村旅游项目定位

(2)市场+地理空间集聚。广西大多传统村落处于边缘与半边缘地区,多为小农经济,即农业、小手工业和以物易物的小商业所构成的传统经济,使圩镇型传统村落起到中心地作用。当前,广西的一些乡村地区仍存在因集市联系而形成的传统经济的原生态"圩镇"中心地空间格局。

(3)交通+地理空间集聚。良好的交通条件可以促进某个传统村落成为地区商品交易中心,并逐渐成为当地政治文化中心,如灵川县大圩镇熊村在古时就因古商道而形成小商品交易中心。

3.5 广西传统村落及建筑多元场景空间格局

3.5.1 人的场景空间

如果说建筑是赋予人一个"存在的立足点",那么场景可以说是赋予人一个心理与行为存在的立足点,即传统空间的"气"空间。场景是村落空间意义的主要体现,它由物质空间(自然、建筑)所提供,由人的心理需求、知觉经验所引导,由人记忆中的空间图式、概念、意象所认知,由人的身体姿态所占据,由持续变化的行为和事件等行为空间所联系。用中国传统语言来说,"场景空间"是一种无处不在,有待空间塑造、等人体会的"气"空间。

拉普普特认为村落及建筑空间是由多个场景构成,空间是舞台,场景是布景,正是场景使空间得以意义化,通过空间提示来引导预期行为,使空间产生意义成为场所。物质空间可以不变,但其中的场景空间会根据规则、人、时间的改变而改变,它会影响人对物质空间的使用和认知(图3.18)。人通过行为活动赋予空间意义,同时空间又通过情景氛围来激活人的情感因子。可以说,作为小格局的场景空间是贯穿联系空间大格局、中格局的主要线索。场景空间通过环境设施、家具、人和事件得以实现,并让参与者轻易掌握空间尺度和氛围并产生移情作用(图3.19)。

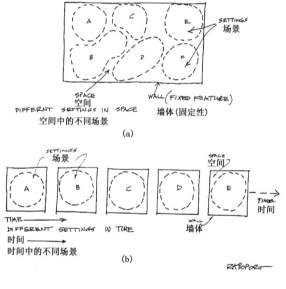

图3.18　由场景构成的空间

(图片来源:《文化特性与建筑设计》)

图3.19　文化之气:三江程阳侗寨拦路酒

广西传统村落建筑场景空间按使用者构成可划分为"个人场景空间"和"群体场景空间";根据行为事件特点,村落空间又可分三种类型:"生活场景空间""生产经营场景空间""仪式场景空间",如图3.20(a)所示。在以稻作经济为主的广西传统村落中,生产场所一般在村落边界,其空间载体为水田、旱田和林地,当然在村落里也设有一些农副产品加工的生产场所;生活场所位于村落腹地,其空间主体为民居;歌圩台、圩场、鼓楼等公共场所则成为村落中心地。笔者在调查过程中发现,乡民的生活、生产和仪式场景空间并非严格区分,它们往往顺应自然糅合成复合意义的场景空间[图3.20(b)]。在研究中,通过对平面图、剖面图进行场景布置并对其中人的活动姿势与行为过程进行记录,可以将逐渐失去的广西特有的少数民族的生产、生活、仪式场景记录下来,如图 3.20(c)和图 3.20(d)所示。

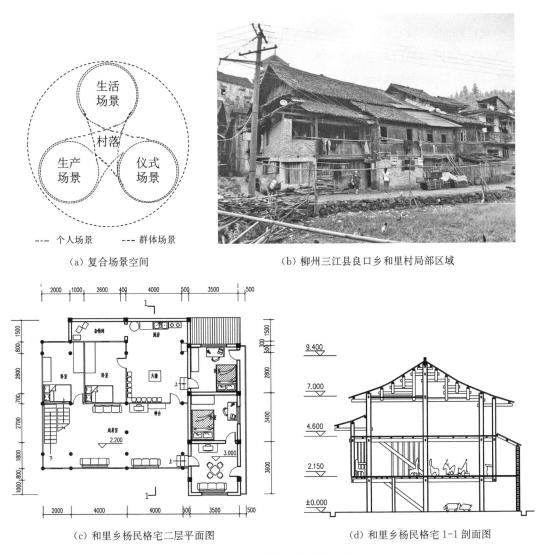

（a）复合场景空间　　　　　　　　　　（b）柳州三江县良口乡和里村局部区域

（c）和里乡杨民格宅二层平面图　　　　　（d）和里乡杨民格宅 1-1 剖面图

图 3.20　场景空间构成及记录

对于动态发展的广西传统村落及建筑,其中有关人的场景空间有哪些呢? 要了解人的场景空间,首先就要对传统村落及建筑中的空间"利益相关者"的身份进行甄别,下文将对身份甄别的条件展开论述。①老房子的产权拥有者与继承者。当前,随着青年人到外面打工并定居,住在老房子的基本上是老人和留守儿童,他们希望保留老屋。随着乡村经济的发展,一些富起来的青年人逐渐萌发还乡的意愿,并成为"新乡绅乡贤①",他们担任村落文化的守望者、传承者和创新者的角色。②老房子的产权使用者。比如短暂留宿的游客,长

———————————

① 在历史上,乡绅乡贤是本乡本土有德行、有才能、有声望而被本地民众所尊重的贤人。

期租住旧房并具有乡土情结的民宿经营者,期望对乡村投资可产生经济效益或社会效益的投资组织(或个人)或外来务工人员等,有学者将这类人称为"城乡两季人"。③和老房子无任何产权关系的"旁观者"。如非本村的管理者,进行实地研究的学者、学生或设计师(短暂调研的设计师和驻地设计师),匆匆的游客、外来务工人员等。因此,为激发乡村活力需要留住第一类人,并以他们的空间需求为重要目标,以他们为建设主体,因为他们和这片土地及房屋具有最深的感情羁绊,有记忆中的故事,有适应地域特色的传统技艺,应避免发生"腾笼换鸟"的现象。同时,要吸引更多的第二和第三类人,因为他们能提供传统村落自身所欠缺的政策、资本、劳动力、营销等资源,是乡村建设的催化剂(图3.21)。只有把这三类"乡居者"留住,使他们从身份划分清晰的"旁观者"转换为身份模糊的"参与者",传统村落才会有美好的明天。

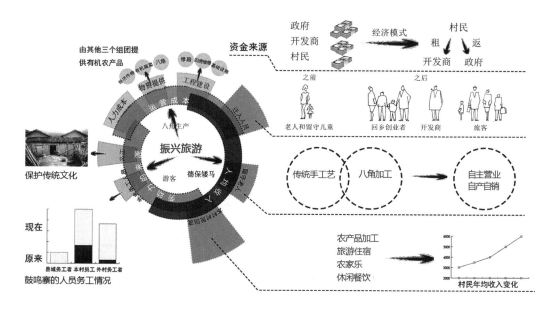

图3.21　上林鼓鸣寨里人的场景空间

场景空间最重要的特性是多变,场景空间的多变性源于人的需求在不同时段的多变性。广西传统聚落及建筑很少直接就"空间"讲"空间",乡民并不是为了获得空间而建造房子,他们是为了某种需求建造房子的同时创造了空间。因此,对传统村落建筑空间的传承与更新研究,应该关注于现在传统村落里还保留了哪些传统的空间需求并增加了哪些现代空间需求;未来传统村落里会恢复或增加哪些空间需求。在不同的空间和时间里,人的心理与行为需求是多样且变化着的,相应地场景空间也应具有多样、变化的特征。

1. 生活场景空间

传统村落及建筑的空间核心是人的生活,人类的智慧多在解决实际生活问题中得以充分展现。人的生活由基本需求、社交需求和精神欲求所组成,空间只有在充分满足人这三个需求后才具有完整的意义,进而在日常空间中悟出不寻常之处。

想对乡民的生活形态有所认知,就要对以群体方式展现的乡民生活进行分类认知和总体把握。对于乡民来说,生活场景空间是指他们一天日常生活瞬间的集合:睡眠→起居→劳作→休息→交往→起居→劳作→休息→睡眠。这个生活场空间是时空的简单连接,是他们在日出而作、日落而息简单生活中循环而自然生成的空间形态。要清晰分辨广西传统村落及建筑的生活场景空间,首先要关注当时、当地、当下乡民的生活状态,如风土习俗、行为习惯、生活习性、特色饮食等,这些东西都是内化在日常生活起居状态之中且不断变化的,只有对乡民的心理与行为进行实时实地地深入调查才能清晰刻画其生活场景空间[图 3.22(a)]。

2. 生产场景空间

当前农村产业主要包括一二三产。一产,即农业活动,农民通过劳作生产粮食、蔬菜瓜果等,并换取生活资料,在田间经常能看到农民耕地插秧,田是乡村最主要的一产场景空间。二产,即农产品加工和物质资料的生产,二产多以家庭手工业为生产方式,如造纸、酿酒、加工农产品、木材加工、制瓦、打铁、石刻等,乡民通常利用自己房屋、院落进行这些二产活动,因而需要提供这样的生产空间方便乡民在家生产。三产在一产和二产基础上,商业经营和旅游产业得以蓬勃发展,如旅游住宿、农家乐、特色餐饮、创意农业等,这些新功能都需要在乡村中提供新空间来满足。需要注意的是,应注意控制三产的比例,不能让传统村落陷入冯骥才所说的"古村落搭台,旅游经济唱戏"的窘境[图 3.22(b)]。

3. 仪式场景空间

节庆仪式是生活、生产行为的一种艺术形式表达,是物质文化、行为文化和观念文化混合而成的表现形态,是传统乡村生产、生活不可缺少的行为活动和风俗习惯,是村民与大自然沟通的重要桥梁。如每年三月三柳州三江举行的侗族花炮节,以村寨为单位组织抢炮队,各队抬着炮具、奖品、礼物在圩镇游行一周,依次进入炮场;瑶族三月三歌圩,瑶族十月十盘王节还愿的节庆;苗族的芦笙踩堂表演、斗马赛;红水河一带的壮族整年都有跟祭祀有关的节庆活动,他们的每个节日都会举行一定的仪式并配有相应的壮歌,不少地方在插秧、收割时都举行隆重的峒场歌会,通过这些活动以满足他们对物质生活和精神生活的追求;"歌圩"①是壮族特有的民族习俗,节日性歌圩在左江一般在 1—4 月、8—10 月农闲季节举行,据调查,仅雷平、振兴、宝好、堪好、硕龙 5 个乡镇就有歌圩地点 67 处,这些场所有的是 3~5 个自然屯合为一个地点,有的是一个村为一个点,每年一到指定的时间都在指定地点进行歌会。

仪式是神话的具体化表达方式,其具有神秘感;仪式是乡民参与乡村建设的主要方式之一,其具有参与感,而要达成它就必须要有特殊场所。这种场所具有多样性,其可以是有利于集体参与性祭祀圈展开的非正式自然开阔地,有利于观看、演戏角色划分清晰的戏台,被房屋环绕,围合感很强的广场,堂屋宗祠里一方室内空间等。它们就像一个舞台,仪式是

---

① 歌圩原是壮族群众在特定的时间、地点里举行的节日性聚会唱歌的活动形式。

剧本,乡民或是演员或是观众,人们在开放、半开放、围合的空间中寻求与祖先神灵达到精神沟通与共鸣[图 3.22(c)]。

（a）生活场景空间　　　　（b）生产场景空间　　　　（c）仪式场景空间

图 3.22　村落里人的场景空间构成

（图片来源:《广西大百科全书》）

3.5.2　自然场景空间

当今,有学者对空间的关注更多的是从人类自身的需求来考虑,而把自然环境视为一种没有生命的客体对待,把人与自然对立起来,对自然环境的需求考虑不足,导致了人在构筑自己的生存空间时忽视了自然环境的需求。自然生态环境应该和人、聚落及建筑成为空间意义产生的三大来源,自然法则从来不以人的意志为转移,在中国古代人居环境建设中,不管建筑多么宏伟壮观,其总是与自然环境融合得恰到好处,仿佛在欣赏一幅古代山水画,在山水薄雾之中,若不仔细辨识是很难发现建筑身处环境何处[图 3.23(a)]。就算是在现代,当建筑被荒废的时候,不经意间自然反而会成为空间主角,可见自然强大的生命力是无处不在的[图 3.23(b)]。

那该如何理解自然呢? 有学者从文化心理结构与地理图式的关系来看待自然,他们认为地域的气候、地貌、风物,潜移默化地在人的心灵上积累、沉淀,逐渐生成一种相对稳定的心理定势。这是一种“根”的文化意识,当“赤脚建筑师”营建自己的村落时,潜意识地凭借这些自然的力量进行构思和表达,“使得建筑与乡土那么自然贴切融和”。

舒尔茨提出了五种理解自然的模式:

① 以自然的力量作为出发点,同时使这些力量与具体的自然元素或物产生关联。

② 从变迁的自然事件中抽取出一个有系统的宇宙秩序[图 3.23(c)]。

③ 对自然场所特性的定义。将自然场所与人的基本特征相比。自然界中许多客体具有衡定的功能特性,这种意义存在于环境刺激和模式当中,人的知觉形成就是环境刺激生态特征的直接产物,美国心理学家吉布森称环境客体的这种功能特性为“提供”。多种多样的自然环境为聚落建筑提供了适宜其进行生存性、社会性、精神性发展的独特场景空间,如自然界里一块小小的平地,稍微平整一下就可以成为乡民进行祭祀仪式的舞台,一个原始

（a）柳州三江丹洲古城鸟瞰

（b）去陆川谢鲁山庄之路上的拾遗

（c）大化七百弄龙卷地

图 3.23　自然风景格局

［图片来源：《中国大百科全书（民族篇）》］

岩壁，稍加改造就能成为一幢建筑的坚实墙体（图 3.24）。

　　④ 光线变化。自然光线是永恒和变化的，传统建筑里光穿透缝空间带给人的时光流逝感和神圣感无处不在。

　　⑤ 光线与自然短暂的韵律关系成为理解自然的第五种向度。正如原广司所说："聚落并不是自然形成的，而是配合着大自然的节奏韵律……呼应自然的呼吸设计而成的。"这种韵律和呼吸在时间上是短暂并呈周期变化的，如海洋乡大桐木湾村的银杏树景观，随着时间改变而呈现不同样貌（图 3.25）。

（a） （b）

图 3.24　崇左榜墟镇某民居

图 3.25　自然短暂的韵律（海洋乡大桐木湾村）

3.6 小结：广西传统村落及建筑的多元地理空间格局建构

　　传统村落作为与城镇相互制衡、相互补充、相互修复的一方，理应成为自身及其周边乡村区域发展的核心，理清广西传统村落及建筑的多元空间格局，建构基于广西独特的自然环境、民族文化、政治经济的传统村落建筑多元地理空间格局，探寻传统村落空间格局的演变机制和模式，为广西传统村落建筑空间的系统研究提供一个基本框架，为传统村落的保护、新农村空间布点和农村区域规划等提供依据，从而为城乡空间一体化提供新方向。

　　（1）结合国家及自治区级传统村落的自然地理布局，强化传统村落对沿线沿江区域风貌分区及农房建筑设计参考的原型作用。

　　（2）在风貌分区上要进行全域信息叠加后再细化分区，特别是要注重民族文化对风貌分区的影响。

　　（3）要考虑高速路景观中人在高速行进中对村落风貌认知的特点进行风貌整治。由此，本书建构的广西传统村落建筑多元地理空间格局如图 3.26 所示。

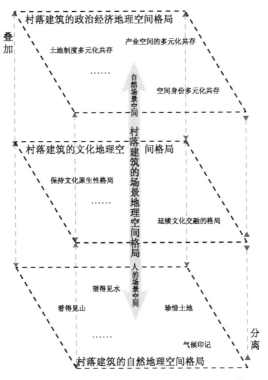

图 3.26　广西传统村落及建筑多元地理空间格局

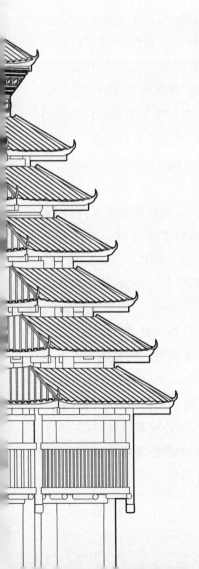

4

广西传统村落及建筑空间意义的理清

建筑是赋予一个人存在的『立足点』。

——诺伯舒兹

4.1 传统空间的使用意义激活

广西传统村落内部空间现状多布局分散、空间封闭、交通不畅,空间使用效率低且难以满足当代人的基本需求。因此,传统建筑被使用的概率越来越小,最终被遗弃,并导致"没人使用的房子两三年就坏了",可以说没有人的存在和使用,传统建筑及村落也很可能消亡了。

4.1.1 提高空间使用度

维特根斯坦(Ludwig Josef Johann Wittgenstein)认为"意义即使用"。从前文可知空间的首要意义(自然意义)在于其可被感觉、被使用,或者说具有某种实用功能,其他意义都是基于使用(功能)的基础上而产生。要使"静态"的传统空间具有意义,首先要使它适应不同时代的使用需求并转换成为"活态"的使用空间,提高它的使用强度,然后才能真正理解它,使它有意义。自然环境、建筑、家具、人等具备自己独特的"气场""气氛""气息"等,这些"气"是由地景中生发出来的"场所"精神,从而形成了独具特色的场所空间,"场所"以一种清晰可辨、原生性的整体状态存在于传统村落及建筑之中。因此,要保持传统村落"活态"或重新赋予传统村落的活力,最好的方法是让原住民继续留住或外迁者重新回归传统村落来生活、生产与交往,在不破坏村落"场所"精神的前提下,通过改善生产生活条件,过上素朴、真率、简单的生活是大部分传统村落保护发展应追寻的目标。因此传统村落保护发展绝不是把人迁出来,而是要把人引回去。

那么要把人引回去,首先就得弄清楚,乡村里过去住着什么人,现在住着什么人,未来又会住着什么人?"什么人"应该成为主要考虑的对象?他们的需求是什么?在本书第2.5.1小节中,对村落乡居者的身份进行了论述,通过对这些人一天的、一周的、一个月的、一年的临时性、短期性、周期性的日常活动与传统空间关系进行记录、分析,得出经常使用、偶尔使用、不使用的三种空间使用强度值,如图4.1所示。

在乡村里,因原住民长时间积累而呈现出具有原生性和独特性的丰富、细致的生产、生活和仪式行为,给人以全新的空间体验,这些行为是传统空间生成与发展的基本动力。乡居者试图将空间与他们的生活、生产、仪式行为(如睡、盥洗、座、行、家务、农活、储藏、休闲、聊天、集会、祭拜等)相匹配,通过不断、缓慢地试错和积累经验,直到它们与人们的活动相适应。将那些经经验积累、目前还经常使用的基本空间结构保留并重新设计,同时植入新的使用功能,改造偶尔使用或不使用的空间去适应新的需求,如提供给游客暂住的民宿、家庭旅馆、旅行者客栈、青年客栈等创意空间,或者把整个村落打造成保存式标本——生态

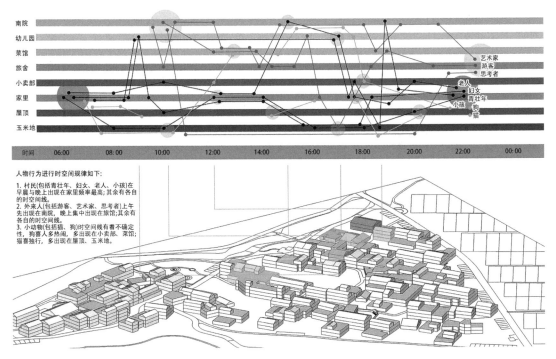

图 4.1　马山县三甲屯人物行进时空梳理

博物馆[①]。

4.1.2　改善空间舒适度

　　冯骥才认为,只有传统村落生活质量得到提高,宜于人居,人们生活其中感到舒适方便,其保护才会更加牢靠。由此可见,人的另一个基本需求是身心舒适度。若按人的身体感官舒适需求和使用频率为空间划分等级,则可分为非常舒适、舒适、有点不舒适、不舒适但还可以忍受、极其不舒适和恶劣的 6 个等级,如果用这样的环境舒适度标准去划分乡村环境,大部分的乡村物理居住环境可以说是极其不舒适甚至是恶劣的。但就是在这样的环境里,农民展现了惊人的心理忍耐力和适应力,他们在"隐忍自我""忘适之适"的传统伦理观之下,能经济、美观、实用地去主动适应环境变化,再恶劣的环境经过他们一番因地制宜、巧夺天工的改造,往往能变成一个居住环境有点不舒适但具有心灵归属感和幸福感的居住场所。人们身处与自然环境相和谐的乡村,能观赏到美丽的自然风景,能在适度敞开的环境中生活起居,能吃上放心的绿色蔬菜,能被自然阳光、鸟鸣唤醒,萌生出一种生理和心理上相互适应后的舒适感。如此,乡村舒适度的定义应该是一种综合性定义,而不仅是身体上的物理舒适,还应该包括心理愉悦和放松。

---

　　① 1971 年,乔治·亨利·里维埃在国际博物馆协会第九次大会上提出"生态博物馆"(Ecomuseum)的概念,生态博物馆是一种建立在文化原生地,以特定区域为单位,以整个社区的自然和人文遗产为对象,强调保护、保存、展示遗产的真实、完整与原真性的保护模式。

当然，设计师们应该对传统村落及建筑中不舒适的物理环境进行适当的"微"改造，比如将必须使用的有效用空间（如黑、乱、矮的厨房，脏、臭的卫生间，简陋、黑暗的卧室）成为"微"改造的重点，如图 4.2 所示。而无效用的空间，如堂屋，则通过技术手段让它们保持自

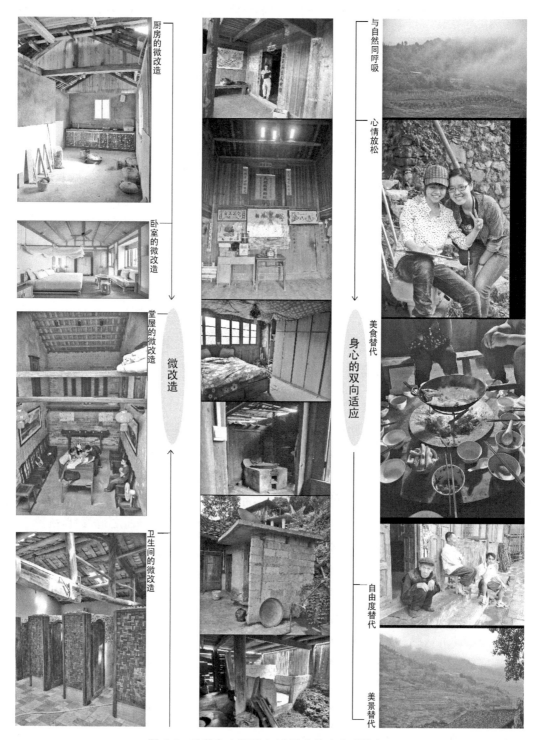

图 4.2　改善身心舒适度（龙胜金竹寨廖瑞乾宅）

然状态,避免损害或过度设计。人偶尔使用这些无效用空间,就需要降低自己的舒适度需求来顺应不舒适环境的要求。

4.1.3 增强空间复合度

所谓空间复合,可理解为空间异用或空间多义,即在固定空间里通过时间、行为、事件上的有意或无意安排加以多重利用,使空间在多样性意义中进行转换或叠加,提高空间的使用强度。在基本形态保持不变的情况下,使空间适应多变的使用功能,并提供不断更新的机会。如传统堂屋空间由于足够高、光线明亮及混用性强使空间得以高强度利用,同时也使空间具有更多的可能性,妙趣横生,给人带来丰富的情感体验,并触发人与空间之间的互动(图 4.3)。不同于传统复合空间,现代流动空间是由不同空间在时间上的相互联系而得以产生,而前者更强调同一空间在不同时间段的灵活使用。

(a) 堂屋改为社交空间　　　　　(b) 仓库兼游戏场　　　　　(c) 堂屋改为生产空间

图 4.3　堂屋空间异用

功能混合一直是村落及建筑营造中一个根深蒂固的传统,空间的多重利用是其重要特征。生活多变性给予了空间多种意义,空间复合度极大地影响了传统乡土建筑和聚落的形式。

自然环境空间具有复合特性,如洞穴是通过简单的空间限定就能提供给人生理、心理安全等意义共存的空间。传统空间也有如自然环境空间一般,能将使用、安全、象征、审美等多重意义复合起来。设定具体空间去限定人们的多样活动是不恰当的,而应该给予人一个未分化的新秩序,从而为建筑拓展出一种新的可能性。

整合度和选择度是复合空间的两项非常重要的社会属性。整合度和选择度高的复合空间能满足不同使用人群的需求。功能区分是随着行为的分离而出现,分离的目的是提高空间的使用效率,而随着行为的高度集合,功能又由区分走向复合,复合的目的是提高空间的使用强度。

按照现象学观点,物必须经过聚合,才能成为物体,再与人建立"友谊"后方感觉有意义……聚合的作用是在意识中将"纯物"从各方面赋予其存在的内涵;而"空间生成"的作用则是指环境中的物与人必须有所沟通方能生发意义,人的存在也有了依靠。这与中国传统哲学思想"物我合一"的论点相同,聚合可以从整合与选择两个向度进行评定。

4.2 传统空间的安全意义转换

空间最基本的意义是保证人的身心安全需求。身体安全即防灾、防御攻击、防止意外等人身安全;心理安全包括归属感、领域感和威慑感等。虽然,对于不同时间、环境、民族、群体、个体的人来说,他们面对的威胁是不一样的,但人的基本安全需求和应对这些威胁的空间安全手段较为相似的。通过对传统防御空间的解读,找到能适应环境、防御心理与行为变化的安全空间图式,可以为现代安全性空间设计提供参考,如表 4-1 所列。

表 4-1 安全意义及空间图式

心理安全需求	空间概念	空间图式	身体安全需求
归属感	藏空间	暗 亮	能躲藏 防止被发现
	靠空间		能依靠 防止背部受袭
	抱空间		被环抱 防止两侧受攻击

（续表）

心理安全需求	空间概念	空间图式	身体安全需求
归属感	小空间		能控制 尺度宜人
	家空间	无特别空间图式	身心放松 戒备感消除
领域感	边界清晰	内　　外	防火、防盗防攻击
	向心空间		有聚集效应
			防人心涣散
	凹空间		能躲藏 防止三面受攻击
威慑感	势空间		压迫、逃离
	凸空间		被控制、受监督
	缝空间		压抑、受攻击

　　那么人的安全需求有哪些？符合安全需求的空间特性是什么？二者是如何通过地理环境、村落及建筑、场景三个格局的空间要素、结构和形态而得以结合，并产生安全意义的？本小节主要就人的基本安全需求展开论述，对它们和空间特性的关系及其原形在后面的章节里进行讨论。

4.2.1　唤醒空间归属感

创造和保持自身和环境的相互认同是人最基本的安全需求。得到认同是获得自尊的开始,获得自尊是情感的开始。当人对环境产生认同后,他还需要被环境所认同,从认同到被认同需要一个较长期的过程。当人与环境相互认同后,人就产生了归属感。当前,广西少数民族对自身民族的身份认同感已经不再强烈,为解决这一问题,需要从以下几方面进行唤醒。

(1) 唤醒认同度。归属是一种个体心理上的归属感,而与贫富、空间位置没有必然的因果关系。客家人多有"怀土不重迁"的特点,对于他们来说,家是心理意义上的归属,而不是地理空间的重返。贫困乡村中的农民长期处在一个稳定的、群体窘困的社会环境中,乡民对长久以来形成的生活方式有一种依赖,对习惯的社会环境会有归属感,即使生活再艰辛,他也会有一种由归属感而引发的安全感。

(2) 唤醒被认同度。有归属感的空间是安全的,那什么样的空间有归属感呢? 能退却躲藏的"藏"空间、有依靠的"靠"空间、有如双手环抱的"抱"空间、尺度宜人的"小"空间、能激起情感记忆的"家"空间等都能产生归属感。有时,只是一阵熟悉的味道、一次熟悉的触摸、一眼熟悉的景象都能给予家的感觉。

(3) 重塑归属感。最需要归属感的是老人、妇女和儿童,而且这三类人都是目前逗留在村落里时间最长的人群,所以传统村落安全需求考虑的主要对象就应该以这三类人作为起点,如果村落的安全特性能满足这三类人的安全需求,那么就一定能满足其他人的基本安全需求。以儿童为例,可以说儿童就像"原始的"人类一样对空间是逐步认知的,观察儿童的空间认知过程对空间分析与创作具有借鉴意义。

4.2.2　强化空间领域感

有明确领域感的空间是安全的,界限清晰的空间有明确领域感。向外防御、向内团结、方向明确的空间,能明显地使人感受到身处空间内部并不自觉地向核心靠拢,从而增强人的自我认同感和责任心,这在靠近核心空间的部位尤为明显;洞穴般的"凹"空间,使人身处其中有被包裹在里面的感觉,给人一种安全感,并能通过开口向外瞭望;心理围护的圆形与人体结构的方形叠合而成的"人体安全图式"以及中国传统风水理论中"靠山面水"的选址空间图式也能形成很好的领域感。

4.2.3　营造空间威慑感

威慑是各实体位置关系紧张造成的空间压迫,加上环境氛围和个人心理契合所产生的心理压力,使进入的人产生一种受到威胁的感受。如高高在上的"凸"空间、左右紧逼的"缝"空间等。据说画家杰克逊·波洛克一走进米斯·凡·德·洛设计的建筑就感到格外紧张,以至于一句话也说不出来。广西湘桂古道的福溪村,沿纵向布置的成组的建筑,从大门进入后,通过两侧的巷道,再进入相互毗连的各家各户,街巷的尺度、建筑的布局、各家各户开向街道的门窗使进入街道的人仿佛时刻感受到两旁住户的监视,产生一种莫名的紧张和压力,这样的空间就具有天然的防匪、防盗的特点。

依山就势是人求得心安理得的一种空间图式。以贵港君子垌客家围屋选择为例,在儒家"天人合一"的环境观下,客家人选址、营建村落、求取安全感的重要方式之一是围城空间和环境空间格局同构,以形成"势"的威慑。即山环水抱的自然环境与三面高墙围合、前面矮墙月牙塘的前低后高、半月围合内聚的客家围城格局同构,共同构成空间屏障(图4.4)。

(a) 贵港君子垌段心围外部环境

(b) 贵港君子垌段围城立面

图4.4 天人合一的空间屏障

4.3 传统空间的社交意义升级

人需要通过面对面、眼对眼、听力可达、触手可及的直接交流来证明自身的存在并增进彼此了解,传统村落正是通过公共和半公共空间来实现这样的社交功能。分析传统公共和半公共空间是如何构建乡居者之间的人际关系,对营造轻松休闲、自由自在的交往空间具有重要意义。

4.3.1 升级空间参与度

参与是社交活动产生的必要条件,参与的主体、方式和规模是能否产生参与的必要条件。参与主体分为三类,可详见前文第3.5.1小节;参与方式可分为主动参与型、被动带入型和放空观望型;参与规模分为群体、集体、家庭和小组。参与度的大小根据参与的时间和频率划分可分为四级:经常参与、一般参与、偶尔参与和不参与。对于交往空间来说,根据参与度可将交往空间区分为积极交往空间和消极交往空间①以及中性交往空间。产生参与的条件及参与度可见表4-2。

表4-2 产生参与的条件及参与度

产生参与的条件	方式	主动参与、被动带入、放空观望
	规模	群体(多个村)、村里集体、家庭、小组
参与度	频率	次/年、次/月、次/天、次/时
	时间	几天、全天、半天、不确定

对于村民来说,以互助"共同体"的主动方式参与一些公共或半公共活动事件是经常性的,原因在于一是人力有限,二是一种传统习俗,三是乡民身体力行的习惯。按照参与户数、人数的多少,参与活动时间的长短来确定参与活动的程度大小。如广西龙胜壮族金竹寨,他们有一个不成文的寨规,就是每一家要起房子的时候,都会叫寨子里每一户出一名成年男性来参与建设,而起房子的那一家就会让女人(或者是由其他户出一个女孩)煮饭给来劳动的男性吃。房子的大木作和小木作由屋主花2万~3万元雇几个工匠,用2~3个月的时间根据风水和建造经验去选择朝向,确定各个柱位的尺寸和选材编组以及榫卯的开凿,并指导各家集合而成的群体劳力用2~3天的时间来完成,这样的建造活动可以说是一种村民的深度参与。

参与是一种体验过程,一种享受共同营造的快乐过程,具有一定的程式。乡民呼朋唤友为自己家共同进行建造,一群熟人在熟悉的环境中做着熟悉的事情,即使再艰辛的劳动也变成了一种享受。这种幸福感源于一种归属感,一种被需要和认同的感觉,有助于增进大家的感情。台湾建筑师谢英俊提出"互助换工""简化构法""协力造屋"的理念,建筑只不过是提供一个平台,任何一个使用者都能参与进来。谢英俊"参与式实践"的独特之处在于,不光是将可持续、环保等理念融入乡村的基础设施与人居环境设计中,同时还在设计、建造过程中坚持"协力造屋、自助建房"的原则,通过培训、合作等方式鼓励当地农民积极参与,让建筑学成为一种大众化的教育行为。透过居民参与、协力互助、集体劳动,减低成本并营造社区主体意识。

---

① 芦原义信在《外部空间设计》中提出了"积极空间"和"消极空间"的概念。

4.3.2 升级仪式空间认同度

参与和认同是互为前提的,人们通过参与交往才会有相互认同的可能,而基于先验的认同则是参与发生的动机。认同是基于相似背景、相互熟悉的情况下,熟悉是在同一空间里多方面、经常性接触中所引发的亲密感,这就要求人们首先得经常为了某件事在某一空间中聚集在一起。在传统村落中,大家通过仪式活动聚集在一起,从而产生认同感,并接受宗法教化的洗礼,由个体的人成为集体的人,这也是中国传统文化的主要表现。美国社会学家欧文·戈夫曼认为,人总是生活在各种各样社会交往的网络关系中,在具体的交往过程中,人们表现出一整套言语的(劝酒、对歌)、非言语的(祭祀、舞蹈)和介于二者之间的行为模式。当这种模式被专门化、戏剧化后就成为仪式,通过仪式能促进人们之间的交往,人能从此获得安全感、认同感和教化感。正如戈夫曼的理论所说,在族群性纪念仪式的表演中,无论小团体和个人的行为其实都受到原始力量的牵引。

空间是一种叙事结构,它既可以为目的模糊的生活化叙事提供可能,也可以为目的清晰的仪式化叙事提供支持。在行为和目的之间的关系不加研究,只按着规定的方法去做,而且对于规定的方法带着不这样做就会有不幸的信念时,这套行为也就成了所谓的"仪式",仪式是人们在生产实践中自然产生和形成的生存生活习惯,这种习惯投射到人们的集体无意识当中,形成了它特有的约束力。空间约定了人的仪式程式,而人则通过仪式来体验、修正空间,通过仪式去回忆事物,从而给人带来精神上的安全感,增强人与人之间的认同感。在少数民族中,这种仪式多借助一些道具和身体动作来唤醒人的精神记忆。对于广西的一些民族文化来说,仪式是人们必须认真对待的正式活动,因而必须要有专门的空间来举行仪式,如走街串巷的仪式空间,在广场、堂屋里集中进行的仪式空间,甚至围坐火塘共同吃饭也是一种较为严肃的仪式。

仪式是一种参与性、时间性很强的活动,可以说仪式的活动过程、方式和材料一同决定了空间形成的过程。如侗族建房的每一个程序都要符合步骤顺序,且每一步都有其特有的祭祀方式和禁忌:①选掌墨师傅;②选址和丈量地基;③用鲁班尺和丈杆根据地基及主人的意见确定房屋尺寸(面阔、进深、高度);④上主家山林进行伐木,偷梁木[①],备料及制作香杆;⑤发墨与开工;⑥用系有红绳的木槌敲打三下进梁进行"发槌",然后排扇(即把每扇框架放在地基的准确位置);⑦早上4点钟(寅时)开始从正间"竖屋",先竖左框架,再竖右框架,然后吊起穿梁形成"开扇",通过榫卯连接左右两榀框架形成"合扇",完成正间间架。接下来再竖左边各间框架,然后是右边框架,整个过程在早上6点钟(卯时)完成;⑧上金梁指的是将放在马架上的金梁上"开梁口",放入丈杆、墨盒、毛笔、线头并用红布包裹,在某个时刻由梁上的两个人"提梁""安梁",最后由墨师"踩梁"才算完成;⑨设定大门方向;⑩盖瓦、镶嵌楼板、墙

---

① 偷梁木:由四个人于午夜来到深山中用鲁班锯砍伐一对孪生松树的中一棵,砍之前要祈祷,乞求山神同意借走树神,砍倒后直至运到建造地点,树都不能碰地。

板、设量架梯，根据"开门大吉""火塘点火"仪式的程序来建造的。同时，在营建房屋之前，墨师还会绘制一些简图并制作一个小比例的工作模型来指导搭建房屋（图4.5）。台湾建筑

图4.5 仪式与空间（广西龙胜金竹寨潘蒙宅建构过程）

师谢英俊在尼泊尔未来之村的地震重建项目中,利用了这种具有开放性、低技性的立架空间构建方式(图4.6)。

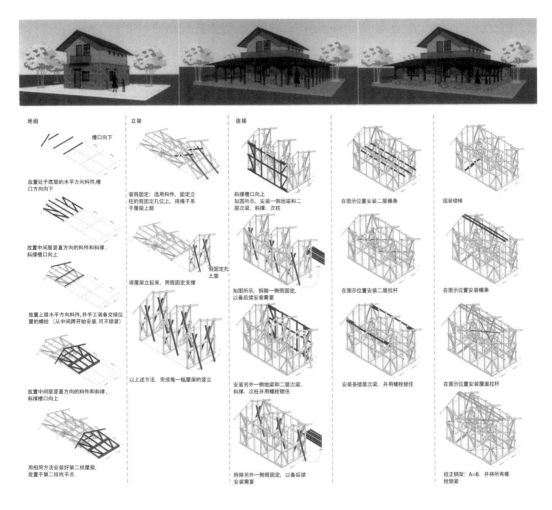

图 4.6 立架空间建构方式

(图片来源:改绘自《家,与村民重建——尼泊尔未来之村地震重建》)

4.4 传统空间的景观意义发掘

　　体验多元化的乡村及建筑是景观聚落及建筑的典范,可以说乡村无处不在地存在于自然、文化和建筑这三大环境,研究乡村对创造出具有山水诗画意境的聚落及建筑之美具有指导意义,这种类型的乡村是一种介于人工景观和自然景观之间的现代世外桃源。

4.4.1 调动三种景观感受方式

景观感受是人在景观空间中对多种直接感知的综合感受,其感受程度与人的感官(味觉、视觉、听觉、嗅觉、触觉、动觉等)被"唤醒"的数量、情绪被调动的程度和"保持"注意的程度有关,具体可见图 4.7。景观感受方式根据有无目的结合唤醒感官意志努力程度的不同分为三种类型:无意注意(事先没有预定目的,也不需要作意志努力来调动感官)、有意注意(有一定目的,需要一定的意志努力去调动感官)和有意后注意(事先有预定目的,需要意志努力来调动感官)。由此可划分景观为无意注意的景观、有意注意的景观和有意后注意的景观。这种强调直觉感受的景观空间在传统村落里经常出现。

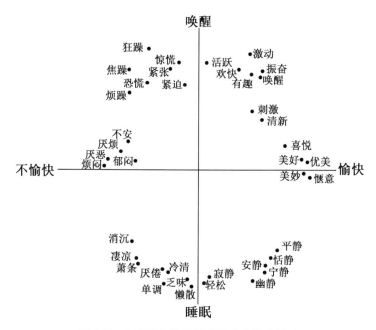

图 4.7 与唤醒和愉快维度相应的情感评价

1. 无意注意的景观感受

这种景观往往是在身边的景观,其由偶然性和情绪化的体验所得,通常能调动的感官数量较少,保持注意程度较低。在乡村中行走,经常会被一些不是景观的"景观"所吸引,如一些农民在田间或家门口前坐着,眼前并没有太多吸引他们目光的元素,只是一片大山、一片田地或一只小狗就能引起他们长时间的放空,他们从这些简单的专注中获得心灵的放松,身体的劳累也减轻了许多。由此可知,人需要一个高度刺激的空间,从而不需要额外的内心活动,以达到忘我的放松境界。

2. 有意注意的景观感受

这种景观要某种提醒或提示,经过观者的主观努力,当景观、提醒或提示、观者的某种心理图式三方达到契合后,景观得以生成,这种感受调动感官数量较多,保持注意的程度适中。桂林漓江风景带的"九马画山"景点,需要观赏者受到提示者启发而留意崖壁上自然形成的马形图案,如图4.8所示。这种有意注意的景观是需要人们经过一定意志努力的认知后得到了视觉体验从而产生心理愉悦。

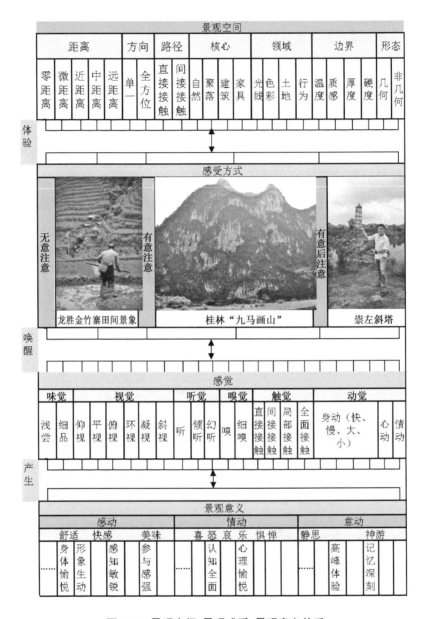

图4.8 景观空间-景观感受-景观意义关系

3. 有意后注意的景观感受

人们在到达某一场地之前就已经知道那里有一个景点,通过精心设计过的景观视线、设定适宜的景框提醒或是提前阅读村落的旅游地图和其他辅助媒介等,就必然能看到预先设定的景观点,这种感受调动感官数量最多,保持注意的程度也最低。比如村落核心中出现的景观(如古树)就是人们在阅读一些旅游指南就已经提前知道,通过旅游路径的指引必然能达到的景点。

4.4.2　营造风景园林式村落空间

1. 保持内外渗透型的风景格局

聚落风景是自然的风景,是被加工过的自然风景,是经过社会化后的风景。风景支持着聚落的空间结构。人对孕育生命的原始自然生态保留着天生的亲和性,对自然风光的偏爱,反映了人们精神的回归——对朴素的伊甸园环境的深深眷恋。再发现并保持自然地理古朴、"直觉"的景观特质,在乡村建设中保持中国传统"无为而乐""自然天成""化人工于天工"的审美态度和方式是传统村落必须坚持的景观审美方向。与中国传统园林的内向性景观相比,广西少数民族村落呈现一种外向性的景观格局,不同地域的自然景观(大地、山、水、植物、天等生态景观要素)往往成为村落中不可复制的景观基质,建筑在内、园林在外,相互渗透,自成特色(图4.9)。

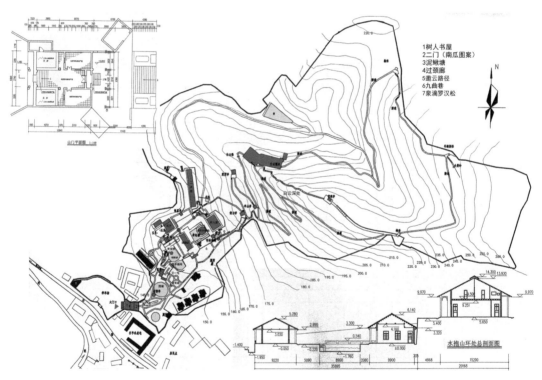

图4.9　风景园林式村落:某山庄总平面图

2. 维护并更新原有自然风景格局

传统聚落的美是自然要素自身及其之间和谐关系所体现出来的美,是由自然、文化环境的必然性和人的行为偶然性相互作用而产生的,要发现和营造传统聚落的美应尽全力观察、发现并尊重当地自然环境的原始景观格局与要素、自然潜在力及其时间演变的过程,并为每个个体主观能动的情景图示创造可能。尊重自然景观要素自身时间演变是对待传统村落必须持有的基本态度。妹岛和世设计的"犬岛艺术之家项目"(图4.10)旨在通过对现有乡村住宅的更新,并增加作为展示空间的新建筑,为其注入新的生命,将这个人迹罕至的小村庄变成一座园林式的"博物馆"。设计师通过跟踪岛上的季节变化,以及从不同的路径、距离和角度观察,试图捕捉村庄、住宅与大自然间瞬息万变的关系,透过精心设计的介质,让天空、大海、树木、花朵、人物以一种特殊的艺术效果得以呈现,建筑消失在自然之中,所有的一切作为一个新的整体焕发出新的生命力和感染力,形成游人与当地居民共同居住的风景。

图4.10 犬岛艺术之家项目

(图片来源:改绘自《文化风景的活力蔓延——日本新农村建设的振兴潮流》一文插图)

4.4.3 营造地域文化景观空间

传统村落里的文化活动在现代被赋予一种"文化景观"①的价值性,即传统文化活动成为一种集重趣味的娱乐美、重感悟的文化美、重认同的社会美于一体的景观现象。

---

① "文化景观"的概念在19世纪下半叶由德国学者施吕特尔(Otto Schluter)提出,后由美国地理学家卡尔·索尔(Carl Ortwin Sauer)于20世纪20年代继承并发展。世界遗产委员会认为文化景观包含了大自然与人类活动相互作用的、极其丰富多样的内涵,它代表某个特定的明确划分的文化地理区域,同时也是能够诠释这一特定地域独特文化要素的例证。

　　风水民俗活动是文化景观的一部分,无论在城镇还是在农村住宅选址中人们对景观空间的风水性较为看重。长期自然选择的结果使人类养成一种依靠视觉来选择居住空间的习惯,并具有对视觉环境(景观)的优劣与空间结构的特点作出战略评价的心理能力。尽管这种能力对现代人来说已失去其原有的风水意义,但它作为稳定的、代代相传的文化心理图式对现代人的文化景观审美偏好影响是不可低估的。

　　生产生活艺术化后成为文化景观之一。当然,文化景观不仅仅局限于视觉美感,还是一种贴近生活的艺术,一种糅合了多种生活体验的文化景观。乡土聚落及建筑的美学是融入日常生活的美学,不同于其他艺术浮于表面的感官愉悦,它是一种"人们离开了高级艺术王国而走向普通实际的智慧领域"的生活艺术。比如在田间地头堆叠起来的稻草垛,为了晾干相互依靠堆放起来的木材,乡民在举行仪式时做的动作、发出的声音等都是生动的文化景观。台湾地区的一些设计师将这种农业生产与生活过程结合文化创意,形成城镇与乡村共享的农业文创景观。

4.4.4　营造"三美"聚落及建筑空间

　　古代文人将园林比作"地上之文章",而乡村景观可以说是大地自然景观的原真反映。乡村景观可根据空间尺度的不同,划分为大尺度聚落群体景观、中尺度聚落单体风貌、小尺度单体建筑立面风格,以及微尺度建筑细部景观四种尺度格局,处理好传统乡村的建筑风貌应关注这四种尺度格局的自身景观特性与相互之间的景物转换,形成韵律美、新奇美和意蕴美[①]的空间[图 4.11(a)],但也应避免把传统村落打造成过度"园林化"的空间。如何营造韵律美、新奇美和意蕴美的空间将从以下三点展开。

　　(1)营造景观空间的韵律美。它经由自然和人工韵律与人的视觉、听觉、动觉等感知韵律相契合而产生。笔者通过对桂林灌阳月岭村平面图抽象化后形成了如至上主义[②]画派般的视觉美感[图 4.11(b)],村落路径节点的距离间隔安排与人的时空行进节奏相契合形成的韵律美[图 4.11(c)]。

　　(2)营造景观空间的新奇美。景观的新奇美是脱离于人的日常审美经验而呈现的一种奇特感知,如对时间痕迹的感悟、奇特造型的震撼、乡村狭窄巷道中的一线天体验、乡村中的异域文化活动等体验都具有新奇美的价值[图 4.11(d)—(f)]。

　　(3)营造景观空间的意蕴美。景观的意蕴美是指人基于基本物质景观通过想象后所带来的审美愉悦。如壮族民歌是劳动人民在生产生活中作为一种情感表达而创造的,人们往往逢事必唱,无处不歌,歌唱不仅成为壮族生活的主要组成部分,还是其民族性的文化共同体标志,壮族一年一度的歌圩活动成为广西壮族文化景观一道重要又独特的风景线。

---

　　① 俞孔坚曾提出景观美学感受的三层次理论,即物质空间的韵律美、环境感知的新奇美和审美意趣的意蕴美三个层次,它们分别由景观审美意识系统的各个层次与景观信息系统相对应的层次契合产生。

　　② 至上主义:由马列维奇创造的俄罗斯前卫艺术流派,其形式特点是抽象的,作品以直线、几何形体和平涂色块组合而成。

（a）聚落群体景观（灌阳月岭村鸟瞰图）

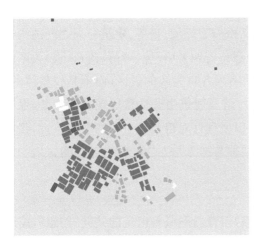

（b）月岭村总平面色彩抽象图

（c）月岭村总平面分析图

（d）聚落单体风貌

（e）单体建筑立面风格（步月亭）

（f）建筑细部景观（水戗发戗）

图 4.11 桂林灌阳月岭村

4.5 仪式空间的精神意义提升

当前,人们普遍关注功能、经济、效率等实用意义,而缺乏"文化自觉"①的价值认同,人们对于其生活空间逐渐丧失了认同感,历史被遗忘,场所被废弃。拉普普特认为,物质因素多是修正性和次要性的,而非物质因素往往是首要性的,因为物质上的"可为"可能会受到文化上"不可为"的制约,在中国传统集权和宗法社会中,这种"可为"与"不可为"的文化是"一阴一阳谓之道"的关系,阴为静,阳为动,精神思想的"静"与使用行为的"动"互补,使传统村落空间得以和谐延续并发展。

在场所中,"仪式""风水""民俗"等精神意义扮演着环境、聚落、建筑和人之间的沟通角色,精神意义的失落(或者叫做"意境"的丧失),意味着四者(环境、聚落、建筑、人)关系的破裂,意境空间的破败,导致对空间的研究与设计陷入各自为政的误区,而不是以整体的、相互关联的系统方法去分析研究。因此,在传统村落及建筑中要注重展现精神意义,保存或提供一个/一系列精神空间(具有意境的空间),以便理性对待传统空间的非现代性,仪式与日常,传统和现代,努力使传统村落及建筑成为"神与物游"②的"诗意栖居"空间。

4.5.1 延续民俗性

乡土聚落从表面上看,其空间形态不拘一格,但背后隐藏着恒定的共同"幻想",体现着一个民族的追求和精神世界,共同幻想最终会形成共同图式。一个民族的民俗根植于他们民族生活方式的文化,其具有特殊的维护内部秩序和自我生存的作用,对其自身来说是有特殊价值的。这些民俗包括礼仪、宗教信仰、文化图腾等。这些精神文化上的需求都是乡村人之所以为乡村人的象征,是乡村自我价值认同的核心。中国传统文化里的心怀感恩、积善成德、立规守德、耕读传家、崇勤倡俭、抱诚守真、孝道传家、自尊自强等民俗观念都会对空间的生成和演化起着或多或少的影响。

费孝通在《鬼的消灭》一文中写道:"传统成为具体,成为生活的一部分,成为神圣,成为可怕可爱的时候,它变成了鬼……写到这里,我又衷心觉得中国文化骨子里是相当美的。能在有鬼的世界中生活是幸福的……流动,流动把人和人的联系冲淡了,鬼也消灭了。"可见有关鬼神的传说也是民俗的一部分,是对各族各村古老思维方式的一种记忆和传承。地景结构和意义产生了神话,神话的意义不在于他们所描述的神是否真实,而在

---

① "文化自觉"主要是指生活在一定文化中的人,对其文化拥有"自知之明",明白和了解它的来历、形成过程,以及所具有的特色与未来发展趋势。

② "神与物游"出自刘勰《文心雕龙·神思》,其核心在于强调主客体之间形成审美连续体的互换关系,是中国最主要的传统审美方式。

于它们一方面肯定了人类的限度;另一方面提供了在这种限度下生存的方式。乡民认为和生活场所的神灵妥协是生存的重点,神位的安排(即神居的安排)是场景空间的重点,是不能破坏的禁忌和神圣的空间,这一传统思想得以延续是保持原生环境最原始,也是最好的办法。

4.5.2 重识风水性

传统村落及建筑空间讲究风水,"观风水"是乡民自觉遵守的朴素哲学思想观念,风水观念从某种意义上说是原始宗教的自然崇拜,是对自然和未知世界的敬畏之心,是依物"比德""比才"的审美方式,是中国传统规划观念的心理基石,很多空间往往因风水而生成,凯文·林奇甚至认为中国风水理论是从非理性的角度成为规划理想环境的特殊方式。如客家讲风水,多要求建筑前低后高,所以客居中高楼多建在两侧和后部,如果建筑整体均为楼,则要后楼比前楼高。同样地,有些乡村所有建筑都不能超过祠堂高度,还有村落要求祠堂在最前方,其他民居都要在它后方等,这些都是出于风水的要求。

丁芮朴在《风水祛惑》中说"风水之术,大抵不出形势、方位两家,言形势者,今谓之恋体;言方位者,今谓之理气"。首先,观风水最重要的是主张聚落选址及空间布局应符合"百尺为形,千尺为势"的"形"与"势"空间原则,人们寄托借助或调整自然环境的神力来调解人与自然、人与社会、人与人之间的关系,以祈求生存和发展。其次,是要理气,从前文可知,气是一种空间,理气也就是整理空间以藏风纳气。覃彩銮在《壮族干栏文化》一书中指出,壮族在住宅的选择上,同样遵循汉族风水理论的"寻龙、察砂、观水、点穴、定向"几项步骤。但每个步骤都必须充分考虑到满足稻作农业发展的基本条件。以广西平安寨为例,传说中该村寨是二龙抢宝之地,寨子就建在左右山势形成的两条龙脉中间,在其他旅游村也都流传着有关村寨风水的故事,这反映了当地人对家园地理环境的重视,也反映了他们对祖先最初迁居而来所选定居点的肯定。

4.5.3 提升冥想性

如果可能,把精神空间转化为冥想空间。当今,西方信息论的强势弥漫使空间成为一个被外部信息穿透的非实体存在,任何物体在空间中暴露无遗,清晰明了。这与中国传统文化中通过神思去悟解隐藏于"天-物-人"之间的隐文化是不同的。神思即禅学里所说的冥想,通过冥想以获天机。刘勰在《文心雕龙·神思》云:"神思之谓也。文之思也,其神远矣。故寂然凝虑,思接千载;悄焉动容,视通万里;吟咏之间,吐纳珠玉之声;眉睫之前,卷舒风云之色;其思理之致乎!故思理为妙,神与物游。神居胸臆,而志气统其关键;物沿耳目,而辞令管其枢机。枢机方通,则物无隐貌;关键将塞,则神有遁心。"这里强调人脱物沉思的过程中,神与物同游其心。当然这不同于纯粹的唯心主义,人必须要有物的心理认知过程作为神思的背景或前提,才能获取神与物游的机缘,凭空想象不足以构成神思。中国传统文化注重"悟",通过自由联想或沉思冥想的、自我内省的方式自然造就了众多形式的"冥想空间"。冥想空间是一种向内思索的空间,在与外部环境的信息刺激达到完全隔绝的状态时效果最好,即美能达到超我的境界,这种在精神上的高峰体验①在传统村落中漫步时能经常感受到,可以说传统村落及建筑本身就是一个宽阔的冥想空间,如图4.12所示。

图 4.12 马山县羊山村三甲屯"隐舍·览院"之冥想空间

4.6 空间意义的价值性转换

传统空间意义是通过君亲、宗族、师徒、父子代代相传的,那么在新形势下,又该如何将其传承呢?地理环境、人的心理与行为的相对恒定性使空间意义具有持久的延续性,传统空间里承载着的某种历史记忆、神话传说、能适应当下生活的经验和启迪未来发展的朴素哲学是传统空间意义价值性转换的主要对象。

当前,要使传统村落及建筑有意义,首先需要将其中的物质与非物资遗产看成某种价值资源。传统村落及建筑空间的使用、安全、社交、景观、精神意义要转化为某种资源,应通过文化保护、创意开发、商业旅游等把这些空间的抽象意义具象化并提取成时间、体验、商业、创作等价值性存在,同时平衡好它们之间的关系,传统才能更好保护、传承和宣扬。这里需要注意的是,价值化不是利益化,价值是高于利益的。冯骥才先生就此把传统村落的

---

① 高峰体验:美国心理学家马斯洛认为人们在追求自我实现的过程中,基本需要获得满足后,达到自我实现时所感受到的短暂的、豁达的、极乐的体验,是一种趋于顶峰、超越时空、超越自我的满足与完美体验。

文化价值进行排序：见证历史的价值、学者研究的价值、欣赏的价值、怀旧的价值，最后才是旅游价值，具体见表4-3。

表4-3　村落价值的存在与转换

等级化评价	价值性存在				价值化	意义性存在					抽象化	遗产性存在		
见证历史					文保						发现			
学者研究	时	体	商	创	←→	使	安	社	景	精	←→	自	非	物
景观欣赏	间	验	业	作	开发	用	全	交	观	神	提取			物
精神怀旧					←→						←→	然	质	质
旅游体验					旅游						分类			

4.6.1　时空认定

传承与更新在时空上是一个连续体，是一个"稳定—适应—创新"的过程，时空无限有限的辩证之合，是时间价值认定的逻辑起点。对于古人来说，时间是周而复始、曲线可逆的相对运动，是个体生命的"今生来世"，是一年里随着节气而变化的"变量"，时空是无限和连续的，所以对古人古物怀有敬意，随性而放松。而近现代认为，时间是瞬间流逝、直线不可逆的绝对运动，时空是有限和分阶段的，是从过去经由现在走向未来的一个"常量"，所以对未来充满渴望，理性而紧张。对待这样的时空观分歧，除了采取不破坏一砖一瓦的传统时空的封闭式保存外，还应该采取扩展、延伸的空间加法来叠加时间累积。对于村落也好，建筑也好，时间越久远，单位面积内时间叠加量越多，其时空价值就越高。

从村落格局来看，时间在空间上的缓慢累积凝固成为传统村落空间独特性和价值性所在。如临贺古城，遗存有汉、五代、宋、明、清五个不同时代的城墙，不同时代的城墙在构筑工艺、建筑用材的规格大小、审美取向等方面各不相同；城址中所遗存的汉代护城河、五代护城河、宋代营盘、明代码头、清代民居、民国骑楼等建筑物和构筑物时代特征明显，有的甚至有明确的碑刻纪年；同时，来自广东、湖南、江西等不同地域的人群也按照各自的地域风格在古城内设立自己的同乡会所。时间在不同空间距离上的累积成为临贺古城最有吸引力的资源。

从建筑格局来看，对于古人来说，要起一幢房子是需要花费多年时间准备的。如侗族人起房子，往往在一年前就把已经砍好的大梁、大柱的木料埋入地下，使木材脱水干透以便来年使用。同时，起房子还不是一代人的事情，它是几代人不断更新的过程，如临贺古城的粤东会馆立面风貌是典型的粤式风格，它高大雄伟，檐枋弯曲如牛轭，脊饰大量使用"佛山公仔"，但木质构件如花窗、门屏、雀替等往往是由湖南籍的工匠制作，精雕细刻。这样的时间积累使传统建筑展现出厚重的时间韵味，也是传统建筑空间最吸引人、最具旅游和商业价值的地方。

4.6.2 创作升值

乡土聚落和建筑看似是偶然形成的风格,自然发生的风情其实都是经过周密计算之后精心设计的结果。那么,这样的设计过程及结果对于现代人来说,或者更直接地讲是对建筑师的空间创作来说价值何在? 回到传统乡村中去学习什么,他们又能带给传统村落什么新的价值? 下面将对这些问题进行探索分析,以此来寻找答案。

1. 多元主体参与决策和共建

空间生成既是遵循了"由上自下"制度、规则去规划设计,同时还"由下至上"参考了大地肌理、当地风土人情去规划设计,在一定程度上空间更受生活在其中或创造它的人的身份所决定。空间是不变的,但营造空间的人的身份、需求会随着时间的流逝、社会的分工、建设步骤的复杂程度等因素的变化而不断发生改变。由原始人为了基本生存而作巢居、穴居开始,接着是农忙在家,农闲在外的乡民为了生活需求而营建房子,后加入了以建房为生的匠人,然后出现了职业建筑师,接着出现了公民建筑师和明星建筑师,再出现职业化的乡建机构等。随着社会的发展,这些创作个体所服务的群体也在不断改变,由家人到族人、由族人到有经济实力的人,由有经济实力的人到政府等。然而乡建应该更强调多元主体参与,建筑师负责前期策划、在地指导和后期评价。如香港地区的环保人士和志愿者发起的"绿色·红瑶·春芽行动"就多次、多批汇聚到地处桂北山区的融水苗族自治县大浪乡红瑶寨,以资金资助、技术扶持帮助当地人建立起一幢幢崭新的校舍(如红邓小学),更重要的是帮助他们学会了寻求自我发展的方法、技术和手段(图 4.13)。

政府、开发商、社会学家、生态学家、乡民、设计师、租赁者/使用者、游学者等对空间的理解是不同的。如何在这些空间参与者中排列决策考虑对象的先后顺序,并协调好他们之间的关系,成为传统村落及建筑空间生存与发展的关键因素之一。随着城镇化的发展,专业精英对农村建设的关注和介入,使得乡村人居环境建设和乡土建筑的建造不再是仅仅由乡民自行营造的小团体模式,而逐步呈现出城镇建设模式的专业化、产业化倾向。乡土建筑已然化身为一种资源,与自然、社会、经济一同,被来自政府的、行业的专业精英(创作主体)进行把握、分配和生产,从而成为老百姓较难参与的一种便于管理、经营、生产的模式。为此,要树立起以农民为主体,其他人以永续介入、扶持的方式参与进去。

2. 去意义的创作过程

乡土建筑创作其实是一个文化传播过程,是一个对传统建筑文化"原型"进行"诗学意象"的批判与传播过程,而不是通过符号或式样所进行的"有中国风格"式的"媚俗"。乡土建筑创作应该保持一个边缘性的试验态度,不宜进入市场主体展开批量生产,匠师不必太过着急,而应不断磨炼自己的技艺而静待时机,就像贺雪峰教授所言:"乡村建设应该相对保守,等待时机成熟再来。"边缘性试验的意义在于消解西方建筑学理论的中心话语结构,寻求发展一种边缘化的、以当代中国社会生存状态和生活体验为基础的试验建筑类型。乡土建筑创作从某种意义上说,实际是在一个处于文化与自然地理边缘的独特场所里进行的

红邓屯建成图

图4.13　多元主体参与共建下的瑶乡红邓村小学

现代性试验。它不是一个像城镇环境里充斥着所谓意义的场所创作,而是一个扬弃意义的过程,是一个既能适应变化又能保持稳定,意义与无意义共存的在地创作,具有试验性质。唐克扬认为乡村建筑是"小设计""低设计"甚至"非设计"的。王澍之所以始终对于民间的、乡土的随机建筑更感兴趣,是因为这些建筑本意并不想成为作品,它们只是生活的必需,需要呈现的则是现实中的那些建造智慧。

3. 自适应的创作价值

"系统化"看起来好像是正确的,但有可能最后会变成问题的"简单化"。与系统化的理性结构对应的是感性的自适应结构。其实,乡土建筑的自适应能力是较强的,因为建筑材料易得,建造体系易懂、建筑环境可控,人人均能参加建设,所以当外界环境发生变化时,人

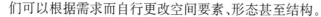

们可以根据需求而自行更改空间要素、形态甚至结构。

4. 原型性的创作转换

原型被看成是一种创作图式,乡土聚落中表现出的各要素多是这种基本图式的"变形",它们之间具有相似性的同时也存在着差异。岸和郎在《走向 20 世纪的乡土性》一文中将 20 世纪的住宅分为两大类:"标准化"的和"原型"的。这两种类型代表了住宅与外界环境之间两种不同的联系方式。"标准化"的住宅如柯布西耶的"多米诺住宅",试图通过创造一种基本的结构形式为住宅提供一种基本秩序,具有全世界通用的标准,每个人在其中拥有相同的空间形式和居住质量。而"原型"的住宅则将住宅看作是对不同的历史环境、文化、生态、地形、基地等的反映,这样的住宅是唯一的。岸和郎在文中呼吁的是具有"工业乡土性"的建筑,即把"工业化"和"乡土性"结合起来,使建筑更为真实地表达自身与世界之间的关联。

由此可知,传统村落及建筑空间的创作逻辑必须是建立在历史连续性的"原型"和文化主体性的"标准化"之上,在传统与现代之间保持一个富有张力的平衡。笔者认为这种平衡的张力于创作主体而言,有内外之分。一种是由内在"原型"张力而获得的原动力,即通过对源于个体内心深处紧张与松弛、熟悉与陌生、孤独与归属、怀旧与进取等心理张力之间寻求平衡的哲学思索,学者赵旭东把这种现象称为"否定的逻辑",在这样的逻辑下人们会产生一种宣泄情感的原始冲动而获得动力。还有一种是由外部"标准"张力失衡而产生的外动力,如由环境压力产生的张力、由文化冲突产生的张力、由市场经济刺激获得的张力、由技术迅猛发展获得的张力等,个体在面对这种环境张力的牵扯下,环境的原始性不利于人的生存,所以人必须通过物质生活的要求来改善环境,必须重新从人自身生存的需要来创造环境,从而形成建筑创作。

4.6.3　体验转换

意义是作为体验关系而存在的。体验是一个直接或间接的互读过程,即个人通过感官接受刺激→分析→解构→重筑的经验积累过程。对在场所中体验的人来说,正在经历的是一种事件,当时的体验与事件一起作为记忆留在心中,当这些记忆不断积累会转换成一种规约,人们就会对这个场所产生一种眷恋感。传统村落优美的自然地理环境与休闲慢节奏的日常生活相匹配的体验式旅游是吸引城镇游客的主要原因之一。从调查可知,城里人和农民其实不太关心建筑是传统的还是现代的,他们更关心的是建筑是否带给他们一种全新的、舒适的空间体验,是否承载了他们生命中的时间、经历、事件等情感体验以及是否能带给他们实惠。

体验哲学认为人们首先体验的是空间,包括地点、方向、运动等。这里所说的地点、方向、运动,实际上是指人们通过认知所解析出的客观事物之间的空间关系,即以一事物为参照对另一事物在空间中的位置、移动或存在等状态进行概念化的结果。空间能把作为物质存在的乡村聚落与建筑和人所体验的乡村关联在一起,人通过视觉、听觉、嗅觉、触觉、动觉来获取空间要传达的信息,通过身体去体验空间,空间只有通过人在其中的直接体验才能被领会和感悟到,空间是赋予人一个存在的立足点。人的存在需要空间,需要方向、距离,需要交往等切实的社会感知来体验自我的存在,这也是乡村旅游的价值所在,使人体验自我存在的价值。在不同尺度的环境中,各种感觉按其重要性形成等级:对于大尺度的城镇环境,这一等级次序为视、听、触、嗅;而在小尺度的环境中,为视、嗅、动、听。

PineII & Gilmore 依据人与周围事物的联系和参与程度把体验划分为四类:审美体验、逃避体验、求知体验和互动体验。并用矩阵分析(图 4.14),横轴表示参与程度,左端表示消极参与,右端表示积极参与;纵轴表示与环境的关联度,上端表示吸收(有意识地),下端表示沉浸(无意识地)。求知体验如提供通过观察来体验式感悟学习的"乡村游学营地"等主动吸收知识的活动;强调人与自然进行互动体验的"自然农法"等;讲求回归自然的慢节奏生活的逃避体验;讲求自由自在审美情趣的无景点旅游等多种体验。在桂林阳朔县兴坪镇杨家村,某上海设计团队对一组废弃的农家房子进行改造,该房子之后转换成一个名为"云庐"的乡村精品酒店,成为集四大体验于一身的典型案例(图 4.15)。

图 4.14 体验矩阵

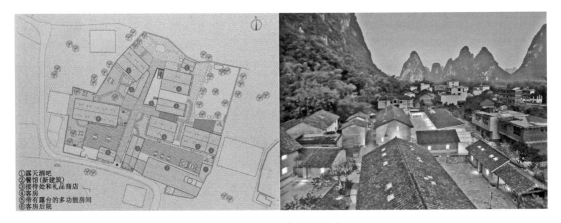

①露天酒吧
②餐馆(新建筑)
③接待处和礼品商店
④客房
⑤带有露台的多功能房间
⑥客房后院

图 4.15 云庐精品酒店

传统村落及建筑空间是过去居住者群体及个体的身体与性格外显,人作为带有不同目的①

---

① 体验可以划分为有主题但目的性不强的体验,可以是一种没有目的的体验,人一旦通过亲身体验某个事物,那么就会有好几种情景图示留存在记忆里。

的体验者在聚落及建筑中漫步,通过身体的体验来感知环境和聚落,形成难忘的空间体验。脱离了传统空间的传统生活体验是难以想象的,只有在乡村才能提供给人对自然环境如树木、昆虫、花香等的近距离体验和对太阳、大地、云朵的远距离观察;只有在乡村才能提供给人对自身心灵世界进行纯净洗涤的情感体验,村民真挚的情感流露像水一样"流过",但会给人留下深刻印象,这也是乡村里的最大体验。

4.6.4　商业开发

传统空间的商业价值何在?广西自古就有"力田轻商"的观念,小农价值观和稻作文化深深影响了传统乡村聚落及建筑的空间特征,空间格局从经济学视角来看是不合理的,商业空间往往和居住空间复合在一起形成下商上住或前店后住的商住空间,并依附在主要交通路径旁。随着旅游经济的发展,商业空间才在传统村落中出现,但这种喧闹、快速的商业空间开发对于安静、缓慢的传统村落来说是喜忧参半,如何控制其空间位置、领域和形态,力图用最小的增量盘活最大的存量成为关键。

价值观转变改变了村民的空间选址。以金竹寨为例,对长期生活在金竹寨的人来说,由于村寨选址在气候温润、自然资源丰富、交通发达的依山伴水的环境中,从周边自然环境获取生产、生活资料的"靠山吃山、靠水吃水""种竹种木,世代享福"的朴素价值观形成了他们稳定、规律的健康生活习惯,同时也养成了讲究生态保护及回馈自然的农耕态度。在这样的价值观及生产生活态度下,作为其物化形态之一的聚落空间形态呈点状有机散开的拓扑分形状态,自然环境的边界和自然资源的权属分配控制着古村寨的发展空间和方向。近年来,随着旅游业的发展,金竹寨作为壮族风情旅游点之一,其优美的环境、原生态的壮族文化、缓慢的生活节奏吸引了众多游客,使新一代金竹寨人认识并发展出了依托于旧价值观之上的"靠人吃饭"的新的价值观,形成了他们动态、变化的生产生活习惯,并愿意留在乡村。这些年轻人选择地形平坦、交通便利、用水排水方便的山脚下的金沙江北岸的大公路旁,聚落空间形态呈沿路、沿河展开的线性分布状态。

传统村落空间要想留住人,就不能仅仅满足人的基本需求,还要带给人一些有价值的东西。目前传统村落的更新以传统村落及建筑空间改造和再利用作为村落发展的起点,打造成当地乡村区域旅游发展的首张名片。以广西上林鼓鸣寨为例,其改造更新遵循"因地制宜、政府主导、公司运作、群众参与"的原则,以原生态自然环境和文化为核心价值,文化旅游为主题,规划建设了古民居客栈、水上乐园、高山徒步、溯源徒步游等内容,各组团总建筑面积约 57 m²,总投资额约 6 亿元,将鼓鸣寨打造中国一流的休闲养生基地(图 4.16)。

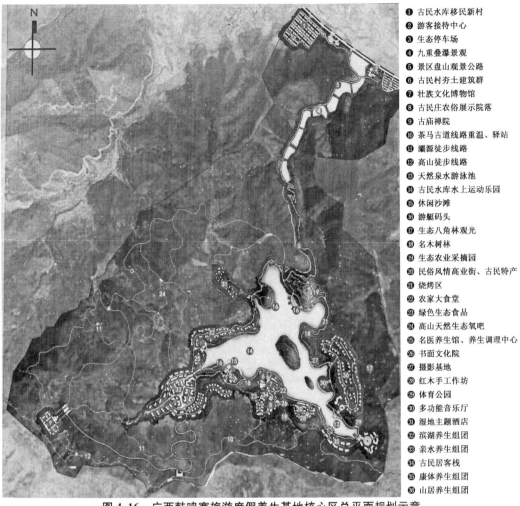

❶ 古民水库移民新村
❷ 游客接待中心
❸ 生态停车场
❹ 九重叠瀑景观
❺ 景区盘山观景公路
❻ 古民村夯土建筑群
❼ 壮族文化博物馆
❽ 古民庄农俗展示院落
❾ 古庙禅院
❿ 茶马古道线路重温、驿站
⓫ 灞源徒步线路
⓬ 高山徒步线路
⓭ 天然泉水游泳池
⓮ 古民水库水上运动乐园
⓯ 休闲沙滩
⓰ 游艇码头
⓱ 生态八角林观光
⓲ 名木树林
⓳ 生态农业采摘园
⓴ 民俗风情高业街、古民特产
㉑ 烧烤区
㉒ 农家大食堂
㉓ 绿色生态食品
㉔ 高山天然生态氧吧
㉕ 名医养生馆、养生调理中心
㉖ 书画文化院
㉗ 摄影基地
㉘ 红木手工作坊
㉙ 体育公园
㉚ 多功能音乐厅
㉛ 湿地主题酒店
㉜ 滨湖养生组团
㉝ 亲水养生组团
㉞ 古民居客栈
㉟ 康体养生组团
㊱ 山居养生组团

图4.16　广西鼓鸣寨旅游度假养生基地核心区总平面规划示意
（图片来源：广西鼓鸣寨旅游投资有限公司提供）

4.7　本章小结

传统村落及建筑空间是由使用、安全意义构成的直觉空间与由景观、精神意义构成的意境空间相互交融形成的意象空间。空间是庇护所、家庭活动中心、工作地点及仪式场所，空间意义是模糊还是清晰，取决于体验者的空间认知、当下场景以及空间本体自身所具有的"意义容量"这三个方面共同生成空间的等级秩序。通过研究发现，传统村落及建筑空间的意义越多，它满足的需要就越多，所构成的场所与体验也就越丰富深刻。换言之，空间意义的孰轻孰重、孰主孰次、是延续还是扬弃都决定了传统村落的"生与死"，要使传统村落及建筑具有传承与更新意义，就得把传统空间进行价值化转换。

因此,本书通过研究构建了广西传统村落及建筑空间意义框架,如图 4.17 所示。

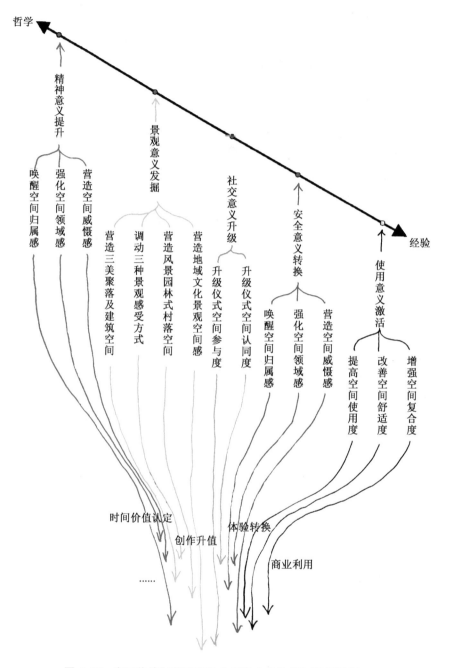

图 4.17　广西传统村落及建筑空间意义的传承与更新框架

5 广西传统村落及建筑空间要素的再构

要素是带有确定意义的言词，运用这些词，人们能根据造句法的规律来构造组合，合成有新意义的符号。

——苏珊·朗格

5.1 空间核心的建构

核心是传统村落及建筑空间生成、发展的动力源泉,也是空间形成秩序的起点,具有一种吸引外部元素,维持其内部领域整体性及规模的力量,成为形态中心、生活生产中心、精神中心、交通中枢、视觉控制点、标志物和空间主题等点空间形态,对空间结构起着支撑作用。当前,传统村落核心日趋空心化、边缘化、均质化,而在保护与更新过程中对空间核心认知不清且保护方式单一粗放。因此,找到传统村落及建筑的空间核心,并理清其性质、层级、边界、要素及叠合关系,科学合理设计干预策略,对激活传统村落起着四两拨千斤的"针灸"作用。

5.1.1 寻找传统村落及建筑空间核心

要找到传统村落及建筑的空间核心,首先要把传统空间分成四个层次、两种类型来综合找出其相应的空间核心。具体如下。

(1) 宏观地理空间核心:自然地理、文化地理、社会地理、政治地理和经济地理空间核心。它们为建立于其上的村落、建筑、场景格局的核心提供了基本框架。中国"天人合一"的传统哲学影响了在村落里,自然、文化、社会、政治、经济并不是严格的等级主从关系,而是一种相互包容的平行渗透关系,反映在村落空间上就是内外核心的相互渗透。

(2) 中观村落或聚落空间核心:如由作为精神中心的鼓楼、祠堂、寨桩、能人的家、入口和图腾柱等;作为聚落视觉焦点的山头、河流、大树等,起着生活中心作用的设施(如风雨桥、水井、粮仓),聚集在一起聊天、工作、集会的固定场所等。

(3) 小观建筑空间核心:堂屋、火塘间、合院等。

(4) 微观场景空间核心:由人的心理认知与行为集聚或联系产生的非固定场所核心。同时,还要区分出它们是正式公共空间核心(广场、鼓楼、祠堂、戏台等建筑要素)还是非正式公共空间核心(粮仓、坟墓、水井、图腾、石牌等环境要素)。在此基础上,一个由场景空间核心联系的建筑空间核心↔聚落或村落空间核心↔环境空间核心的层级构成+正式与非正式混合构成的传统空间核心框架(图5.1)得以产生。然后对空间核心的数量、位置、等级、边界、密度、形态进行调查、认定、分析是对传统村落及建筑空间进行研究。最后根据现代需求进行核心更新、重建、再建是第三步。

1. 形态中心性

寻找形态中心性是自然界存在的永恒定律,对称、向心、离心等各种各样的空间形态都离不开对中心位置感的尊崇和挑战,找到形态的位置、虚实、轴线中心就找到了打开传统空间大门的钥匙。

(1) 位置中心。水平、垂直或立体空间的位置中心。以太极八卦图为例,水平空间位置中心以点和线的形态出现在平面中央,把一个空间完整对称地切成两半,互为阴阳、内外,这在贺州黄姚古镇总体布局中有所体现(图5.2)。中国传统建筑"间"的数量通常都是奇

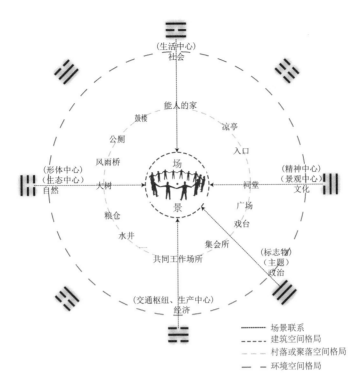

图5.1　广西传统空间核心框架建构

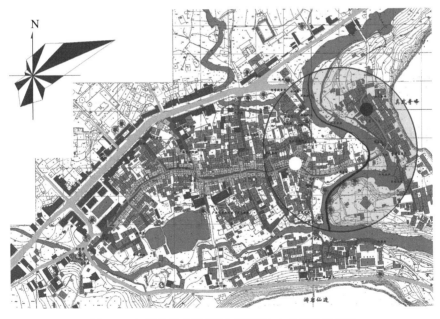

图5.2　贺州黄姚古镇的"太极图"核心空间发展趋势

数,这是为了有一个完整的精神空间——堂屋(处于正中或成为平面中心),干栏民居把居住层放到三层垂直空间的第二层中心位置,鼓楼处于聚落中心等都反映了位置中心在人的活动空间中的重要性。由此可见,作为一个有边界的传统建筑及聚落空间,必然存在形体中心。当然,因为随时要根据需求而进行自由地改扩建,除了具有防御需求和严格等级制度的传统空间外,大部分传统村落和建筑很少有绝对几何对称的平面布局。但在形体的大致轮廓中还是可以凭借多对边界最远角点对角线的空间位置接近性,即"两条交叉轴线产生的向心性"或通过提取住居方向的求心性等方法来寻找它们的形态中心区域(图5.3)。

选取样本	空间核心位置标注及分析

(a) 侗族三江守昌寨石宅

(b) 壮族西林那岩何正宅二层平面

(c) 苗族龙胜伟江银宅入口层平面

(d) 瑶族金秀下古陈村一层平面

● 执业建筑师或规划师　　● 建筑或规划专业学生　　● 室内设计师

■ 形态中心区域

图 5.3　传统空间的形态中心求取

当前,现代聚落空间的核心位置有向边缘移动的趋势。传统聚落空间多按照入口空间(寨门)→居住空间(民居)→公共空间(广场)的序列分布,而现代聚落空间则按照入口空间→公共空间→居住空间的序列分布。由于安全性的降低,旅游价值有所提升,公共空间的核心位置发生了外移,更加靠近村落边缘,导致村落空心化现象更严重,那么加强村落空间核心重建对激活整个村落具有深远意义。

(2)"虚""实"点中心。空间作为一个抽象存在的概念,是匀质的,只有当物或人去围合或占据空间位置时,空间才会成为非匀质空间,并产生核心和边界。"实"中心是由固定或半固定元素所构成,它能被人感知,且具有标志性的建筑或构筑物;"虚"中心是指由非固定元素构成,能被人心理感知,由空间的向心性或人的注意力集中处所指示出来的中心,如图5.4(a)和5.4(b)所示。

(a)实中心:贺州临贺古城文笔塔

(b)虚中心:那坡壮族打背工

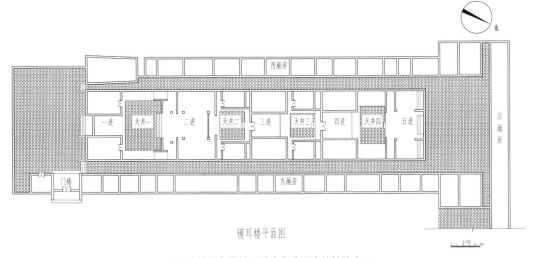

(c)灵川县大芦村四美堂东路厢房的轴线中心

图5.4 实虚中心

[图片来源:(a)(b)取自《中国大百科全书(民族篇)》,图(c)来自广西考古文物研究所]

（3）"轴线"中心。多个关键点相连而成的事件轴线（动线）或产生对称形态的构成轴线（静线）成为形态中心,事件轴线和构成轴线可以重合也可以分离,从而影响人的空间感受与空间氛围之间的契合与差异,可以说人对轴线中心的构成感知会影响对聚落的整体认知[图5.4(c)]。

2. 视觉标志性

物体要成为核心,首先应具有视觉形态的独特性和易识别性,即在环境中能轻易识别它,成为人寻址、定位、停留的依据。因此,要使某物成为标志物必须具备以下几个特点：

（1）可见度。使元素处于视觉突出位置,在较大领域范围内都能被看到,这样的标志物一般都处于需要进行选择的道路连接点,最好是聚落形态中心,这样可强化中心地位。若标志物位置恰当,它能确定并加强中心地位的作用;而如果它的布局发生偏离,容易造成人们对空间意义的误解[图5.5(a)]。

（a）标志性：桂林恭城湖南会馆戏台背面

（b）符号性：根据瑶族帽饰原型设计的金秀瑶族
艺术中心实建方案

（c）根据盘王鼓和山体符号性设计的金秀瑶族艺术博物馆方案

图5.5 空间核心的视觉标志

（2）图地性。使相邻元素与其形成局部对比，成为物理或心理图地关系上的图形，形成与周边环境极大反差的空间体型、色彩等，增加其可识别性。比如建筑外形新颖、对比感很强、形状呈凸形的鼓楼，被大家心理所认同的宗祠，与周围环境相比较位置最突出的出挑阁楼，有文字点题的门牌坊等。上述这些元素（即标志物）均容易成为人识别空间、进行空间定位的依据[图 5.5（b）]。

（3）符号性。空间核心能成为代表村落空间的象征符号，是因为它具有能被人轻易认出、并描述的抽象符号特征。每个民族都有自己独特的平面化、立面化、细节化的空间符号，如汉族的院落空间、侗族的鼓楼、壮族的铜鼓、苗瑶的服饰等，如图 5.5（c）所示。

3. 精神认同性

中心解体，即营造没有中心感的匀质线性分布空间是现代建筑运动的主题之一。匀质空间的"可预测性"（Predictable）虽然可以有效规避风险，保证收益，但其社会意义较差，带来了如人情冷漠、互不关心等社会问题。而这在多中心非匀质分布的传统聚落中是不存在的，找到传统村落精神核心的建构方式并使其介入现代空间尤为重要。如何找寻传统村落精神认同感的关键，笔者认为应从下列 3 点出发。

（1）根源性。鲁道夫·阿恩海姆（Rudolf Arnheim）从 1 个点→2 个点→3 个点→4 个点→N 个点的相加关系来解读空间的起源和生成过程。一个空间单元由一个核心点开始演变成多个空间单元点，又由多个空间单元点聚合成空间单元点群体，这就是从内部到建筑到聚落再到村落的空间生长过程。因此，找到广西传统村落及建筑的起点（原型）对探索和保护村落的精神认同根源十分关键。如徐家龙在贵港君子垌空间生成分析中就传统空间的起点与演变进行了分析，使客家围屋的时空生成脉络得以理清，为保护与发展决策提供参考（图 5.6）。

（2）原真性。核心是人们共同意象的产物，对人们维持自我及产生相互认同有较大帮助，是激活空间生气的点睛之笔。在现代村落空间中，虽然有形象突出、空间庞大的形态中心，但由于缺乏足够的认同感而很难成为人们心目中的精神中心。创造精神核心首先得赢取所服务的大众群体的认同，特别是本地人的认同感。因此，要对空间核心进行原真性保护，即使改造也只能展开谨小慎微的改造并强化新旧之差异。如果原状损毁严重，则可通过"反者道之动"的方式来颠覆人们对传统空间的最初印象，将精神空间巧妙地转换成更高层级的冥想空间，让人在其中反思自己，反思现代，反思传统，通过强烈对比方式唤醒人的空间认同和保护渴求。

（3）延续性。传统村落的精神核心不会因为人的功能需求改变而轻易改变，即使改变，也是一个时间缓慢演变的过程，这样的情感延续性铸就了精神核心的重要地位。以金竹寨为例，在外务工的年轻人，在婚丧嫁娶时会回到堂屋烧香祭拜，当赚到钱后他们希望能回到离家不远的地方建一幢房。而留在村里的老人喜欢住在半山腰上的老屋里过着缓慢宁静的生活，即使在外人看来居住条件恶劣，他们也不肯换到交通便利的商住房内。

（a）现代乡村寂寥的中心（德保某村新建活动中心）　　（b）活力十足的传统村落中心（金秀下古陈村生态博物馆）

道光年间

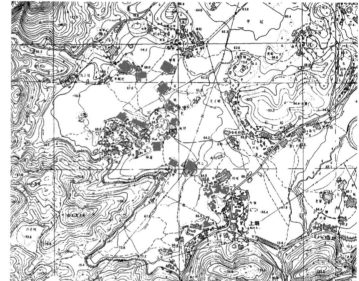

现状围屋分布格局

咸丰年间

同治年间

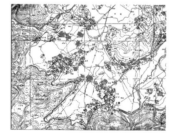

光绪年间

民国时期

（c）贵港君子垌客家围城的起点及变迁过程

图 5.6　传统空间核心的精神认同性

4. 功能复合性

传统村落的一级核心往往是自然、生活、精神、形态中心的复合体，具有功能复合性和公共领域性等特点。在不同时段、不同场景氛围下，核心被赋予不同的功能意义，并辐射影响其周边区域。以侗族民众广泛认同的侗族鼓楼为例，就是一个复合中心，其包括了如下多种功能：①鼓楼是侗族对杉树(广西杉树种类主要有油杉、黄杉、铁杉、银杉)空间意象的图腾表达[图5.7(a)]。②鼓楼是村寨的祭祀中心，是侗族人民与天沟通的圣塔。鼓楼旁立有"萨岁坛"[图5.7(b)]，供奉着侗族的祖母神(萨岁)。每年正月，全寨举行祭祀活动，祈祷"萨岁"保佑全寨人畜平安。祭祀时，人们在鼓楼或鼓楼坪里跳"多耶"①、吹芦笙；有的结成

（b）高定寨萨岁坛和鼓楼

（c）三江马鞍寨马鞍鼓楼

（d）三江和里村杨氏鼓楼

（e）马鞍鼓楼前的老人

（f）马安鼓楼里的皮鼓

（g）高定寨中心鼓楼里小孩

（a）高定寨四边独柱鼓楼内部结构

图5.7　鼓楼的功能复合性

[图(c)来源于《广西大百科全书(文化篇)》，其余图片为作者自摄]

————————————

① "多耶"是侗族大型集体舞蹈，起源于劳动，是侗族代表性的一种无器乐伴奏、边唱边跳的集体性歌舞形式。

长队,从鼓楼出发,在寨中游行,绕行一周后又返回鼓楼。③鼓楼是侗寨家族的族姓标志,每一个族姓都有一座鼓楼。④鼓楼是侗寨的政治中心,人们在此集众议事[图5.7(c)]。⑤鼓楼是侗寨的法律中心,人们在此讼案裁夺。⑥鼓楼是侗寨的文化娱乐中心,成为"聚堂",人们在此唱歌跳舞[图5.7(d)]。⑦鼓楼是侗寨的交际中心,人们在此迎来送往,交友沟通[图5.7(e)]。⑧鼓楼是侗寨的军事中心,人们在此传递军情,共同御敌[图5.7(f)]。⑨鼓楼是侗寨的休闲中心,人们在此小憩闲谈,嬉戏养性[图5.7(g)]。随着时代变迁,鼓楼作为村落核心的地位逐渐下降,但要想从主观意识上把原住民留住,不必大费周章,只需对鼓楼及其附近区域进行激活,就可以起到盘活全局的作用。

5. 等级分布性

传统村落空间内外部通常不是匀质的,存在不同强度的控制点,有的控制点具有极强的控制力,成为村落中心点(一级核心),该核心空间往往具有多重意义,有强大的控制力和吸引力,使空间元素(建筑和人)产生朝向它或向它移动的趋势;有的相对较弱的则成为聚落中心点(二级核心),更弱的则成为一二级核心领域里的空间节点(三级核心),最弱的就是到处散落的微核心。空间核心点力量的强弱等级及其梯度关系从某种程度上决定了村落的空间格局。社会等级分明的汉族村落空间核心等级划分就比较复杂,如以世系群(宗族)构成的玉林榜山村就有9座不同等级的宗祠,空间秩序清晰。而社会等级略显简单的壮、苗、瑶族村落空间核心等级划分较为简单,空间秩序不清晰,如桂林龙脊古壮寨一口生活用的太平清缸也算是这个壮族村寨的主核心。

5.1.2 呼应自然地理空间核心

《管子》记载:"凡立国都,非于大山之下,必于广川之上,高毋近旱而水用足,下毋近水而沟防省。"与汉族人民选址思想相同,少数民族宅基也多选择在地势宽平,山环水抱的自然地理空间的中心。由此可见,传统村落选址及建筑营建目的之一是权衡山水自然能量,选取其中有利于生存发展的核心位置,让自然核心与建筑核心合为一体。要准确描述传统村落及建筑的空间构成,为新村选址提供参考,首先应对改变缓慢、具有恒定特性的自然地理空间核心进行仔细分析。

1. 物我心境

村落空间的核心隐藏于无处不在的自然环境中,它不是位置固定,而是"自由飘忽"的。那么,自然中心就是一切存在的自然物吗?是的,对于个体来说,一切能引起他(她)注意并使他(她)长期关注、感到愉悦的自然物都是他心目中的空间核心,核心埋藏在每个人心中,因此即使最微小的生物也要心怀敬意地对待。自然作为一种自身具有空间结构等级秩序的现象世界,当某些自然物的特性(或位置)与人类社会的核心图式同构时,就成为群体认同的核心。

2. 择地之中

广西传统择地之中的方法有以下几种:①感性地观察地形,择"山水"形式之中;②用秤称土,哪个地方的土重就在哪选址;③用杆立影择"宇宙"之中;④观察动植物生长状况,选择能种出好庄稼的地方作为村落基址,如龙胜平安寨曾有一个传说,很久以前平安寨是个长满了比人高的茅草荒地,平安寨的开拓者来到这里,在几处野猪滚出来的烂泥坑中撒下稻种。开拓者过了一段时间来看,绿油油的稻苗长了出来,便决定在这里立寨。

3. 望得见山

对于具有山岳信仰的中国古人来说,高耸入云的山顶既是神仙居所,同时也是祖先灵魂聚集之处,"看山"自然成为"地理五诀"①的重要步骤。风水学家将山形按五行(金、木、水、火、土)分为圆、直、曲、锐、方五象,称为"五星形体",认为"五星咸备"即五种山形按五行相生排列而来便是"生龙",这种风水观点是对变化丰富的山形的追求。对于西方人来说,山是天地两种元素结合的所在,山成为"中心",由此展开宇宙的轴线,山还是广大地景中的场所,能明显地表达出自然存在的结构(图5.8)。同时,山头还因稳定而高耸的视觉形态使其成为外部空间的视觉控制点,即"视觉中心"(图5.9)。

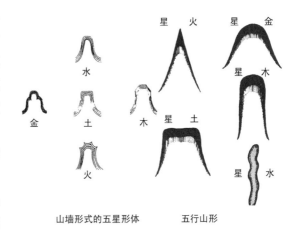

图 5.8　山的意象

(图片来源:《阳宅相法简析》和《风水与建筑》)

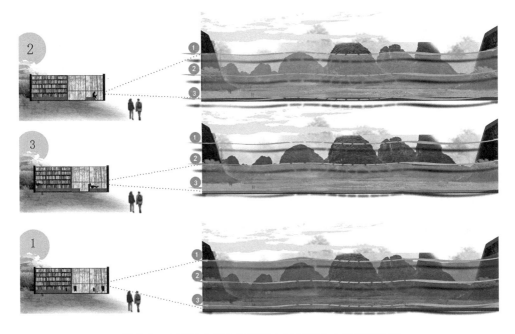

图 5.9　广西马山县古零镇羊山村三甲屯山形景观分析

---

① 地理五诀指的是风水学中的基本要素,即龙、穴、砂、水、向。

山头在传统村落中往往扮演的是一种"悬置空间"的角色。查尔斯·詹克斯（Charles Jencks）在解释后现代主义的空间形式与本质时，曾以中国园林为例来说明这种性质："后现代就像中国园林的空间，把清晰的最终结果悬在半空，以求一种曲径通幽的、永远达不到某种确定目标的'路线'。"山头，就是这样的一种最终结果，你能看得到它，但你想要接近它却不是那么容易甚至有时候是不可能的，山头因为它的悬置效应而平添了几分神秘感。广西传统村落里建筑空间的落位和布局往往都要对应于四周的山头来展开，特别是有着传说的、成为乡民原始崇拜的山头更是村落外部自然环境的精神核心和视觉中心。以阳朔西街为例，阳朔的街都是向着山、围着山的，转折的街巷，沿着山体的"裙边"延伸并向外辐射展开，西街是顺山的，而联系西街的每条小巷都指向山峰的每个不同的侧面，抬头见山是阳朔的特有气氛。位于阳朔主街中心的"阳朔小街坊"设计采用最自然、最本土的材料和方法建立了山水与"几处不知名"建筑之间的布局得当、画境意境兼备的关系（图 5.10）。

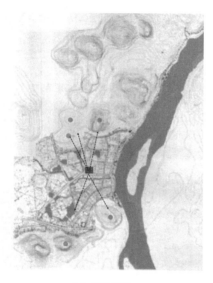 

（a）总平面图　　　　　　　　　　（b）主街视角下的龙头山

图 5.10　阳朔小街坊

（图片来源：《阳朔小街坊，中国》）

5. 看得见水

水是五谷丰登生财之本，是以小农经济为本的传统村落不可或缺的生产生活资源，同时水还具有烘托景观的作用，成为村落空间生成与发展的核心。水的空间形态和布局对于聚落选址、空间布局和发展方向起着至关重要的作用。在滨水型村寨中，线性河流、环状水塘这些水体在村寨空间拓展中往往起着轴线核心的引导作用，村寨整体空间生长主要受其控制（如界首古镇），另外有一些次要水体牵制着局部空间的发展，如山间小溪、水渠等；而在那些非滨水的村寨中，村民主要依靠挖水塘、钻取水井或砌筑储水池、地头水柜等点状核心来解决水资源短缺问题，这些水体在村寨空间拓展中起着点状核心作用（图 5.11）。

（a）依傍"顺弓河段"的桂林界首古镇   （b）隆林石宝地田头水柜

图 5.11 看得见水

6. 古树意象

传统村落给人最深的空间印象是经常看到人们在大树下荫凉的空间里进行各种的活动，人们在浓荫遮挡下油然而生的安全感，使他们对大树有一种天生的依赖（图 5.12）。对于广西众多少数民族来说，枝干与天相通，根系与大地相连的大树每年都上演着"重生"过程，其枯荣交替的生命力是粮食丰产、生命繁衍的象征，大树作为生命力和生殖力的崇拜对象，并成为村落最为重要的风水象征。乡民常将根深枝茂、四季常青、树龄长、造型奇特的木棉树、大榕树、枫树视为原始崇拜物、本土本族的保护神和镇村之宝，古人称之为"神木"。在少数民族的石牌上经常有"山中树林不得乱砍"的规约出现，如果违背就会受到惩罚。如龙脊十三寨的大寨红瑶人相传是由一个叫"通大坪"的地方迁来的，那里原先有一棵年年开花的松树，后来这棵树因人祸而死，此后田地颗粒无收，所以红瑶人为了生存就搬到了大寨；侗族有"有了鼓楼，

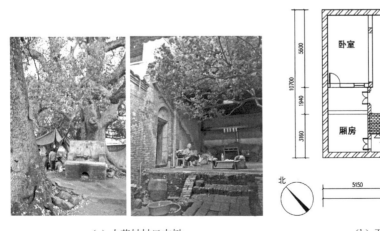

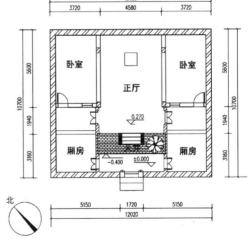

（a）大芦村村口古树   （b）天井中的古茶树

图 5.12 空间中的古树

等于寨中有了'遮阴树',没有鼓楼等于寨中缺少'遮阴树',一个没有'遮阴树'庇护的寨子是不会兴旺发达"的说法,所以侗族人一直将鼓楼视为寨子的核心。

大树空间多位于村口、村中心或村尾等交通节点处,其数量为一株或多株,且往往和宗祠、庙宇、广场、塔、渡口等多种空间要素共同构成村落核心,作为村落人际交往的公共活动空间。此外,有些古树位于院落内,如玉林傍山村唐官福宅因其天井内有一棵百年古茶树而闻名。大树是广西传统村落里不可缺少的空间核心,因此要尽心尽力保留村中的树木。

5.1.3　保留场景空间的核心形式

具有集聚效应的空间核心是依靠仪式活动、生产生活和游览观景等场景得以实现的。对于传统村落来说,场景空间核心多是由半固定或非固定的环境元素所构成,且村落仪式、生产、生活、景色都是随着季节而变化的,其场景空间核心也将随着事件、四季更替而变化。

1. 保留仪式核心的向心形式

场景空间核心由仪式活动所约定。仪式对人产生移情、教化的功能,具有较强的延续性,乡民对各种神灵的崇拜活动是维持人类生活圈与生态圈平衡的精神杠杆,是传统村落及建筑最深沉意义之所在。仪式的核心位置应处在人难以企及的空间深处,而不应在空间边缘,如金梁就在人可望而不可及的地方,上金梁就成为营建房屋最为重要的仪式(可参见第4章具体内容);同理,广场也应该位于村落中心,大家在到达之前会对其充满猜测和幻想。仪式中心并不总是在物理空间的形态中心,但其一定是人们心目中的精神中心,如侗族火塘的位置,可以在中心,也可以在靠门的位置等,人们喜欢围在它旁边进行各种活动,就算是另建新居,火塘失去了功能意义,但人们还是习惯性地去保留它。

对于广西传统村落来说,仪式核心以祠堂、族谱、石牌、图腾柱等有形物体作为空间"代表",通过一系列集体活动(祭祀、唱戏、对歌等)为场景,对本族成员思想、行为具有组织、教化的作用。壮族是能歌善舞的民族,"赶歌圩"既是壮族特有的民族习俗又是人们进行社会交际的场所,民居围绕歌圩舞场布置构成了壮族村落的特点,如那坡的吞力屯①在寨中心布置舞场就成为村落的仪式中心。

2. 保留社交核心的分散形式

随着旅游业的发展,很多村落在交通便利的地方会另设一个以现代功能为主的集中接待中心或文化中心,如灵川熊村以街道拓展成的市场、小如树、水井、碑、塔甚至是墙角或门前等自然、人工要素,都因为它们的非正式性、功能复合性、可达性与便利性而成为村民认可喜爱的交往空间。这些散落在村落领域的微核心,通过各种社交活动组织在一起,便构成了村落交往空间的骨架。因此,应依托传统村落微核心的使用与社交意义,就近植入一些现代人喜闻乐见的休闲功能,如咖啡吧、农夫市集②、制作城镇伴手礼③的手工作坊等小空间以丰富、延续它们的社交功能。

---

① 吞力屯:是壮族的一个分支。
② 农夫市集是小农生产的安全农产品和消费者直接对接的平台。
③ 城镇伴手礼是现代社会着重于联系情感的一份随手小礼物,是商业行销各地名品及特产的专有名词。

不同民族、不同时代的社交核心是不同的。同是广西北部地区的龙胜县,既有壮族民居又有侗族民居,两个民族都使用干栏式住宅,但社交核心却大不相同。侗族是外聚社交的民族,他们建鼓楼、戏台、风雨桥,平日人们都在公共空间活动,所以家里火塘间的空间不是特别大。与之相反,壮族是内聚社交的民族,他们的民居火塘间则十分宽敞,因为人们的社交活动都放在室内,每家的火塘间都能同时接待许多客人。

2. 维持核心的视觉标志性

村落核心应维持其视觉中心的特性,即增强其可见性、图地性、符号性使其成为村落环境内可视化的景观控制点,当多个景观控制点相互连接成景观控制线,就会影响人的空间集聚、运动发展趋势并成为景观时空轴线。村落核心的景观视线分析对理清与强化村落空间结构有很大帮助。

并不是所有的传统村落都有处于聚落中最高或最突出位置的景观控制点,这与村落内部宗族治理管理是否强大有很大关系。如侗族因为占有的田地较肥沃,且其内部有完善的宗族结构"款"组织的存在,所以村落里就要有高大的鼓楼作为权力象征性、威慑性和防御性的显现(图5.13);在瑶族村寨中,由于土地贫瘠,同时又缺乏足够强大的社会组织,所以

图 5.13　柳州三江高定寨鼓楼空间分布总平面图及鸟瞰图

没有突出视觉控制点的必要；而对于壮族来说，尽管他们拥有良田并有自己的社会组织（都老制①），但因为壮族作为土著民族，自身优越感强，对外防御性相对较弱，所以其村寨也没有类似高大鼓楼这种明显的视觉中心。

5.1.4 重建村落空间中心

传统聚落是环境空间格局的延续，一般从选址开始。选址从地理空间上讲就是落位，即人参照心中空间图式对自然环境进行实地观察、相地后对第一幢建筑空间落位做出的选择（图5.14）。因此，找到形成聚落的第一幢建筑或第一个有形标志物对溯源聚落空间核心至关重要。同时，明确村落各核心之间的空间等级及相互关系，对保护和开发传统空间具有重要意义。

1. 保持虚中心：广场、集市

广场和集市是村落空间等级最高的中心，是一个虚中心的概念，这个中心首先要有足够全村人进行交往、祭祀等活动的体量；其次，中间或周边至少要布置一项重要的固定或非固定要素；最后要为村民所认同。当前，由于传统宗族文化日渐衰弱，血缘中心地位下降，地缘、趣缘和业缘中心等级提高，但作为村落空间核心等级最高一级的广场理应继续成为公共性、认同性、价值性最高的多缘复合中心，其位置也应维持在村落形态中

图5.14 太保相宅图
（图片来源：《风水与建筑》）

心，而不应位于村落边缘位置。不同民族村落的虚中心特征也各不相同，下面将以侗族、客家族、苗族、壮族为例展开介绍。①如侗寨广场往往位于村寨的水平中心位置，鼓楼、鼓楼前的鼓楼坪、戏台、飞山庙、长廊、干栏式民居等共同围合出村寨中心场，为四周居民进行集体活动提供场地大、入口多样、具有多种口袋式边界的虚中心空间（表5-1）。广场空间的重要性使向心性成为侗寨空间结构与苗寨、壮寨、瑶寨最重要的区别。②汉族村落的广场多为具有使用功能的集市、晒谷场等，其精神活动多在宗祠内进行；而客家聚落中的广场，出于防御要求，其位置在客家围屋大门内边缘，具有聚集族人组织防御的功能，同时也是大家族在收稻谷季节时一边脱谷、晒谷一边聊家常的交往空间。笔者曾就驮卢镇旧圩场提出改建方案，通过设置线性屋顶广场来保持原有村镇的虚中心特质。③苗族的广场相对简单一

---

① 在壮族生活的地区长期存在一种叫"都老"（头人、长老、大首领）或称"波板"（意为村寨之父）的社会组织，"都老"和"波板"是壮族村寨的实际管理者，具有很高的威望和权力。

些,仅在一片活动场地中心插一根图腾杆便成为芦笙坪[①],他们对空间位置、形态没有严格的要求。④素有歌海之称的壮乡,因唱山歌习俗要布置歌圩场,这些场所在空间上统领全村,也是村落的文化娱乐场所。但壮族村寨的歌圩场因大多不在村落中心,而在一些视野开阔的村边坡地上,因此如何充分利用一些由于房屋被遗弃、毁坏、自然降解后形成的中央空地作为核心,是重建壮族村寨核心的重要议题,具体可见表5-2。

表5-1 柳州三江程阳八寨广场分析一览

名称及空间位置	实景	空间形态	空间原型	
马鞍寨中心广场				入口数 4 墙洞比 2.2:1
岩寨河岸边缘广场				入口数 1 墙洞比 4.6:1
平寨河岸边缘广场				入口数 3 墙洞比 4:1
大寨旧中心广场				入口数 4 墙洞比 3.2:1

① 芦笙坪:芦笙是苗族人喜爱的民族乐器,苗族村寨专为吹芦笙、跳芦笙舞开辟了活动场所,即为芦笙坪。

（续表）

名称及空间位置	实景	空间形态	空间原型		
东寨中心广场				入口数	2
				墙洞比	5.3：1
吉昌寨中心广场				入口数	4
				墙洞比	2.5：1
平坦寨中心广场				入口数	2
				墙洞比	4：1
平铺寨中心广场				入口数	4
				墙洞比	2.5：1
大寨新建中心广场				入口数	3
				墙洞比	1：1

表 5-2 虚空间的架空形式转换

a 客家：武宣刁经明堂禾坪	b 壮族：村寨外的歌圩场	c 苗族：融水安太乡林洞村苗寨芦笙坪

d 虚中心的架空形式转换：崇左驮卢镇传统圩市的保护更新设计

通过架空底层，营造线性屋顶街巷空间
传统墟市得以保留

注：部分资料来源《广西大百科全书》《广西民居》。
来源：a、d 自摄自绘，b 广西大百科全书，民族篇 P5，c 广西民居 P75。

2. 提供集体事件发生的中心地：戏台

原广司认为，节日中聚落的样态与平时不同，形形色色的事件也可以改变聚落建筑。戏台在节日中可以聚集大量人气，为集体事件发生提供空间，其作为村落的民俗表演场所，也可为展示传统生产、生活、祭祀、酬神等活动提供空间，这些空间可以是散落在田间地头、山边路上、临时搭建的非正式戏台，如在河边举行的侗族大歌[图 5.15(a)]，也可以是在村落入口的固定式戏台①，如贺州黄姚古镇宝珠观戏台[图 5.15(b)]。虽然现在戏剧表演越来越少，但村民还是非常喜欢在这些空间聚集交流，并开展一些文艺活动，因而各个时期都很重视兴建各种形式的戏台。戏台不仅为村民的聚集活动提供场地，它们更是共同构成村落中心广场的空间要素。

3. 保留文化认同中心：祠堂空间

祠堂是汉族村落的核心，也是村落中保存最好、最具代表性的建筑，其分布关系是汉族村落血缘结构关系的主要体现。汉族的聚落社会结构大致为总房-分房-支房-家庭的层级关系，每一层级都以祠堂（总祠、分祠、支祠、家祠）为中心，住宅则依照血缘关系的远近分布于祠堂周围，这是汉族血缘聚落空间布局的重要特征（图 5.16）。这种血缘上派系的划分，

———————————
① 广西的固定戏台分为四种：庙宇戏台（院落式）；万年台（露天开敞式）；宗祠戏台（厅堂封闭式）；行会戏台。

（a）河滩侗族大歌 　　　　　　　（b）贺州黄姚古镇宝珠观戏台

图 5.15　戏曲空间

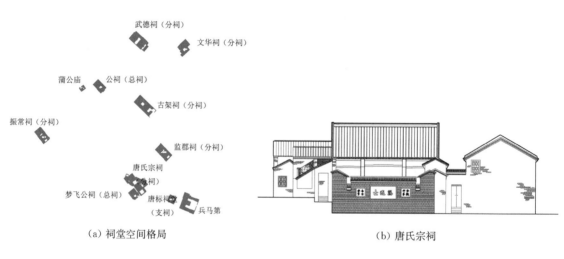

（a）祠堂空间格局 　　　　　　　（b）唐氏宗祠

（c）玉林榜山村总平图 　　　　　　　（d）绍夫公祠

图 5.16　祠堂空间格局

被称为大宗、小宗之分或房分之分,有的派系是大宗派系(又称长房派系),有的是小宗派系(又称二房、三房派系)。以此延续下去,小宗派系下的更小宗族便成了支族或分族。同样地,这些支族、房分的派系内部也有宗族权力分布系统,反映在聚落内部空间布局上,聚落中各支派形成相对独立的组团,围绕着宗祠这个聚落结构的中心,各支派在组团的内部也围绕着各自的支祠。再次一级,小家庭的住房围绕着本房或本支的祠堂建造。整个聚落形成了多层次的簇状群体,每个簇群都有自己的中心——祠堂。单一姓氏的宗族聚落往往形成单中心的村落,这样的单中心分为圈状和平行分布两种;多姓氏的聚落往往形成多中心的村落,这样的空间形态根据姓氏之间的关系和自然地理关系自由布局。依据祠堂形成的空间格局为村落营造多中心格局起着支撑作用,不同等级的宗祠成为不同等级领域活动的起点,如玉林榜山村历史上有15座祠堂,现存唐氏宗祠共10座,规模庞大,可以说是多中心村落的典型代表。当前,祠堂作为村民精神中心的意义随着频繁的人口流动减弱,而景观意义得以提升。

4. 发掘隐藏的空间核心:历史环境节点空间

标志物作为区域内的一组节点,它们可通过重复得以强化,并根据前后关系进行识别。这些节点空间因日常生活而必须存在,形成小尺度日常生活交往空间。除了传统意义上的节点空间,随着时代的发展,出现了一些新的村落空间核心,如非物质文化遗产继承人的家往往成为村落半公共的空间核心。他们的家有些位于广场附近,如侗族木匠世家传人杨似玉先生位于岩寨鼓楼南侧的家已经兼为岩寨里的侗族文化展览馆;有些则在村尾,如金秀下古陈村黄泥鼓制作的非物质遗产传承人就住在村寨靠山的村尾。

此外,还有一些利用废弃的老建筑(或构筑物)改造成公共活动空间,下面将展开介绍。

1) 谷仓

鲁道夫斯基认为谷仓是半宗教建筑。在广西,谷仓作为寨子次中心,有些位于村寨平面布局的中央,有些出于储存和拿取方便的原因而散落在村寨次级的居住区域,有些还位于水塘周边,空间位置没有特别规定,如金秀下古陈村几乎每户都有一个装禾把的谷仓(图5.17)。这些谷仓多用木头、砖头、树干等材料制成的四柱高脚或矮脚支撑(这和住宅空间结构同构),基垫为毛石,隔绝了地面水气的侵蚀;为了防止鼠害,有些谷仓还在四柱与底板之间安装陶罐、木板、铁锅、铝皮等护件,这些护件光滑的表面可防老鼠。瑶族谷仓不仅容积大,四周还可晾晒衣物、农副产品等,既通风又安全。除了储藏功能之外,粮仓的下面俨然成了一个凉亭,以前白裤瑶住房密集,不易通风,加之居住地天气炎热,而粮仓下空气流通快,这里也就成为他们平时议事或日常休闲的场所,特别是瑶族女子一起围在粮仓下面刺绣,彼此间互相传授、切磋、学习刺绣技艺,更有意思的是,白裤瑶民的寿棺会选择放在粮仓下,粮仓象征着"生的希望",而棺材则是"死的寄托"。

当前,谷仓的实用意义正在降低,但其景观意义和符号意义应被加以重视。笔者在此就下古陈村的村落谷仓保护提出了几条建议:①原地保护谷仓;②丰富谷仓空间形态,打造村落谷仓文化展览路线;③对原有谷仓结构及构造措施进行修整和加固,并强化其符号意义。

图 5.17　谷仓的空间位置、形态和新功能
（图片来源："来宾市金秀瑶族自治县六巷村下古陈村历史文化名村保护规划"）

2）坟墓

除了宗祠,散布在村内及边缘的祖坟也是村民心目中的精神核心,他们对村落的位置了然于胸,充满敬意。如黄姚古镇的村民在清乾隆时期立下了《牛岗坪禁碑》的石牌规定来保护这些精神核心,因此在进行传统村落保护性规划时,要非常注意保护这些不为外人轻易感受到的村内村外隐藏的精神核心(图 5.18)。

（a）村外的清代坟墓(灌阳县文市镇月岭村)　　　　　　　　（b）村内的清代坟墓(熊村)

图 5.18　坟墓在村落中的空间位置

3）井台

水井作为村落中不可缺少的基本生活设施,其设置较为普遍。为了便于取水,井口大多设置井栏并布置相对宽敞的空间,成为"井台空间"。妇女们忙于家务,少有空闲,因此井

台边的劳作时刻成了她们重要的社交时间。水井通常散点分布在村落,并不存在明显的规律性,有的民宅院落内部也有自家取水的水井。

4)图腾

图腾最主要的特征是氏族为繁衍后代的始祖神和保障物质生产的保护神,是以"万物有灵"为核心的自然崇拜的符号象征,具有现代广场上公共性雕塑的特性。广西几乎每个少数民族都有自己的图腾,如壮族的蛙图腾,侗族的蛇图腾、鱼图腾,瑶族的犬图腾,苗族的鸟图腾等,汉族的匾额从某种意义上讲也是一种图腾。不管是什么民族,他们都有将图腾放在空间中最显眼、最中心位置的习惯,这些图腾成为想象空间的起点。如把图腾作为独立的柱子放在广场中央,一到祭祀时节人们就围绕着图腾展开祭祀活动;有的把图腾作为一个保佑丰收的石敢当放在田间地头;或者将图腾作为一个辟邪的门神放在家门口,以保出入平安等。虽然时代在进步,但图腾意识具有很强的生命力,在很多现代住居中还经常会出现一些具象的图腾符号,同时这些图腾逐渐演变为一些抽象的民族纹路图样,成为纯粹的审美符号和空间创作源泉。

5)石牌

石牌的功能主要包括:保护生产发展,维护个人财产及人身安全;维护家庭、婚姻关系,保护妇女儿童;防御外侮及盗贼,维护山寨安全;保护行商小贩及正常的财产买卖;解决内部纠纷和争端。石牌地域内若发生纠纷或争端,且争执双方解决不下时,就诉之于石牌,由一方或者双方去请石牌头人,谓之请老。请老就是由争执主动方把石牌头人请到自己家里解决争端。如融水苗族整垛寨在中心广场芦笙柱一侧埋岩,以"埋岩古规"来确立其社会组织,这颗埋下的岩石就是村落的无字"法规",是村落重要的核心空间要素(图5.19)。

齐心协力 埋下岩石　　　　祭祀天地 叩拜祖先　　　　众人盟誓 永结同心

村规民约 公布于众　　　　认可约定 返程回寨　　　　分享祭品 履行法规

图5.19　融水苗族埋岩仪式

(来源:笔者根据广西民族博物馆展品改绘)

5.1.5 建筑空间核心再生

建筑核心即空间原型,它是诱发建筑空间生长并决定其形态的主因,是人认知、完形空间的基本图式,具有时空恒定性。

1. 保留精神空间:堂屋-火塘

堂屋是中国传统居住建筑的核心,是一个处于院落(虚空间)与房屋(实空间)之间的过渡空间,是维系一个家庭的核心,如图5.20所示。《园冶》对"堂"的定义为:"古者之堂,自半已前,虚之为堂。堂者,当也。谓堂正向阳之屋,以取堂堂高显之义。"可见堂是居中向阳,高大开敞的。在确定了堂屋的具体位置和方向后,其他空间则可以相对自由地拓展。值得一提的是,堂屋周边正房的门很少直接开向堂屋,而是开向走廊。

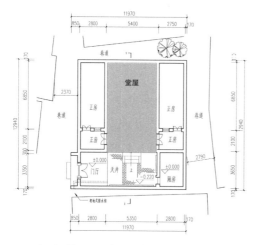

(a) 广西玉林兴业县榜山村唐维峻宅平面图(广府)

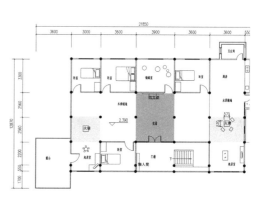

(b) 广西龙胜金竹寨廖瑞芝宅二层平面图(壮族)

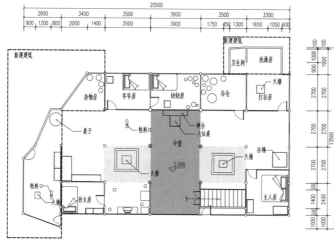

(c) 广西龙胜龙脊村廖仕干宅二层平面(侗族)

(d) 广西西林马蚌岑宅(壮族)

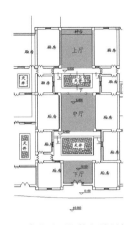

（e）柳州融水东兴屯梁宅二层平面（苗族）　（f）贵港君子峒桅杆城局部　（g）桂林兴安界首镇居民一层
祠堂空间（客家）　　　平面（湘赣式）

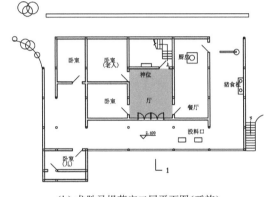
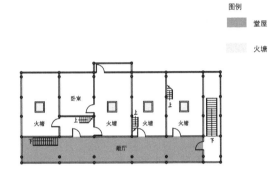

图例

堂屋

火塘

（h）龙胜马堤苏宅二层平面图（瑶族）　　（i）柳州三江冠洞杨宅二层平面（侗族）

图5.20　不同民族民系建筑的堂屋空间位置

1）保留前堂后室的格局

堂屋是汉族壮族家庭中最为重要的精神场所，所有的房间都围绕着堂屋展开，形成"前堂后室""前堂后廊"的空间格局。堂屋多位于住居的前部中心位置，开间一般为一或三个柱跨，进深 2～3 个柱跨，4～7 m 不等。为了增加进深，一些地区还将堂屋后墙向后回退 90 cm 左右形成凹入的神龛空间，堂屋空间通高两层直达屋顶，后墙摆放神案①和八仙桌。壮族"前堂后室"的原型结合不同的地域条件发生很多不同的变形。如当房屋用地条件进深不足时，房屋就围绕堂屋左右两侧布置，形成堂屋通进深的"一明两暗"式"H"形布局；当基地用地充足时，房屋可以围绕堂屋展开呈凹形布局。

广西客家族依据堂屋为核心的空间分布格局是"堂横屋"式。客家厅堂是家祠一体的，它和横屋一起构成客家围屋的空间原型。客家围屋通过堂横屋空间形成"二进二横式""三进三横式""四进六横式"的空间格局。客家祠堂的上堂（上厅）代表阴，下堂（下厅）代表阳，

———————
① 神案：供安放神主牌位、神像、祭祀物等的长方桌。

因此神坛应摆设在上厅,供每天劳动结束后、节庆族人祭祖、添丁上灯时进行或隆重或简单的祭祖仪式。中堂(中厅)为议事厅,长老及权威人士商议本族大事或在这里接见来访的客人,同时,这里也成为村里节庆活动的表演场所。下堂(下厅)一般不摆设任何东西,平常作为储藏空间,逢有人病故,会在此停棺几日,方便逝者家属守灵,在平常农闲时间,也是大家纳凉聊天的地方,相比另外两个厅,下厅的利用更为频繁,呈现复合空间的特征。某些文化甚至认为烟气是神圣的,必须设法留在房中。传统仪式如客家的祭祖、上灯仪式需要6~7 m高的倾斜空间,只有这样才能满足灯笼高度并捕捉住烟气,让香烟在堂屋里、大梁下长久萦绕,从而迎合传统习俗所说"香火不断"的心理需求以及去除大梁湿气的功能需求,这在广西其他民族建筑中也能看到。

"前堂后室"适于用地紧张的地方,如位于繁忙商业街道两侧、相互紧邻的民居,前面是待人接物、贩卖货物、进行生产的堂屋,穿过一旁的小门来到围绕后院安排的卧室、厨房等生活起居空间。这种空间格局一直沿用至今,具有旺盛的生命力。瑶族民居的"半边楼"是以堂屋为中心,堂屋处于建筑的中心位置,由于主要入口是由房屋后部进入,要转几个弯才能走到堂屋。

2)为火塘空间留出位置

火塘间多位于堂屋的左右后方并独立成间,原始聚落有火塘位于门口后内部空间前,但现在已不多见。壮、瑶两族火塘是"双火塘",瑶族火塘有内"主火塘"与外"客火塘"的前后之分,壮族分置堂屋两侧;苗族祭祀祖先都是在火塘旁。有趣的是,火塘成为众多民族分户的主要标志,可以借此判断家族的演变。堂屋通高两层居中,而火塘间则一层通高紧贴堂屋设置,这两者往往占据了干栏居空间的前半部分,从室外进入火塘需先入室内经过堂屋再转折而至。如果将堂屋比作对外联系的客厅,那么火塘就是与内部居住空间密切联系的"起居室"。在侗族干栏居中,堂屋形式较少出现,往往以敞厅作为公共活动空间,火塘是必不可少的生活和精神复合中心,侗族火塘间(图5.21)为内向收束型,其是一户人家、一个姓氏的标志,多采用嵌入楼板的构造形式。火塘是广西少数民族家族、家庭聚集的日常生活中心,它的向心性需求直接形成内向型的空间形态,由此壮侗等干栏民居的火塘成为生活空间次序的起点之一。有学者认为,火塘分别是家庭、家族关系、生计和性别的象征。一个家庭需要有一个火塘作为取暖及煮饭的工具,但在一座新房建成或一个小家庭从父母的家庭中分离出来举行隆重的置火塘及点火礼时,火塘的意义就已超越了作为工具的范畴,而成了一个家庭的象征。

随着时代发展,炊事用火与取暖用火出现分离,专用的厨房取代火塘空间,人们对火塘的依赖程度下降,火塘的功用逐渐减弱,在居室中的地位也在下降。"堂屋-火塘间"式的空间演变成完全以"堂屋"为中心的现代住居空间格局。专用的火塘则成为堂屋的附属公共空间,火塘的空间位置由紧靠堂屋左右转变为远离堂屋,甚至完全被厨房取代并消失。这样,火塘从固定式、专门的空间转变为活动式的火盆,从一个主要的功能空间演化为一件家具摆设最后乃至消失。

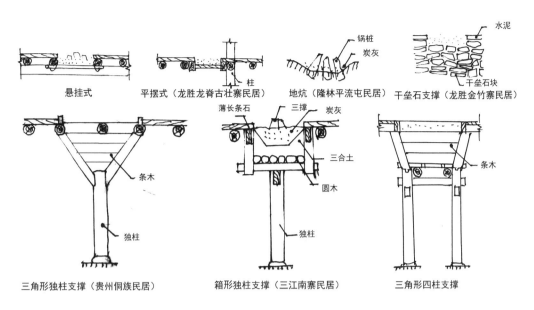

悬挂式　　　平摆式（龙胜龙脊古壮寨民居）　　地炕（隆林平流屯民居）　　干垒石支撑（龙胜金竹寨民居）

三角形独柱支撑（贵州侗族民居）　　箱形独柱支撑（三江南寨民居）　　三角形四柱支撑

图 5.21　侗族火塘的构造层次

（图片来源:《侗族聚居区的传统村落与建筑》）

2. 合院的重构

1）合院的理念重构

（1）格局的理念重构。钱闽认为传统合院住宅原型因中心性的存在而成立,民宅的建构若丧失了中心,则其传统性也会消失。人类聚居方式的基本单元是家庭,"一明两暗"（三开间或五开间）、"合院式"（三合院与四合院）、"中轴对称"（多进多路）空间格局是大家族聚居的主要体现,也是中国居住建筑的重要空间原型之一,但随着家庭组成由传统的大家族聚居改变成小家庭散居,精神寄托由大家族理念向小家庭理念转变,合院建筑呈现出从单一中心格局向多中心格局转变的趋向,见图 5.22(a)。

（2）边界的理念重构。合院空间实现了"天人合一""与天同构"的空间理念,院落"是为了补偿人们与大自然环境相对隔离而人为创造的'第二自然'"。清代林牧著《阳宅会心集·格式总论》把三合院比拟为人,"其次则莫如三间两廊者为最,中厅为身,两房为臂,两廊为拱手,天井为口,看墙为交手,此格亦有吉无凶"[图 5.22(b)]。郑板桥在《题画·竹石》中说:"十笏茅斋,一方天井,修竹数竿,石笋数尺,其地无多,其费亦无多也。而风中雨中有声,日中月中有影,诗中酒中有情,闲中闷中有伴,非唯我爱竹石,即竹石亦爱我也。"这其中道出了院落的真意,即合院空间是自然地理环境与文人意识相生的合体建筑、自然与人共同围合,不拘形态、写意而生的院落空间[图 5.22(c)]。

（3）环境格局的理念重构。院落是人寻求环境安全的空间表达。人在水平向无差别延展的平原中缺少隐蔽的栖身领域,缺乏安全感,从而营造出求得安全感的重心下沉内凹、中心内聚的"合院空间"。物体自我稳定存在的关键在于维持物理重心的平稳,山体上小下大、盆地四周高、中心凹的姿态就是一种物理重心趋向稳定的自然形态,也是传统空间寻求的安全图式。

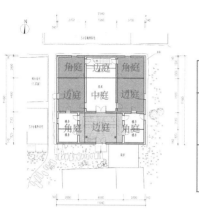
（a）贺州深坡古村蒋氏宅一层平面图

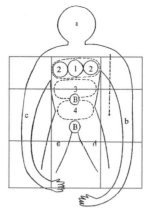
（b）环境、合院与人的同构

（c）边界院落：仇英桐阴书静图

图 5.22　合院空间

［来源：（b），（c）两图引自《园综》插图］

2）合院的图示重构

在广西，不管是汉族露天院落的空间，还是壮族通高有顶的堂屋，抑或是侗族形式自由的敞厅空间，它们都通过实与虚、明与暗、封闭与开敞的对比来实现阴阳、图地①的互反，从而达到非中心平衡，可见表 5-3。这种平衡可以理解为"合院"的概念。各民族的合院空间受气候、地形、文化等影响各有不同，如对居住在山脚和山腰的壮、侗、苗、瑶等少数民族，建筑受纵深方向用地局限和冬季寒冷的气候制约，加之原生性干栏建筑紧凑的空间图式影响，他们难以像居住在盆地或平原的汉族院落建筑那样采取纵深展开的露天院落空间格局，如果从抽象的合院空间图式来看，这些少数民族的合院多是开口向前的边庭合院空间。

表 5-3　合院的图示重构

	汉族院落	壮族堂屋	侗族敞厅
案例	江头村中宪大夫第	龙胜金竹寨廖志平宅	柳州三江县和里村曹建利宅

---

① 《周易》(含《易经》与《易传》)是以阴阳刚柔概括天下万物的，这和西方用图地关系来分析经验对象有一定相似性。但阴阳观是注重虚实共生的哲学观念，而图地关系更多注重视觉关系。

（续表）

	汉族院落	壮族堂屋	侗族敞厅
原型	开敞↓封闭	暗↑明	虚 实↑
围合度	弱	强	适中
围合方向	向下	向上	向内

3）合院的形态重构

传统合院空间形态大致分为二进一天井、L形、三间两廊、四合院（图 5.24），因为院落自身可以一个组合单元独立存在，因而在此原形上可有多种变化。合院空间一旦成为模式，其位置可根据各种需求布置，不必强求在形态中心。随着传统村落防御性降低，封闭拥挤的内向型空间使人的活动形成被动式的交流，并不适合现代主动式的交流方式，如何以开放空间的方式激活院落空间成为传统空间现代性转换的重点。这里有一个观点需要澄清：

（a）二进一天井[那告坡（壮族）]

（b）L形合院（下古陈瑶寨）

（c）三合院[兴业榜山村兵马第（汉）]

（d）四合院[深坡村四进三天井（汉族）]

图 5.24　传统合院空间类型

当把院落打开的时候,很多做法只是打开周边封闭的界面,如果做不好,在开放生活的过程中把传统精神也一块开放出去了。在这个情况下,如果反向思考,把原来"明"院落完全封闭起来,把原来"暗"房间敞开,反而会把传统空间的核心特征强化出来。

5.1.6 小结:广西传统村落及建筑空间核心传承与更新框架建构

不同于现代匀质线性分布空间,传统村落是多中心构成的异质聚合空间,所以要确保空间核心的多样性。同时,要在多中心空间组织构架里划分等级,确定一、二、三级及微核心,一级核心应尽量位于村落形态的几何中心,核心等级越丰富村落就越有生命力。当空间核心的完整性受到破坏后,要尝试"反者道之动"的方式去重建空间核心。新建村落选址应就内外多核心价值进行评估,以便选取良好基址。

由此,本研究建构的广西传统村落及建筑空间核心传承与更新框架如图 5.25 所示。

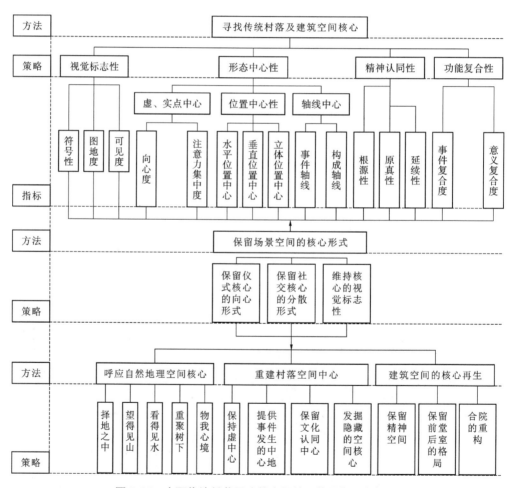

图 5.25 广西传统村落及建筑空间核心传承与更新框架

5.2　空间边界的重构

当前,对传统村落及建筑空间的边界定义过于粗略和狭隘,如何仔细发掘和重新定义空间边界成为关键。随着传统空间边界防御性降低、交往性提高,如何把封闭边界转化为开放边界,使"对抗"转为"对话"成为重点。

5.2.1　空间边界的定义

1. 边界的生成

黄省曾《五岳山人集》中曰:"气乘风则散,界水则止。古人聚之使不散,止之使不行,故谓之风水。"古人营造宅屋注重"边界阻隔"来兜留住象征生命的气息;在原始社会中人类为寻求安全和食物围坐在火塘边,为消除将背面暴露在外的天然不安全感,产生了如森佩尔提出的建筑四要素①"屋顶""墙体""高台"的连接关系,实现对"火炉"("火塘")围护[图5.26(a)]。"地

（a）气空间：龙胜金竹寨宅内火塘间

（b）洞穴空间：龙州小连城龙元洞

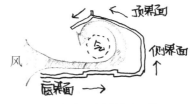

（c）边界三要素的空间一体

图 5.26　空间边界的构成

---

①　建筑四要素：德国建筑学家戈特弗里德·森佩尔运用人类学透镜来解释建筑的起源,并将建筑解构为火炉、屋顶、墙体和高台。

板、墙壁、天花板成为限定建筑空间的三要素",如果从人类原始穴居的洞壁来看,天花板、墙壁和地板是围合洞穴空间[图5.26(b)]浑然一体的边界,它们的区别仅在于对身处其中的人所感觉到的不同方向的延伸而已。侯幼斌先生将三要素延伸定义为底界面、侧界面和顶界面,它们一起成为围合空间的抽象边界[图5.26(c)]。由此可知,当外部环境和内部需求达到平衡时,边界就出现了。

没有边界的空间是没有意义的,无形空间要借助有形界面及人类体验才能被人清晰感知,边界就像塑成混凝土的模板一样是空间得以形成必不可少的条件之一。边界受核心影响力的大小决定,以控制线的形态存在,约定了传统村落及建筑空间规模的发展上限,也勾勒出它们的空间形态。边界可以是具体有形、以实际物质存在的物理边界,如建筑墙体、森林边界等;也可以是由人的心理去完形(补足)的一种心理临界值。从自然地理空间格局来看,边界由自然环境形成的生态控制线(如水岸线、林边、等高线、山脊山谷线、田埂等),由聚落格局形成的道路、建筑外墙、屋顶等,由建筑格局的外墙、柱子、屋顶、楼板、地面构成的边界等,由场景格局中的家具、人构成的边界和无形的心理界限一起相互融合构成景观空间的"顶""中""底"三个界面,可以说边界无所不在,但却难以清晰地界定出来(图5.27)。

图5.27 龙胜金竹寨鸟瞰图

2. 清晰度

原广司认为理解聚落领域性的构造是确认边界的出发点,因为边界和定义事物几乎是同义的。作为"图底"的空间是没有边界的,当两个以上核心作用力相互均衡时,边界才在底面产生,这是由抽象空间如内与外、人类与自然、熟人与陌生人等空间领域相互平衡时挤出来的"实体"。边界是种"门槛",是将自己的领地和周围的领地相区别的"分割线",同时又要保持一定限度的连通。边界是不同空间格局及等级的外显,边界等级意味着空间领域

图 5.28 村落及建筑空间边界梯度模型

的等级、围合程度的等级、改变或突破难易程度的等级等,空间通过边界划分成可以识别的领域(图 5.28)。各构成空间的连接方式、边界完整性均会影响到整体空间的感知。具有复杂形态的空间通过设定边界而分解成几个形态简洁清晰的空间;几个空间之间边界弱化,又可以连接成为一个整体。

边界的目的就是限定人的行为发生与心理认知的领域感。清晰的边界能强化领域认知,阻止不受欢迎的行为;模糊的边界能促进领域共享,诱导隐藏的行为发生。同理,当领域过于同质化时,边界是模糊的;当领域越不相同时,边界就越清晰。为此,从领域划分边界是否清晰可以分成 5 个向度。

(1)清晰度强。是指边界形态清晰、领域区分明确、以实体存在的狭义边界,如围合聚落、分隔房间的墙。

(2)清晰度适中。可以是以场所为模糊边界的空间,如住宅门口、墙边空间等,也可以是不稳定、柔弱的边界,如一条挂立的薄纱、柱与柱之间的虚边界等。

(3)清晰度较弱。是与自然环境同构的连续边界,如树冠投影线、山脊轮廓线、等高线、台地等自然成为村落及建筑的"墙""屋顶"和"地板",形成是一种理想化的空间连续图景。

(4)清晰度弱。是指边界模糊、以心理认知状态存在的广义边界,如人与人之间的"心墙"[1]等。

(5)清晰度最弱。这种边界往往以宗教、政治、文化的象征符号而存在于人的心理之中(图 5.29)。

图 5.29 月岭村入口门头牌坊

3. 围合度

边界是种物理与心理空间的限定,这种感觉要通过外部空间边界所带来的限定来实现。围合感必须由边界的物理属性、空间尺度,以及边界心理界限的文俗认知(如乡规、乡约、风水等)来实现,以便控制人的活动空间范围与欲望限度。边界的材料特性、长度、高度

---

① 心墙:心墙是由人心理感知的,其符号和象征意义较大,如由柱子限定,以及由栅栏围合的建筑领域,由与村落离开一定距离的门楼限定的村落领域。

与形态、边界的开合、边界之间的关系等都对空间围合的程度起到不同的作用,形成全围合、半围合、半开放、开放的边界围合梯度。边界围合的基本形态分为6种:一面围合、两面围合、三面围合、四面围合、五面围合和六面围合,但其变体却异常丰富,如何控制边界的围合度,避免空间产生滞化就十分关键。笔者采访了出生在老房子、如今居住在新房子并时时回到老房子的人,他们都认为住在老房子是非常舒服的,这足以说明"向自然半敞开"的空间边界原型充分契合了人的原始需求。

4. 硬度

完全封闭的界面其硬度最高,由不同质感、材料特性产生直接冲突的领域边界是最硬的边界,如水岸线;相对封闭的界面硬度次之;几乎不封闭的界面较软,领域特性相近的边界是柔性的,如等高线虽然约束了聚落和建筑的发展和进深空间,但这个边界是较容易突破的。扬·盖尔(Jan Gehl)在《交往与空间》一书中提出"柔性边界"的概念,他主张在任何地方或建筑物中,应建立室内和室外的模糊、柔性联系,并在建筑物前设置良好的休息场所,使人们有户外停留的地方。

边界的硬度与厚度有关。海德格尔认为,边界不是某种东西的停止,而是某种东西在此开始出现。边界的厚度层次、形态转折、硬度大小皆能赋予边界的空间特性,如在平安寨东边的那道山脉,像一堵高墙,连绵的大山成为乡民与外界间的层层屏障(图5.30)。

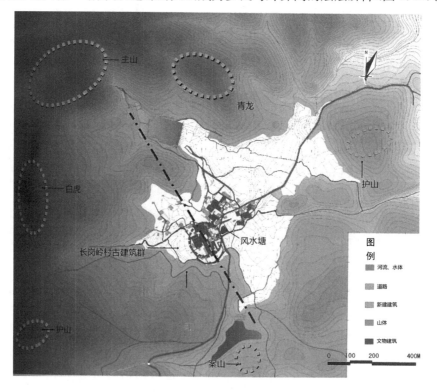

图5.30 长岗岭村环境分析

(图片来源:"广西灵川县江头村和长岗岭村古建筑群保护规划文本")

以干栏建筑为例,当地形陡峭(等高线密集)时,建筑往往挖去一部分土石,采取半干栏形式;当地形相对平缓(等高线稀疏)时,建筑采取全干栏形式。乡村空间往往被象征性边界(符号)所包裹,这种边界是一种无声的语言,是历史事件和时代变迁所遗留下来的痕迹(符号)。这些符号是天、地、人相互交流的具象媒介,它和人之间是在形象、记忆与联想上的浅层关联,人们容易理解其意义,从而理解空间的边界。比如屋檐下墙头上的图案装饰、图形符号、匾牌文字等是传统空间的象征性边界,作为精神中心的堂屋后墙除了祭祖的牌位,正中的后墙中上部还设置有"香火"的神龛和"天、地、君、师、亲"的横幅,洞口两侧还贴上寓意吉祥的对联。匾额和楹联是汉族乡土建筑中不可或缺的建筑装饰,它对院落文化起着点题、点睛的作用。

5.2.2　尊重自然边界

在同一地理单元中,近似的地形地貌构成聚落领域的基底,地形地貌发生突变之处则构成自然边界,发生渐变的地方则形成领域过渡的边缘地带。边缘地带有利于获得丰富的采集、狩猎资源,又具有"瞭望-庇护"[①]的便利性,能及时获得环境中的各种信息,便于进行有效的攻击和防范,这种地带往往成为村落选址的首选,这和人的"边界效应"[②]行为特征是相似的。对于山地村落来说,多高多大的山峰,多宽多广的河流会形成传统村落的边界?层峦叠嶂的山峰,会形成多少层的自然边界?多茂密的树林会形成边界?

1. 落位在山脚

古人往往把山脊称为"龙脉",如《管氏地理指蒙》中的"指山为龙兮,象形势之腾伏",当绵延跳跃的山脉落在一方平地前即为村落佳址。山脊是一条人难以跨越的边界,山脊的高度是村落发展的上限,而层峦叠嶂的一道道山脊形成传统村落难以逾越的自然地理空间边界,其围合度、硬度较高。人跨过围合村落的第一面山脊,来到山脊背面,则看到第二层山脊面,下意识地把它视为传统村落的第二道自然地理边界,层数越多,边界感越强。山脊的限制促使村落空间由外延式变成蛙跳式发展,而山脚走势往往决定了村落的走势。一般来说,山脚的起点往往是耕田难以开展的地区(图5.31)。

2. 居住在林边

"公山众林""风水林"已成为村民选址定位的心理图式之一。在广西山地村落中,村民在选择村落或建筑位置的时候,往往会选择在风水林前面或者两侧,并和它保持一定距离;而在平原村落,树林从四周围合聚落形成"林盘"。当然,树林的围合度相对较低,能被人轻易改动。

---

　　①　英国地理学者Jay Appleton以宗教哲学的态度提出风景体验的"瞭望(prospect)-危险(hazard)-庇护(refuge)"理论。他指出人们总是倾向于将自己置身于一处有安全庇护背景的场所,并且确保自己有足够的视野去观察周围的世界。

　　②　边界效应理论由心理学家德克·德·琼治提出,指人们喜爱逗留在区域的边缘,如森林、海滩、树丛、林中空地等区域边缘,而区域开敞的中间地带是最后的选择,除非边界区人满为患。

143

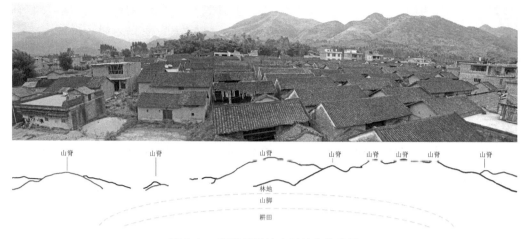

图 5.31 贺州凤凰塘古村的山体边界

3. 依偎在水旁

从前文可知,观山是村寨落位观察的重点,但河溪因与山脉是共生共栖的,所以理水也很重要。堪舆学说认为,"大干龙则以大江大河夹送,小干龙则以大溪大涧夹送,大枝龙则以小溪小涧夹送,小枝龙则惟田源沟洫夹送而已。观水源长短而枝干大小见矣"。河岸湖畔、村镇中的池塘和溪水因为其边界连续性很强,难以排除,成为传统聚落难以逾越的自然界限,也成为各种功能区域划分的自然边界。水岸边界虽然清晰度较高,但往往呈动态变化,即最高水位线、最低水位线和常年水位线三种。水涨水落的时候,河岸的界限各有不同,但往往淹不到村落,这是因为村落选址时就注重了对水位的观察。同时,涨落的潮水为岸边的水田提供了肥沃的土壤,哺育着村落,使其繁衍生息[图 5.32(a)]。

随着传统空间边界防御性降低、交往性提高,将封闭边界转化为半封闭甚至开放的边界成为必然。水岸空间因为是乡村与自然衔接的过渡空间,往往成为人工与自然对话的介入性空间①。如果地形标高设置合理,形成柔性边界,就能营造出很好的亲水景观空间。在鼓鸣寨方案设计中,把村落难以靠近的自然水岸转换成为不同标高的台地和浮桥空间,形成良好的亲水、观景平台和水产养殖等体验场所[图 5.32(b)]。乡村还有一些微小且有吸引力的水空间。

5.2.3 重建"顶"边界

屋顶在传统建筑三段式布局中占据了重要地位,其形态框定了建筑的外部造型和立面比例,成为代表某个民族的符号,并作为一种审美惯性而延续下去,可以说屋顶把实用、景观、精神意义糅合成一体,其体量、形式、色彩及装饰质地体现相应的建筑等级和个性,也决定了乡村聚落的整体形态和秩序。广西民居中屋顶在立面构图上占据比例较大,一般可达

---

① 介入性空间:通过引入一种自然的、艺术的触媒,为空间自身难以解决的矛盾提供化解契机。

(a) 鼓鸣寨封闭水岸

(b) 封闭水岸的开放性设计

[图(b)来源：鼓鸣寨设计竞赛作品集 Id521,由广西鼓鸣寨旅游投资有限公司提供]

图 5.32　依偎在河边的鼓鸣壮寨

到三分之一以上,如桂林兴安白石乡水源头村秦家大院见图 5.33(a),有的甚至可达到立面高度的二分之一,如桂林潮田乡秦氏祠堂屋顶总高 7.5 m,堂屋坡向天井处的檐口高 4 m。

1. 坡度的继承

坡屋顶一直是广西传统聚落及建筑的象征,不同自然地理气候条件会产生不同的坡屋顶及特殊的坡度要求。受垂直地形与气候影响,屋顶坡度与海拔高度、降雨量成正比,与风速成反比。平原地区的坡屋顶坡度较缓,一般在 20°左右(1∶2.8),较缓的屋顶坡度对于水平而来的风,其迎风面小,有利于防风,如君子垌客家建筑堂屋屋顶坡度较低[图 5.33(b)]。山区坡屋顶坡度较陡,如龙脊金竹寨的屋顶平均坡度一般在 26°左右(1∶25,即四分水),防止顺山而上的风掀翻屋瓦,并快速排水[图 5.33(c)]。总体上看,屋顶的坡度与山体轮廓线、地形坡度大概平行,不同建筑屋顶空间形态常常反映出不同的自然、人文与技术背景,通过对村落屋顶平均坡度的比较分析,可使乡土建筑的地域特色彰显出来(图 5.33)。

在广西传统建筑中,平屋顶较少见,当把平屋顶从房屋中单独抽离出来时,自身并不能成为空间并具有象征意义;能提供生产、储水、眺望景色、兼具装饰作用带女儿墙的向外开放的、可以爬上并停留的屋顶空间又另当别论,尤其在缺少平地的山区,其可作为晾晒平台。当前,因能源匮乏,使追踪太阳运行轨迹的太阳能集热板成为屋顶空间重要的构成要素之一,所以能加大向阳面积的、由集热板构成的坡屋顶将成为未来乡村屋顶平改坡的主要方式之一。

| (a) 白石乡水源头村秦家大院 | (b) 君子峒邓家祠堂 | (c) 龙脊金竹寨民居 |

图 5.33 顺应不同需求的屋顶坡度

2. 漂浮的屋顶

屋顶是聚落及建筑空间的顶界面,其最初原型是人们为了遮风挡雨躲在树下,为了防卫将树枝弯下来让它们相连,再用茅草盖上成为屋顶,和墙体连为一体难以分离。传统坡屋顶由于自身是一种内向围合的空间形态,将其从民居空间中抽离出来成为一个独立、有形、可分析的空间要素,并成为某个民族文化符号(图 5.34)。

广西传统乡土建筑屋顶从整体到局部几乎都是坡顶式,主体屋顶多为歇山顶、硬山顶、悬山顶形式,除了作为公共建筑和堂屋的屋顶形制在体量、形式、色彩、装饰、质地、屋脊高度、屋檐的前后关系有严格限制外,其他建筑屋顶分割、组合形式灵活自由,屋顶上能加盖新一层屋顶形成重檐,屋顶之下还有向各个方向出挑的披檐、腰檐,屋顶可以说"漂浮"在建筑四周的。挑檐是传统屋顶中运用得最灵活自由的元素,其视功能而定的不规则、不系统、片段的组织方式,可以成为山坡中房屋与后面断壁之间的遮雨板;也可以因建筑朝向不好,但光线过足的时候,在洞口上方设置腰檐来调节内部光线、防止雨水打湿墙面和柱基的小型构件。传统建筑墙体内外檐墙顶、厅堂内壁沿墙大多装饰有宽约 0.6 m 图案纹饰,这是屋顶领域(顶面)与墙领域(垂直面)的交界,图案纹饰有龙凤呈祥、飞禽奔马、花草虫鱼不等,寓意深远,这种分离也算是一种"漂浮"。

当前,屋顶的精神功能弱化、使用功能加强,平屋顶越来越多,这使传统村落风貌遭到较大破坏,马山三甲屯一乡贤通过联合国人居署在此地推进"屋顶计划",针对村民一般起房都是预留出往上扩展层数的结构可能性及他们对屋顶的功能闲置,开设了"漂浮村落"的设计工作营,将各家各户的屋顶空间连通形成容纳新功能的空间连续体,从而激活村落生命力。传统屋顶采光不足,上林鼓鸣寨竞赛中有方案通过抬高屋顶、设置双层屋顶甚至取消屋顶,并以轻质、透明的顶界面构筑物适度介入,与厚重、封闭的夯土墙形成鲜明对比。

对处于景观开阔的屋顶来说,设计师可营造出具有各种各样距离感的场所特性。与现

图 5.34 不同文化的屋顶

（图片来源：笔者根据《没有建筑师的建筑》图片进行整理绘制）

代建筑高高在上的屋顶形式相比，传统屋顶常常处在人的视野之下，在村落路径的组织下，屋顶作为一个顶界面，却时不时出现在人的脚下，成为限定路径空间的底界面，这种体验非常有趣。

3. 注重城市第六立面①

作为空间符号之一的屋顶，除了简单模仿传统建筑的屋顶形态外，如何找到新的传承

---

① 城市第六立面：指在人们可达的较高视点（如山体眺望点、高层或超高层建筑、飞行起降区等）俯瞰城市可感知的城市风貌。

方式呢？就屋顶而言,传统材料与营建技术必然不能为当代建筑所广泛运用,但其整体蕴含的审美特性则可凭借人的审美惯性得以传承。如屋顶与屋顶之间的空间关系编织而成的大屋顶形态是广西各族传统村落空间意象最显著也是最富特色的特征之一,成为村落的"第六立面",如图5.35所示。环山而居的传统村落,因为房屋单体体量和形态大同小异,所以地形方位、高低关系对屋顶群体空间关系起着决定性影响;对于平地传统村落,内部空间的高低起伏决定了屋顶空间的整体形态,如木格客家建筑屋顶的瓦是连檐的,从顶上看它们连成一片,转角处也是连在一起的。大屋顶的空间意象为设计师创作提供了灵感,如由

(a) 柳州三江程阳八寨之平铺寨鸟瞰

(b) 贵港君子垌桅杆城鸟瞰

(c)中国美院象山校区"水岸山居"

(d) 灵活的檐口布置

坡屋顶　深挑檐　向外挑　设腰檐　设重檐

图5.35　屋顶的统一与变化

李兴钢以绩溪古县衙改造成的博物馆的屋顶就有意模仿连绵起伏的群山,并与远处的山峦相呼应;日本建筑师隈研吾设计的中国美院象山校区民艺馆,通过大屋顶使建筑消失于场地之中;王澍在中国美院象山校区设计的"水岸山居",其灵感是源于一个在大屋顶下的湘西小村子,内部具有丰富差异性的大房子空间意象。这三个例子可以说是利用聚落屋顶连片空间意象的最佳实例。

大屋顶是共同体的象征,其能将所有的混乱收容其中并赋予空间秩序感。传统大屋顶有利于营造一种互动的空间组织,一种层级逻辑模糊、能相互影响的空间流动方式,空间与空间不再是一种整体与局部的层级关系,而是一种整体与整体的有机关系。这种空间关系不是刻意营造的,而是聚落内部空间的景观显现。当前,从屋顶形态的相互分离也可窥探出乡村正在由四世"同住一个屋檐下",变成了老人、子女各自"独门独户"的居住模式,为了重铸传统亲密的邻里关系,要有目的地创造出一个浑然天成的大屋顶空间。如桂林灌阳滑雪场酒店设计借用侗族村落松散的空间形态营造出整体大屋顶空间,来获取山地建筑的地域性表达(图 5.36)。

(a) (b)

图 5.36 灌阳滑雪场酒店方案设计

大屋顶除了景观意义,还是为人遮风避雨的主要边界,是建筑内部空间吐纳阴阳之气、风生水起的来源。"人"字形坡顶下的三角形空间使室内热空气上升后得以汇聚,并产生从瓦隙逸出室外的可能。这个空间里的热空气被称为"热垫层"。一方面,如果此处开口小,热垫层不参与下部空间的空气对流,并呈相对静止干热状态,非常适合存放玉米等粮食与杂物,使得檐口线水平面以下厅内空气温度不会太高,热稳定性好;另一方面,阁楼两侧山墙开有较大的通风口,起到了通风屋顶的作用。太阳辐射被这些用于通风的屋顶顶面吸收后,向下传递的热量在通风间层被自然通风带走,这样由间层向下继续向室内的传热量就会大大降低。当通风状态良好时,可近似认为间层空气温度约等于室外气温,而几乎不受太阳辐射影响。同时,传统空间剖面呈逐渐升高的形式,有利于形成热压自然通风,将室内热空气升至屋顶并从瓦沟间隙排出,因而往往成为储藏空间,如侗族歇山顶上凉爽的屋顶空间为风干修补房屋的木材储藏空间。当然,传统大屋顶必然导致采光不足,所以现在有很多人采用大面积的玻璃材料来替换瓦材,以增进室内采光;或者将坡屋顶整体抬高,并形成阳光和空气能够进入的渗透空间,为室内提供足够的侧光(图5.37)。

这些尝试看起来好像过于理想化,但其实孕育着用"诗意性栖居"的态度来对待传统村落及建筑,和中国"山水诗画"的传统审美方式很贴切,未尝不是一种新的方向。

5.2.4 重新定义"墙"边界

美国著名后现代建筑理论家文丘里认为建筑是内部与外部环境共同作用的结果,内部与外部环境之间的"墙"形成了建筑。由此,墙也再度成为建筑的起点,具有生成性。从建筑的视觉力场图可以看出,生成墙的中心位于建筑尚未形成的空间外,通过对它们的张力平衡,墙得以产生(图5.38)。朱文一教授认为"中国古代建筑不是以建筑单体为基本单元的,其基本单元是'墙'","墙"是贯穿于传统与现代、人工与自然的垂直边界。从整体空间构成来看,墙既是聚落边界也是建筑边界,同时还是行为边界。如果从微观到中观到宏观的平立剖面角度来看,建筑、聚落及村落是由一个垂直的柱子水平移动形成一面墙、两面墙、三面墙、四面墙、一群墙的墙体。如果把传统村落及建筑以墙体构成的角度进行平立剖面分析,墙同屋顶一样也能单独抽离出来成为现代聚落及建筑空间的构成要素(图5.39)。

1. 用复合材料构筑边界

在场地上立起一面墙作为边界是形成空间

图5.37 上林鼓鸣寨民居楼层屋顶改造实例

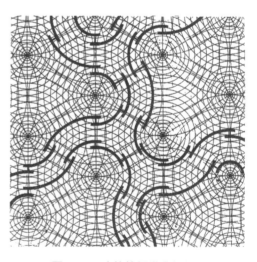

图5.38 建筑的视觉力场
(图片来源:《建筑形式的视觉动力》)

的第一步,而一面墙最重要的是材质,选材、取材、用材是造墙的前提,不同材料特性所造的墙体会营造出不同的空间尺度和氛围感,而当空间材料达到极限状态时,最大与最小空间得以生成。如《园冶》说:"借以粉墙为纸,以石为绘也。"墙体材质成为营造空间氛围最重要元素。

(a) 龙胜马鞍寨杨宅墙体构成

[图(a)来源:《桂北民间建筑》]

(b) 根据杨宅墙体空间意象制作的墙体空间构成模型

图 5.39 墙体空间构成的继承

（1）承重墙的价值体现。对于承重墙来说，从力的稳定传递来看，一面墙的材料应该是均质且厚重，如北海合浦曲樟客家围屋的墙为三合土夯成的承重墙，如图 5.40(a) 所示，最外围的夯土墙底部厚度达 1 m，略微向上收，到顶部时约 0.8 m，墙体稳定性高，同时能形成跨度约 6 m、高度达 8 m 左右的大空间。石头砌筑的基座墙体上小下大或中部竖砌边角横砌等。在全州、桂中武宣地区，人们建房的墙体材料是从河床中取来的大小不一的卵石，为保证墙体稳定性，砌筑时卵石上小下大、石头尖方向一致；同时为便于后期的墙体饰面，卵石墙上预留有方形洞口作为承担脚手架的依托，这种为方便施工在墙面留洞的施工方法沿用至今，见图 5.40(b)。广西汉族村落由于经济及技术较发达，建筑多用青砖砌筑，而且根据墙体构成还可分为里面为泥砖、外面为青砖的"金包银"做法，或底部为青砖、上部为泥砖，此类做法既使室内空间冬暖夏凉，又能减少建造成本。在靠近汉族主要聚居区的壮族地居建筑，如上林鼓鸣寨多用能轻易掌握的版筑法①夯土构筑或泥砖砌筑承重的山墙。当然，有些传统建筑的承重墙体材料却经常是非均质的[图 5.40(c)]，上、中、下三层的材料完全不一样。桂北山区里的壮族、侗族、苗族大部分使用梁柱排架作为承重结构，往往是先在空地上做好房屋承重的几榀木框架，然后选择吉日起架而形成大空间骨架，这也意味着空间是与边界同时形成的。这里有一点值得注意，传统墙体会随着时间而逐渐开裂或破败，对于这些以不完整性出现的空间片断，应该予以认真分析、甄别和保护，存在安全威胁的就拆除或加固，而完整程度较高的则应该予以修缮和围合。

---

① 版筑法，即两面竖木夹紧筑墙的版(缩版)，在版内载土充实形成墙体，要保证一层一层升起的墙体成垂直角度，在墙边垂下绳子(其绳则直)。

（a）均质泥墙的力学美　　　　　（b）卵石墙体的构成美　　　　（c）非均质砖头砌出的时间美

图 5.40　承重墙的价值体现

（2）非承重墙的价值体现。对于聚落建筑来说,砌筑非承重墙体是一件相对随意的事情,从旧房上拆下来的,从田地里找出来的,从生活生产用具中拿来的,任何可以用来砌筑的材料都可以成为砌起一堵墙的原材料,这可以说是生活方式艺术性介入空间的一种方式,普通村落中乡民的自发行为和设计师的有意为之具有异曲同工之妙[图 5.41(a)]。同时,墙的围合度也会根据气候而产生变化,如桂北地区由于冬季较冷,山区干栏敞廊部分的外墙是活动的、可拆卸式的,夏季可打开通风,冬季则封闭挡风,这和现代可以根据气候条件活动的百叶格栅非常相似[图 5.41(b)]。因桂西南地区四季变化不太明显,干栏的外墙板排布较稀疏且留有空隙,其主要目的是为了保持内外空气流通。在桂西南高寒地区,在竹编夹泥墙的外侧堆上满墙稻秆,既可以晒干稻谷,又无意中形成蓄热保暖的复合墙体[图 5.41(c)];另有设计把民居夯土墙体与地基在人为控制条件下让其自然坍塌,形成自然空间形态,别有一番哲学意义[图 5.41(d)];还有的方案在确保安全性的前提下,保留夯土墙上因时间而留下的裂隙,光穿透缝隙在墙上留下了移动的光斑,给人以时光流逝感和神圣感,是村落价值性很高的时间痕迹。有的方案把民居夯土墙体和地基在人为控制的条件下让其自然坍塌,让自然力量对建筑边界进行自我重构,形成自然空间形态,这也是过于注重人为控制的村落改造和设计倾向要反省的一点。最有韵味的构思是在确保安全性的前提下,保留夯土墙上因时间而留下的裂隙,光穿透缝隙空间在墙上移动给予人时光流逝感和神圣感,是村落特有的时空价值,值得推敲。

当地材料构成的墙体丰富了不同地域建筑的外观造型,同时也保持了材料特性和空间形式的高度统一。用木材构架营造的干栏建筑空间虽受限于木材的长度,但木材有着如中国工艺美术大师杨似玉所说的有韧性、懂伸缩、会呼吸、生命力强等特性;用砖所砌成的地居建筑空间,受限于砖的跨度限制;广西多产石灰岩,由于石材具有优秀的防水性能,因此

（a）材料混搭的美学价值（南宁汉族村寨田挺坡）　　（b）可拆墙的生态价值（三江金竹寨）　　（c）新材料带来的新体验

土　混凝土　石台基　　　　抽出门上过梁　　　　上墙下塌　　　　混凝土预承重　　　　土墙下塌至台基底　　　　利用挖出的土
　　　　　　　　　　　　　　　　　　　　　　　　　　抽出门下台基　　　　　　　　　　　　　　夯出土楼梯
　　　　　　　　　1　　　　　　　　2　　　　　　　3　　　　　　　　4　　　　　　　5

（d）墙体坍塌带来的哲学启示

图 5.41　非承重墙的价值体现

房屋基础、地面防潮基层和易受雨淋的檐柱都会使用石材,留有以往切割痕迹的石头"微观地"拼贴出聚落和建筑的整体样态。当前,更多的现代材料如轻钢、玻璃、混凝土、砌块等被村民用来与传统材料相结合,充分发挥各自的空间受力特性,营造出的空间效果较好。新结构在村落里以两种方式存在,一是两种结构在同一房屋的不同部分中同时存在,另一种是在所有区域中完全混合使用。

这里有个问题需要指出,即人们是喜欢现代材料建成的房子还是传统材料建成的房子?笔者在调查过程中发现,村里人更喜欢砖房,因为砖房是成功的标志(他们认为砖房是一种气派的象征)。而普通老百姓对木构房独有一种文化和气候情结,因为木构房一是通风性能好,在湿气重的季节里可以吸湿;二是因木材多来自自己所种的杉木,所以成本较低;三是在当地熟练的木匠指导下可以组织本地劳动力来参加建设活动,所以大家对木构房有一种天生归属感。但隔声性能差是木构房最大的缺点,打雷下雨的时候,雨点就像敲打在鼓面上一样,声响很大;同时木头房子缝隙很多,这也为昆虫进出提供了通道,不利于防虫。笔者在龙胜龙脊寨与建筑使用者交谈得知,自从村中通公路之后,使用砌块及钢筋混凝土材料建造房屋的成本已大大下降。从房屋实用性的角度出发,相对于传统木构建筑,村民其实更愿意选择坚固、耐用,空间划分更为灵活,保温隔热、隔音、防火性能俱佳的现代建筑形式,为保护传统建筑文化及发展旅游,规划要求新建的房屋采用传统的干栏式建筑建造方法,与原有房屋保持一定的一致性。所以,这种改造方式可以理解为居民在规划限制下实现居住效益最大化的尝试。

2. 设置"墙场"空间

除了防御性较强的汉族村落,广西其他传统村落的"墙"边界较多是由一幢幢建筑通过空间关系构成"完形"边界,其围合度不高,边界较难界定。这种边界多出现在保护性规划中受到控制与约束相对较弱的"风貌协调区",由于多处于村落边界,核心控制力弱,往往出现空间破碎化的情况,难以形成有效场景空间,需要进行空间微调,以便形成提供各种活动的"墙场"空间。

当前,随着空间防御性降低,社交性和公共性提升,墙的连续性、完整度下降,能被视线和行为穿透的场空间经常出现,这样的场空间在村落格局构成"场边界"或者"心墙"。以灌阳月岭村入口空间序列为例(图5.42),外部山口是即将入村的心理起点,牌坊是进入村落外部领域并产生认同感的象征起点,而靠近村落的村口空间是村落外部入口空间序列的物理终点,却是内部入口空间序列(村口—屋门—房门—村尾)的起点,在这内外转换之间,却是村落生活和仪式发生的重要场所之一。过去,老村口空间的位置、形态和方向受到路径和风水的影响,如果其中的一项一旦发生改变,就势必会影响村落整体空间序列的完整性和有序性,影响村口空间的象征意义,所以要注重对老村口空间的在地保护和领域的完整性保护。

(a) 总平位置图

(b) 老村口空间

(c) 新村口牌坊

(d) 新村口空间

图5.42 村落格局的墙场空间类型(灌阳月岭村)

在村落内部充斥着大量的透明性空间（即前、中、后三道墙形成了敞而不透的空间）。墙体并不是单纯地围合内部空间，也不是一味地构筑外部形象，而是在内部与外部之间营造出层次丰富、有深度的"墙场"空间，创造一种分隔与联系并存、安全与开放共存的模糊状态，通过空间中微小的摇摆产生出场所的层次和浓淡，表现出一种透明性。在这样的透明性下，无边界的"边界"空间得以实现[图5.43(a)]。在广西传统民居中经常看到从墙面出挑（如吊柜）或者内凹的空间索取[图5.43(b)]，即芦原义信所说的"阴角空间"。外墙应该尽量多地营造出与道路相切、充满趣味似房角屋边的"口袋式空间"，这样既无交通干扰，又与外围道路方便联系，是适宜于逗留、交谈、交易等公共活动的场所[图5.43(c)]。

 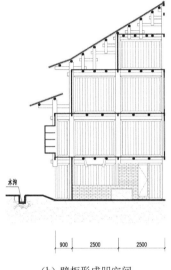 

（a）透明性空间　　　　　　　（b）壁柜形成凹空间　　　　　　（c）口袋式空间
（月岭村民居）　　　　　（三江南寨村梁彩荣宅）　　　　（月岭村民居入口空间）

图5.43　建筑格局的墙场空间类型

线性的墙对场空间的塑造起着重要作用。从许多平面图可见，所有与地面相交的墙体都变成了线，空间塑造也就从线开始，因而墙的平面线型对空间形成至关重要，如柯布西耶所说"平面是生成元"。由于大家相互学习且获得材料的途径相似，所以村落的墙体基本由相同材质的材料筑成，两面墙给人的感觉更像是一面墙经过延伸（是对空间的拓展，墙通过其方向性对建筑空间加以外延，一般没有明确的目标空间）、引导（创造特定的方向性空间，分为垂直和水平方向的空间引导，有明确的目标空间）、并置（多段不连续的墙体在水平方向上的线性组合，其作用是强化空间的方向性，打破线性空间的单调感）、转折、断开、变形后形成的直线、曲线（曲线墙体可以强化空间的指向性，创造充满张力和动感的空间）、折线、断线形的墙体并营造出不同场空间（创造非此即彼的特定空间，这是墙的基本作用）。墙体在垂直方向上的线性高度变化对空间的围合与开敞、限定与融合也有重要影响。如壮族民居的室内隔断一般不到顶，形成一个通透空间，加速空气流动，形成舒适的室内热环境；与人视线平齐的半截墙能产生一定的围合感，但不会阻断人的视线，如客家围屋前防御性的矮墙,能让人欣赏前面开阔的田园风光等。

家具对墙场空间的营造也很重要。家具是人的行为边界之一,是场景空间构成的重要因子之一,是可以顺应场景而移动变化的"墙体"(图5.44)。人的心理与行为最直接的映射是家具,而容纳家具的是空间,如用餐的空间、聚集人气的空间、个性的房间、精细的小空间设计等都离不开家具的摆放,所以家具是人与空间进行交流的最直接的媒介之一。在广西少数民族的房屋里似乎都没有太多的家具,房屋的每个部分又似乎都从属于一件家具。广西传统建筑空间不像现代家居室内充满着大大小小的家具,它只有很少的家具,还有很多是和建筑边界融合为一体的家具空间。广西传统乡村许多地方在历史上都属于偏远地区,一般人家只有几张小凳和椅子、桌子、木箱、柜、木盆、床、被、蚊帐、庭院花草等,可以说全部家当有时候用一只背篓都可以装完带走。当遇到喜事的时候,待客用的桌椅板凳、锅碗瓢勺,也全是同村人一家一户凑起来的。宴席一散,客人们主动将自家的桌椅碗筷带走,整个空间顿时又空落落的。

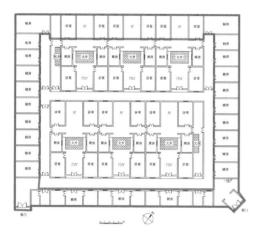

(a) 贺州桂岭于氏"四方营"

(b) 兴业县葵阳镇榜山村

(c) 两扇门构成的墙体(熊村)

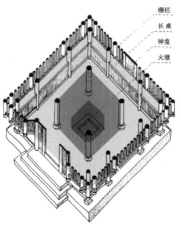

(d) 鼓楼内部"墙"空间构成层次

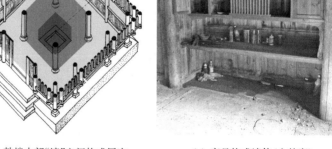

(e) 家具构成墙体(金竹寨)

图5.44　有厚度的"墙体"

3. 增加"墙体"厚度

拉普普特将人对于领域的防御分为物理性防御机制和社会性防御机制。所谓物理性防御行为,就是对空间边界进行严密的物理分隔而展开防御。具有防御特性要求的聚落往往化零为整,以便减少受攻击边界的物理面积,获得最佳防御效果。以广西汉族村落围墙为例,其围墙有两种:①外墙既是围城外墙又是房屋承重墙,如贺州桂岭于氏"四方营"客家围屋以屋墙为城墙,把整座城严严实实围了一圈。②外墙作为单独城墙,内有窄长甬道将它与屋墙隔开,这样的空间就像一座由墙层层设防的城堡,祠堂位于中间。如兴业县葵阳镇的榜山村,整个村子筑有一条环村大围墙,像一座围城。

当前,传统村落的边界由防御性转化为安全性,边界的物理性防御机制往往转化成社会性防御机制。相应的空间形态也从原来由厚墙连续线性封闭的状态转向由多片墙体构成的围合度较低、但空间层次丰富的半开放状态,边界的清晰性、隔断性,以及空间的硬度和厚度都在减弱,这主要体现在墙体构筑的空间形态和层次上。

5.2.5 重造流动的地形

地板(底面)是划分空间领域要素之一,作为场所空间的载体和象征性符号而存在。人工修饰过的地板(底面)象征着为人所用的领域,自然地板(底面)象征着自然蔓延的领域。要保持这种领域划分,就要强调二者的区别,如在汉族院落建筑中,地板(底面)越高空间精神等级越高;要使建筑融入自然,需要通过设置不同标高的空间使二者弥合,形成渐变流动的地形(图5.45)。

楼板是人创造的新地形,是对自然地形的延续、模仿和隔离。对就自然地形巧妙处理的传统村落及建筑来说,如广西干栏建筑将人类活动的楼板抬高与湿气很重的地面分离,形成新地形,高低起伏的地板标高变化、人工材料与自然材料的巧妙搭配使人很难分辨出哪个是自然哪个是人工。他们不会设置过多的边界来打断地形流动,从而形成内外空间自

(a) 金竹寨内流动的地形　　　　　　　　(b) 七坡林场"伴山茶苑"观景台

(图片来源:笔者基于李长杰《桂北民间建筑》改绘)

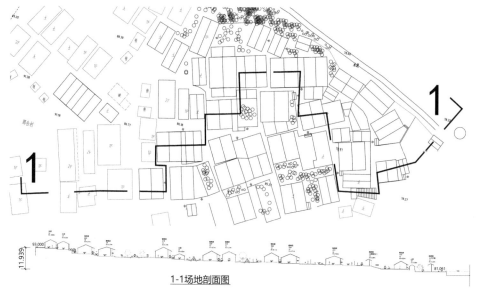

1-1场地剖面图

（c）顺应自然地形的那告坡传统建筑竖向布局

图5.45 流动的地形

然交融，这也是传统村落及建筑给人的直觉空间感知。笔者在南宁七坡林场观景台的设计中充分利用地形起伏较大的高差，设置了多级观景平台，用曲折的景观路径连接各平台，力图营造传统村落里地形流动的空间意象。

5.2.6 小结：广西传统村落及建筑空间边界传承与更新框架建构

仔细定义多个空间格局之间及其内部边界，处理好它们的物理与心理分隔、功能支持关系，从而建构如图5.46所示的广西传统村落及建筑空间边界传承与更新框架。

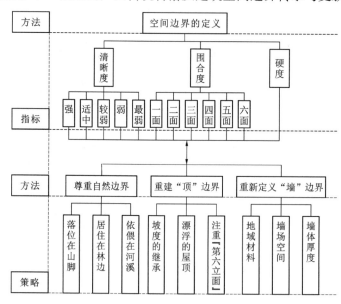

图5.46 广西传统村落及建筑空间边界传承与更新框架建构

5.3　空间领域的解构

5.3.1　空间领域的定义

原广司认为"每个聚落都是一个岛屿",有其自身领域范围,苏珊·朗格以"种族领域"来概括人类生存环境,可见领域是具有相似和连续的自然、社会、文化、经济、功能、形态等属性的特定空间区域,往往以面积、体积、密度来度量。领域是充盈于场景空间中可感知的空间氛围,是人与物时空占据和分布的"气场",往往以模糊的心理量度(可用语境差异法[①])来界定。每个核心都有自己的领域,边界也有自己的领域,核心的领域、边界的领域和空地(边界不明、开放性的自由领域)共同构成空间的领域,它们应该既交叉又分离地共同构成空间域。由此可知,领域是空间存在的基质,用面积、体积、密度作为单位来定义,那么传统村落及建筑的核心、边界与空地面积、体积、密度和它们之间的比例关系就决定了村落整体面貌。

1. 体积性

学者王昀用住居数、平均面积、最大面积、最小面积、标准偏差、变异系数 6 个指标对全球 80 个聚落的平均住居面积的全体倾向性以及地域差异性等从数值上进行了解析。但对于人活动的聚落来说,仅看面积是不够的。人的活动是体积性的(活动需要空间),因而聚落及建筑也是体积性的,领域是一个或一群人在物理空间中的位置分布与体积占据(面积、高度、时间),是与他人接触时二者之间保持一定距离的领域范围,其范围大小与社会习俗、个人生活习惯及其认知水平相关。同时住居体积是一定的,但人的活动领域却是动态变化的,而且要大大超过住居甚至聚落的体积范围,所以只用建筑体积来描述领域是不全面的。

C·亚历山大认为在空间上过分集中的人口会给区域的整个生态系统造成巨大负担,而建筑密度过于分散对整个生态系统也会形成不可恢复的土壤破坏。因此,控制好人口密度、建筑密度、容积率成为村落领域规划与设计的重点。在现代农业的推进下,中国传统分散的小规模聚居点(低密度、高广度的散点空间分布的特征)已经慢慢被多村组合大型安置点(高密度,低广度的集中空间分布特征)所代替。当代乡村物质空间应该是低密度分布,但人口必须是高密度聚居。缩小每户所占基地面积和户与户之间的距离,提高容积率,提高土地使用效率的同时要维持传统村落的空间风貌。当前村庄的最优规模逐渐扩大,集中

---

① 语境差异法:又称为感受记录法。其评价基本步骤为:选定研究对象→根据试验目的拟定评价尺度→根据评价尺度拟定形容词对并制定问卷调查表→收集研究对象的资料→发放问卷调查表→数据分析。

的村落空间布局是必然的,但应该有个上限。

　　传统村落是高密度的。以贵港君子峒为例,明清时期,自黎氏迁至君子峒,以本姓氏为单位筑城聚居后,先后有邓、殷、叶、黄等25个姓氏的客家人迁来,他们根据土地的人口承载力来确定每座围城的领域范围,形成以姓氏为主、环抱田地的"田-院-宅"分散式团块状布局的6个聚落共17座城,相互拱卫构成"点防御""线防御""面防御"的有机防御体系,与"瓦罗诺伊图形-德罗内伊网"①的防御图示相符合(图5.47)。君子峒围城边界明确,空间领域性强。17座围城中最大的是桅杆城,占地4 276 m²,房间150余间,鼎盛时期人口"逾千人",平均每人4~5 m²,形成防匪患的高密度居住领域。客家建筑讲究外围内通的格局,安全感既来自外部隔绝形成的领域感,也来自内部通畅形成的邻里互助的归属感。客家人把围城当作自己的家,所以作为生活起居的房间开门直接就面对大家共同使用的天井或廊道,没有作为缓冲空间的半公共空间,这种公共空间与私人空间的直接联系有利于建立监视、互助的社会关系。

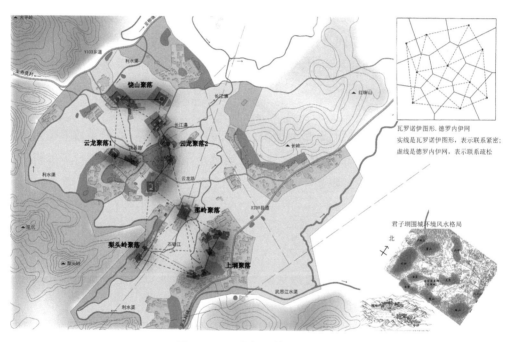

图5.47　君子峒环境防御格局

2. 氛围性

　　空间功能之一就是创造一种场景氛围,一种有利于人们按照日常生活中的身份来感知、行事的氛围性,其范围可以大于(空间溢出)也可以小于(空间细分)空间体积的限定范围。氛围有如原广司所说的"聚落的空气",实际上是由多种因素所决定的、体现着聚落整

---

　　①　瓦罗诺伊(Voronoi)图形是指某一个领域里,在属于最近邻的生成点这个条件下,进行区域分割,它表示的就是一个住居的守护范围;德罗内伊(Delauney)网是图中的虚线,其连接近邻生成点而形成网络,是监视网的范围。

体氛围与形态的象征性概念。如果说聚落是由空间要素所构成,那么"气"就是推动空间要素相互连接的结构动力及力场产生的空间氛围。这种氛围需要人去观察、去悟,所以说氛围是一种人心所体悟到的境界。像某些景观小品虽然视域内容丰富,但受竹篱笆边界及周边环境的空间限制,地板材质的不连续性使该空间的场景氛围较差,让人难以获得沉浸体验并激活其他感觉域,无法形成一个好的空间氛围,所以也不是一个好的空间场所。

如果忽略了人的空间领域需求和分布,就会带来很多问题。人的行为时空分布形成了功能空间的领域。空间和人的行为关系是一种互动关系,空间会约束和引导人的行为,而人的行为会产生和改变空间。有时候改变人的行为,会比改变空间更高效、更节能、可行得多。只有在越来越精细的行为模式引导下,才会有精细的空间生成。

中国的传统领域往往以成对的二元方式存在。Bouvdien 曾将传统住宅分解为火/水、熟/生、高/低、光/阴、日/夜等一系列简单的物质对比关系,Loechx 修正了这种单纯的物质对比关系,加入了社会结构和个体关系以导向"象征的一致性",这样的结果是在物质对比关系上加入了儿童与老人、男人与女人、陌生人与熟人、公共与私人、传统与现代的领域等。

3. 功能性

空间核心控制力之下形成的场景范围就是功能区域,该功能区域的范围大小由其自身核心影响力的强弱及与其他功能区域核心影响力相互制约、平衡后所决定的。当某个核心领域的规模扩大较快时,其核心影响力就会增强,对周边的核心领域产生挤压或吞并,形成更大的核心领域。在这样的领域内,元素既受到多级核心影响力的控制,又有着其自身的自在特性。受核心和边界控制的区域往往是非均质空间,空间各区域关系不是平等的,有的区域较为特殊,对于周边区域具有更强的控制力,整体上呈现出按照一定功能关系建立起来的空间等级秩序,这样的空间区域关系是传统空间的主要形式。在核心之外,边界之内,除了靠近核心和边界并受到它们影响的区域,其他区域的空间均以均质的、自由的状态存在,与传统空间注重向心性不同,这样的均质空间在现代空间中成为主角。出于效率与公平,空间的核心和边界越发模糊,大部分人归属于同样阶级身份的社会,聚落及建筑的内部空间和形态是相对匀质的,这也导致了以开放性及所承载的活动来判断空间领域的范围。

5.3.2 保留自然领域

当聚落数量、人口数量达到一定规模,聚落之间的距离近到某个程度,就成为一个村落,那么这个规模和程度是多少呢?从环境格局来说村落领域的大小和自然环境的容量有关。一些学者在研究我国人口分布的地理规律时指出,人口密度与地面海拔高程呈密切的负相关。那么必然的,村落及建筑密度也与地面海拔高程呈现负相关。在山区中,交通的发展状况是制约村落发展以及人口流动的重要障碍。山区环境容量小,耕地不足,人地关系极为紧张。广西的滨水村落空间往往还因为一衣带水的地缘关系而成为一个村落聚集带。另外,每个民族对这个度都有自己的度量单位和尺度。

乡村最大的优势是具有良好的自然生态资源,如果从视觉面积比例上看,自然领域大概占比超 80%，人工领域占比低于 20%。在乡村中，乡民最大的优点是对自然保有一颗敬畏之心，既向自然索取，也向自然回馈，并从自然中学习，传统村落营建一直都是以保护生态资源为界限。景观生态学把自然生态的领域称为基底①。自然生态环境的基底由土地、水、植物、天空这四种主要因子所构成，对自然环境的分析首先就得对这四者的领域及其关系进行梳理。

自然环境是乡村发展的基础，保持其领域范围对于传统村落来说尤其重要。自然环境最大的特点就是存在性、提供性和可能性，人可以根据自己的需求去改造和适应它，但不能摧毁它。在对待自然的问题上，中国人十分推崇老子的"无为"思想，"无为"并不是什么事都不做保持沉默，而是主体本着"无"的态度去让主客体之间按其本性去"为"，顺应自然规律，从而借助自然之力"制天命而用之"，最终达到"无为而无不为"以争取人类自由的目的。乡村自然环境就是这么一个"无为而无不为"的、相对自由的领域，在这样的领域里，人们可以自由地移动，较少受到规则的限制。

1. 占用最小土地领域

土地是决定村落选址和规模的主要因子。自然环境容量主要是在一定技术条件下能够承受人类生活的最大阈值，主要是以土地的承载力（田地、林地的面积和等级）来决定村落的选址和规模。对于以农业为基础的传统村落来说，有多少土地才能在此基础上生成多少空间和资源，更为确切地说是田峒面积大小和土壤肥沃程度，决定了村落分布和规模，耕地与人口的多寡决定了其经济力量与军事力量的强弱。如客家围屋群由诸多边界明确的几何形围屋有机地聚在一起组成，边界之间的领域由禾坪、水塘、田地、树林等各种自然空间占据，其面积大小决定围屋之间的距离。

土地资源的地理格局往往决定了传统聚落的空间布局及发展。广西山区面积占 76%，耕地约占 11%，其余则为水面、道路、村庄等。广西基于"八山一水一分田"的土地条件，再加上土地承包平均主义的影响，人均耕地面积仅有一亩八分地，所占地块达到 5~10 块，地块破碎。这种小规模的用地较难成规模开发生产。因而稀有谷地、平原上的大块耕田就显得非常重要，人们多选择不占耕田的泥石山地的阳坡作为建屋基地，并根据多年的经验积累对基地绝对标高和坡度做出最优选择。同时，汉族传统的井田制②在广西山区的壮、侗民族村寨选址中难以应用，取而代之的是以诸侯封宅远近进行的土地分类作为广西土地空间利用的主要方式。

对于大山来说，山的领域是一片由山头向四个方向水平延伸至山脚的广袤土地。在此，可以细分为山头领域、山腰领域、山脚领域和山谷领域。山头领域，由于气候环境变化较大，地形地势复杂，村落及建筑鲜少选址于此；山腰领域，广西大石山区比较多，喀斯特地貌导致山的人工利用比较困难，就算能利用，往往也如宁明花山壁画那样成为壮族先民祈雨的一个祭祀平台；山脚的领域，多是村落笃定寻址的地方，背山面水是村落寻址的最佳风

---

① 基底（本底）：面积最大，连接度最高且在景观功能上具有优势作用的景观要素类型。
② 井田制是商周时期的一种土地管理制度，形如井字。

水格局;山谷领域是反转的山,是负的中心,它往往是田地肥沃的地方,其宽度及长度是村落领域大小的决定性因素。

2. 保持水域的相对独立

《村庄规划用地分类指南》规定 E1"水域"包括三小类,即 E11"自然水域"、E12"水库"和 E13"坑塘沟渠",维持这些自然或人工水域的独立存在,对乡村原生态风貌的保持与展现具有重要意义。宏观如高定寨连塘,村里水塘多依地势跌级设置,水塘像梯田一般当水溢满时才贯通,估计是肥水不流外人田的功利意识在起作用,同时,这样的水体跌落还起到了自然净水的生态降解作用,这种设置为一些乡村设计提供了思路[图 5.48(a)];中观如客家围屋前人工挖掘的半月塘,不仅有"前水后山""风生水起"的精神意义,还起到回收生活污水、储水防火、抗旱灌溉、防御外敌的使用功能,形成了一个水体灌溉和防御功能兼收的水系[图 5.48(b)和图 5.48(c)];微观如院落内的一口盛水的水缸,形成一壶天地的水景空间[图 5.48(d)]。

（a）高定寨连塘　　　　　　　　　　　（b）贵港君子垌桅杆城半月塘

（c）广州莲麻村生态雨水花园设计　　　　　（d）龙脊古壮寨的太平清缸

图 5.48　保持水域的相对独立

3. 无处不在的植物

《村庄规划用地分类指南》规定 E2 农林用地和 E9 其他非建设用地为植物超强的自我

扩展能力提供了空间。任何自然土壤能够存在的微小空间,都能繁衍出各种各样、丰富多彩的植物,如破败房内、无人打理的屋顶上借助一点点土壤而长出的小叶榕,河边野生的芦苇、地表上的地被、墙上的藤本、水里的水生植物等,这些植物成株、成丛、成片、成林,形成多层次立体化的植物种群。在乡村中,成株、成丛的植物分布在村内,起到见缝插针的点景作用;而成片的稻田、林木、其他农作物、杂草成为领域,且这样的领域多分布在村落周边,起到基质作用,成片的领域具有成为农业示范产业区、农业景观等规模效应的潜力;成点、成片的植物成为村落最主要的景观要素。在过去扮演精神意义的风水林现在被赋予了文化、自然景观的意义。如每年深秋,桂林市灵川县海洋乡的银杏林都会吸引众多游客和摄影爱好者前来游玩赏叶,而散落在村前村后的几十座古建筑只不过是吸引广大摄影爱好者前来的次要目的,色彩斑斓的树林已经成为吸引游客的主要景观核心。

4. 多变的天域面积

对于古人来说,天具有神秘感,也是生命的来源,是其为了方便生活与生产所要观察的主要对象,也是定位的主要依据。"天空被认为是神和某些神秘生活的住所,这些生物都在天国里给予了确定的位置。"天、日月、星辰是人类最早的崇拜对象。

在村落里,天成为建筑檐口、墙体、门窗的背景,成为建筑密集空间的图形,具有了面积感,如何营造建筑与天的微妙图地关系成为村落景观特色。对于街道空间尺度为 $1 \leqslant$ 街道宽度(W)/建筑高度(H)$\leqslant 2$ 的街区来说,人在街道上基本看不到屋面造型。但在这里"天空却赋予了建筑物无限的变化,反过来用建筑来塑造天空的形状"。因此屋顶成为既是建筑室内外看向天空的装置又是建筑天际轮廓线的划分与围合的工具。如果把屋顶与天作为图地关系来看,在屋顶限定下的天无论面积大小,是一线天还是一片天,和屋顶相比,对于人来说天具有更远的距离感和非封闭性,所以它永远是图地关系中的"地",是屋顶展现自身优美轮廓线的最佳舞台。

5.3.3 再现场景氛围

由前文 3.5 节可知,场景空间的领域往往和人的领域行为相关,行为的反复发生和相互重叠占据了空间成为场景空间的领域。李道增提出两种场景空间领域的划分:Roos 的四个层次(家、中心、领域和最大行程)和 Lyman 与 Scott 的四个层次(个人身体、交往空间、家和公共领域)。由此,笔者认为场景空间的领域可以看作是从个人身体→家→交往空间→公共领域→中心的最大行程所涉及的范围。

1. 尊重身体行为的领域

个人身体的领域行为和行为的空间占据是一系列场景空间领域的起点。空间实际上是人(个体与群体)自身行为举止的外在延伸,人们在心理上感知到的空间与自己的手、脚、眼等感官可以触及的感知域有关。人是通过身体感官与行为去体验与感受空间的,与人的尺度相接近的空间更容易影响人的空间感知和意义生成。日本学者桥本都子的研究结果认为,人的个人动作域的最小体积为 10 m³(图 5.49),而对于农民来说,内敛的心理需求使他们的个人动作域相对较小,他们对居住空间的基本渴望也许只是一片能躺下、还算舒适、不被打扰的平地。当然,如果能摊开四肢占据更大的空间面积就更好了。在乡村调研中,经常看到农民蹲着做事情,蹲着吃饭、蹲着抽烟、蹲着思考等,对于他们来说蹲着是一种对自我领域需求最低的空间占据,不打扰别人的同时也保证起身就干活的可能。再看看他们对睡眠的空间需求,对他们来说只要能满足适当转身就能符合基本睡眠要求。一张椅子或者是一张铺在地上的席子,抑或是一块仅能容下身躯的平地就足够了;如果空间还不够,即使只有一个靠背的墙体斜靠着也能打个小盹。可以说,观察乡民的身体空间需求可以更为直接的是了解人的最原始、最直接的身体极限空间领域需求(图 5.50)。

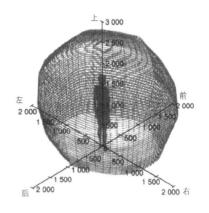

图 5.49 人的领域范围

(图片来源:《环境行为与空间设计》)

图 5.50 农民的行为领域性

2. 营造"如家"的社区感

家庭是血缘组织的最小单位,也是村落的最小社会领域。构筑如家的领域其实就是营造一种具有安全与认同的社区领域感,其领域可大可小,这取决于人对家的认同感。家可以从入口空间开始,从一个到处是熟人的"家"空间开始,如广西侗族村落的鼓楼坪就是他们美丽的客厅,聚落是他们同姓的家,村落是他们家的概念扩大化的结果。而对于壮族人来说,家就是那三层楼的干栏空间,里面所有的功能都齐全了,村落只不过是大家聚集在一起应对危险的手段,而不是家的概念扩大化结果。不管何种方式,对于小农经济村落构成的基本家庭单元,其规模不应太大,一般以一个院子为核心所能控制的规模就足矣,"多了,就忙不过来,影响到我的正常生活",笔者在采访一个经营农家乐老板关于经营规模的问题,他给出了一个很好的答案。家都是"小而精"的,经营民宿和经营家一样,不能过分强调身份等级的差别,形成封闭、排外的空间。在村落开发中,如果不是刻意要打造高端民宿,最好能在村落里保留有足够的区域让原住民居住,使民宿变成外来者与原住民共享、共建的家庭,变成主客修身养性共筑的"家"。

3. 保持领域的等级性

对应空间核心的等级及使用者私密性的需求,空间可划分为公共-半公共-半私人-私人领域。①作为正式的公共空间可以成为整个村落的核心空间,起着等级控制的作用。公共空间即任何一个人在任何时间均可进入的场所,空间形态性较强,由整个村落负责对它进行维护。以客家宗族为例,其财产通常一半以上是族产(即公有财产),它们一般为全族人共同拥有,共同维护。公产一般在后辈分家时都不能分,它通常包括公田、公房、公物,如客居中的三堂均是公房。②作为非正式的半公共空间一般是指几个聚落共同构筑和使用的,属于这些聚落居民共同拥有与负责的外部空间,如聚落间一小片用于聚会的空地、水井、河边滩涂等。③半私人空间,即权属为个人,但用于公共经营和景观视野穿透,由个人维护,开放时间有限,如乡村小店、铺面等。④私人即由一小群体或个人决定可否进入的场所,并由其负责对它的维护。笔者在马山县古零村西山庄园隐舍的设计中,采用这样的空间等级序列进行空间序列设计,取得了独特效果。

在中国人的思维世界中,"利己"和"差序"原则占据核心地位并构成了中国人社会行为的基本逻辑。费孝通认为中国乡民最大的毛病是"私",公与私、群与己之间的界限是模糊含混的"差序格局"。乡民往往先从属于自己的私有领域开始承担责任,责任大小等级逐渐向公共领域递减,这也就决定了传统村落的半公共空间不是像公共空间那样是预先设定好的,而是一种分散的,随着生活的需求而自动涌现①的小领域。为此,应把"公共的""半公共的""半私有的""私有的"的概念转换为不同等级的领域,这就使参与设计的人更易于决定,在哪些范围内应为使用者和居住者提供机会,让他们为公共空间的建造作出贡献,而在哪些地方不是很有必要这么做。其实,在乡村这个熟人社会里,领域是有明确界限的,哪些是

---

① 涌现表示在同一时期大量的出现。

陌生人不能进入的领域,哪些是受到乡民注视的区域,哪些是熟人也不能进入的领域,乡民们心里都有数,只是要让他们肩负起对公共空间的责任,就要做到职责明确。如现在乡村推行的家边的"小果园""小菜园""小庭院"等,都是从小、中、大的领域划分,让乡民逐渐明确在不同领域中应承担不同的责任,这也与传统小作坊生产都是在家旁就近生产相符合。

广西传统村落多采取同心圆的空间领域等级。广西程阳八寨的马鞍寨就是典型的以鼓楼为中心点向外扩展的同心圆领域等级。侗寨的核心层即是以鼓楼为中心的人烟密集的居住区,往往是村落的核心区域和禁止外人进入的禁区,其间有水池、鱼塘,一幢幢的吊脚楼民居层层地围绕着鼓楼依山势而建,并依次展开,如众星捧月般地簇拥在鼓楼的周围;寨子的边缘处是寨门、凉亭、水井、禾晾、风雨桥之类的小建筑(图5.51),寨子前边是耕田、河流,这一带是农田耕作区;寨子后边是风水林,由风水林再向外扩展,是人工栽培的林带,林带又分数层,有供日常生活所用的桐油林或茶油林,或者是新开发出的、有经济价值的果树林;再外一层便是杉木林或松木林带;整个村寨就是这样一层一层,错落有致而又井然有序。这种依据功能层层外推的同心圆空间领域等级对新农村建设具有启迪意义。

（a）寨门（金秀）

（b）瑶族传统稻作方式
［图片来源：《中国大百科全书（民族编）》］

（c）休憩凉亭

（d）三江岜团桥

图5.51　村寨边缘的公共建筑和设施

大、中、小空间形态的领域等级。侗族把"公共的"大空间→"半公共"的中空间→"私有的"小空间的大、中、小空间领域等级划分得很好。他们把承担社会性公共活动、最开放的大空间置入聚落格局,比如由鼓楼、戏台构成的侗族聚落广场;把家族性的半公共活动的中空间放在干栏建筑两层通高的中空间"堂屋"中;把家庭型的半私人活动放在开敞的中空间的"火塘间";把最私密的私人小空间放在封闭性强的卧室里。这种大、中、小空间形态的领域等级序列让人非常明确自己在不同空间中的角色扮演,人在这样的空间序列中行进,能明确感到空间对自我行为约束作用的不断加强,空间构成便形成可进入的空间→受监控的空间→不可进入的空间的安全等级体系。路径的目的之一就是连接公共、半公共、私密的空间领域,形成渐进的空间领域层次,保证这样的路径空间图示的存在,有利于人对各个空间产生清晰的认知,从而约束自己的行为。

在设定领域等级性时,还要注意功能领域设定模糊性能给人最大的自由度。以吃饭为例,尽管煮饭的地方是固定的,但农民吃饭却不一定按规矩在固定的地点吃饭,他们会端着碗到处走,也许会在火炉旁,也许会在门边,也许会在晒台等离家不远的地方,比起必须要在餐桌旁吃饭这样的功能设定,对于他们来说就餐是一件在任何一个领域都可以自由、愉快进行的行为。

4. 再现象征性领域

性别有男女之分,年龄有长幼之分,那么空间也应该男女老幼有别,具体可分为男性的、女性的、老人的、儿童的和共有的领域。壮族先民以自身类比来观察认识自然,常以两两相对的二元朴素观点来认识自然。比如在某些民族的家庭中,火塘具有性别的象征,火塘分为男火塘和女火塘;神台后的一片墙体将住屋空间划分为内外两部分,家庭的男性成员住在外部,女性成员住在内部。

由于私密性多少与女性地位有关,这就需要辨识其在不同文化里的观念差异和产生原因。广西桂西黑衣壮人的规矩是男性住房屋中柱前半部分,女性住后半部分,通常1、2号下房是给家里男性成员住的,老人或已经结婚的儿子住2号房,未婚的儿子则住第1号房。第3、4、5号房则给女性成员居住,4号房是给婆婆住的。3号房给未出嫁的女儿或儿媳住,5号房则专门留给"掌家"的儿媳妇住,具体见图5.52。

5. 维持神与人共存的领域

在传统社会中,"神"是真实存在的、并起着至关重要的支配地位,而在现代社会中,受到西方人本主义的影响,人性起着决定性作用,这就提出了一个问题,代表中国传统的神性与代表西方文化的人性在传统村落及建筑中能共存吗?中国古人认为"在物的形体的背后或周围,有某种并非实体却又实存的神在",这种"神"与人的平行共存、天人合一的关系广泛存在于广西传统聚落中。如侗族聚落中神性的空间图示是大树-鼓楼-堂屋,人性的空间图示是水井-广场-院落,尽管它们的图示形态一个是高耸向上,一个是凹陷下沉,但并不意味着它们是相互隔离的。相反它们在场景空间中相互渗透,如大树下是水井,鼓楼建在广场边,院落和堂屋重重相套等,并不像空间形态所反映的那样一个高高在上,一个俯首其下,从而显示出人与"神"是平行性存在而非等级性存在。

当然,神性在现代性的演绎之下,由一种宗教性质的神秘主义转向了具有心理学性质

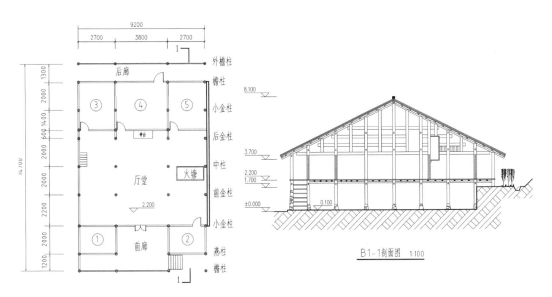

图 5.52　百色平流屯某宅

的精神领域,神性空间也由神秘仪式感很强的空间氛围转向了愉悦或教育大众的人性化空间氛围。在传统教育中,孝道和教育是分不开的,所以作为人性空间的私塾和作为神性空间的祠堂总设置在一起,下堂为私塾,上堂为祠堂,儿孙子女在诵读诗书的时候能清晰地感受到祖先传统思想的存在。笔者在乡村调研时经常看到小学就建在祠堂的附近,如君子峒邓氏族人在段心围堂屋开办的清兰小学堂,小朋友们在课后会经常跑到祠堂里玩耍,耳濡目染中受到了"百善孝为先,百行孝为首"的中华优秀传统文化精神的直接熏陶(图 5.53)。

图 5.53　建造于于氏老宅旁的小学

5.3.4 营造村落建筑丰富的领域层次

1. 中心地→腹地→边缘→空地

传统村落、聚落及建筑的空间领域构成是同构的,即从内向外由中心地(精神、景观、社交领域)→腹地(居住、生产、社交、储藏领域)→边缘(景观、安全、社交、储藏领域)→空地(生产、景观、储藏领域)构成的密疏、繁简等级序列(图5.54)。村落领域包含数个聚落领域,聚落领域是由数个建筑领域所构成,控制好各领域之间的比例及层次关系,形成从密到疏、由简入繁的关系,才能确保村落内场景空间的丰富性。

(a)融水整垛寨鸟瞰意象

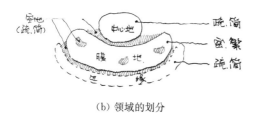

(b)领域的划分

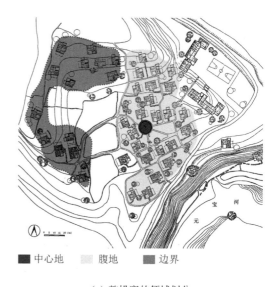

（c）整垛寨的领域划分

（图片来源：改绘于雷翔《广西民居》）

图5.54 丰富的领域层次

（1）中心地。要兼具精神、景观、社交特性,一般具有面积小、密度大和开放度大的特点。如村落格局的广场空间、建筑格局的堂屋空间都是面积较大、围合度较低的中心地,以利于家庭或家族集聚进行公共活动。在村落格局中,可以通过观察建筑的方向性来确定中心地的领域范围,凡是方向朝向核心的建筑都处在中心地范围之内(这部分内容将在第5.3.4节展开)。在传统村落保护规划中对中心地划分(核心保护区)不能粗放"画圈",要针对不同等级的核心领域仔细勘定其边界和范围。

（2）腹地。其作为居住、生产、社交与储藏功能的"生活"使用空间,该领域内的建筑朝向自由,形态多样,功能灵活,一般具有面积大、密度适中和开放度适中的特点。在保护性规划中,腹地是风貌协调区,在该区域内各种修建性活动应在规划、管理等有关部门同意且指导下才能进行。腹地是村落构成的基底,腹地的复合功能、靠近核心的空间位置、管理的灵活性触发了人们往民居里植入现代设施转换成为"客房"的动机。客家的横屋就是这样一种"腹地"。横屋在客居中的一个普遍现象是许多复杂形式都以其为生发基础。横屋不是不可以独立存在,但其独立存在不具有客居类型意义,只有当它与三合院、四合院在通过一个长形天井(俗称天街、横屋街)构造成整体的堂横屋时,横屋才能成为创造新类型的关键因子之一。此外,还要注意腹地的生产功能,现代很多新农村建筑内部空间缺乏与农业生产相关的空间区域,如没有晒粮场,村民们只好用自制木梯上房顶晒粮。

(3)边缘地。只要方向朝向边界的建筑都处在边缘领域范围之内,具有面积小、密度低和开放度大的特点。在保护规划中是控制区,在这个区域内新建建筑或更新改造建筑必须经由规划部门、文物管理部门等批准、审核后才能进行。村落边界领域值得注意的节点空间往往是村头入口空间和村尾结束空间;建筑边界领域值得注意的是墙、柱和门形成的结构领域及其形成的场景空间。在村落边缘往往适合植入新的功能领域,如在传统村落边界设置停车场,目的是把机动车阻止在村落之外,当然也有把车引到每一个农户家庭里,目的是方便生产。

(4)空地。往往是自然领域,该领域里的建筑较少,但往往是村民展开集体活动的好地方,也是最让人遐想的地方。自然领域在村落中是无处不在的自然环境,在建筑则是居中的一方院落、天井,一处废弃了的房屋,或是一榀提前预留下来的结构框架,在室内也许就是一株细小的、经意或不经意生长出来的植物。对于人类来说空地是人类荒废或遗忘的区域,在这里,荒废不是一个消极的概念,而是一个生态、多元的概念,即人类活动强度的降低,自然活动强度则提高,成为隐藏多种可能性的空间。从建筑密度来看,村落腹地密度是最高的,核心领域次之,边界领域密度低,空地领域密度最低。

(5)储藏领域。对于乡民来说,需要储藏的东西很多,粮食、家具、备用的木材等生活中常用或不常用但又不舍丢掉的,甚至还包括为老人百岁之后所要备上的棺材。日本学者池上俊郎认为,储藏面积需要达到所有地面面积的1/3,这在壮族干栏建筑中得以体现,三层的干栏建筑往往把第三层斜坡屋顶内的空间作为储藏空间,因此整个坡屋顶需要抬高以满足大串至瓜柱穿枋下有 1.7 m 左右的空间净高,同时满足人存放物品时可顺利通行。在现代农村新居中,斜坡屋顶仅是一个造型,并未被充分利用设置为储藏空间,村民不得不腾出居住房间作为储藏空间,从而降低了整体空间的使用效率。除了屋顶,嵌入墙壁的壁橱、半干栏的架空层、床下等也成为乡民的储藏空间。当然还有专门储藏的空间如谷仓。

建筑空间领域的可拓展性。对于村落及建筑来说,留出足够多的自由空间对满足乡民的领域需求极其重要。如在未搬迁的百色陶化村岩爱自然屯里看到,背陇瑶族的传统民居房屋加上院坝占地可超 100 m²,他们搬迁后,多居住在 60 m² 的平房中,空间矮小狭窄,不适合烧柴火,于是作为家庭象征的火塘只好取消,厨房被村民们移到屋外。此外,村民面临的更大挑战是规划空间缺乏扩展性。根据笔者的调查,那利、平江 7 人以上的大家庭共有15 户,人口最多的一户达到 11 口。这家共有 4 个儿子,两个儿子已经结婚并分别有孩子,仍然与自己的父母、兄弟住在 60 m² 的安置房内(安置房是根据搬迁时的家庭户数来分配的),空间极为拥挤。村中还有很多隐性的大家庭存在,比如说有的人家已经有了已达婚龄的儿子,有的人家有三四个未成年儿子。在石山区居住时,人们可以在任何地方建房子,根本不用担心儿子长大后没有地方建房的问题。搬迁后,居住空间十分狭窄,而且周围环绕的都是别村的土地,几乎没有地方可建新房。有的村民就在安置房的基础上,通过加盖楼层来增加居住空间。

2. 营造小领域空间

乡村是建立在个体家庭小农经济基础和熟人关系社会基础之上的,注定了传统村落是小聚合、大围合的空间领域关系。由前文可知,村落由聚落所构成,聚落由建筑所构成,建筑由室内空间所构成。这就产生了一个领域生成的问题,即室内空间是如何构成建筑领域,建筑是如何聚合成一个聚落领域,聚落是如何围合成一个村落领域的。了解这个过程,对保持并控制传统村落的开发规模及模式,对传统空间意象的营造起着关键作用(图5.55)。

(a) 聚落小领域空间意象的现代性解读(广西城市规划馆)

[图(a)来源:由华蓝设计(集团)有限公司提供]

(b) 传统小领域空间被解体为大空间(马山三甲屯南院旧民居改建)

图5.55 传统村落小领域空间的发展趋势

群体由3户以上居住空间构成,相互之间距离较近,形成一定的建筑密度,同时具有一个被居住在里面的人所广泛认同的精神领域,最小单位的聚落(农家)得以形成。在那里,精神核心往往约定着一个精神领域,共同幻想与个体幻想在其中得以统一。对于传统汉族建筑来说,三合院就是一个聚落的基本原型,院落是其中的精神领域。基本原型通过不断拓扑发展,围绕不同等级的空间核心,聚合成为几十户甚至几百户的大寨,侗族大寨往往由一群房子围合成一个"斗"聚落,又由几个"斗"聚落围合成规模庞大的村落。近年来,为了消除火患,民族村寨管理局着力于村寨的管理和改建,以 50 户(接近自然村的规模,如广西上林鼓鸣寨有 57 户)为标准,将大寨拆建为小寨,隔以消防通道。同时,还设计通过空间减法来营造新的领域感,如广西上林鼓鸣寨方案竞赛里,有的方案通过对民居单体(基本原型)的墙体、屋顶等空间边界进行解构,营造出多个民居构成的聚落领域,并赋予一个特定功能,强化空间公共性(图 5.56)。在化解原有整体领域的同时,被破碎化的空间却为形成新的小领域功能空间提供了多种可能。

3. 创造复合领域

原广司认为,在聚落中建造聚落,在住宅中建造住宅。上林鼓鸣寨竞赛中有方案在不破坏夯土建筑外观形态的前提下,在原有夯土墙承重结构之外或之内另外构筑一套新型结构和空间体系来满足现代使用功能,使两套结构体系得以并存,形成"盒中盒"空间(图 5.56)。

传统空间最大的特征就是功能区域在同一个空间内相互共占,形成领域共占现象①,这样的空间提供就是复合空间。首先,乡村自身就是一个复合领域,多种时间的建筑在同一空间内并存,如南宁施厚村古岳坡就是明、清、近代和现代的村落复合体(图 5.57)。其次,简陋空旷的房子里面可以展开各种各样的活动,如广西玉林榜山村被称为"老厅"的唐氏宗祠(始建于明万历末

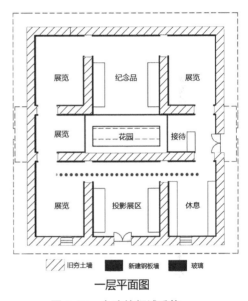

图 5.56 合院的领域重构

年),从村长口中得知,老厅做过村小学的教室,1979 年做过幼儿园的课堂,做过解放军某部驻军的办公室。2010 年村里添置了一套音响设备,老厅又成了人们健身活动的场所。

"在任意空间位置中,只要某一点能同时处在两个或更多的关系系统中,透明性就出现了。这一空间位置到底从属于哪种关系系统,暂时悬而未决,并为选择留出空间。"这里的透明性其实就是空间的复合性,复合空间意味着弹性,意味着转换,意味着广泛的提供性,这样才能"为可能的应用提供适应不同需求的空间"。广西传统民居就是具有这样的复合性空间,空间功能定义较弱,特别是在传统功能出场后,只有隔断、方位在微弱地提示、限定

---

① 从动物的领域行为看,所有动物都有自己栖息的领域,通常领域占有者一旦发现入侵者的活动,就会立即进行驱逐。但当入侵者作为从属个体,则能留在领域主人的领域内,虽然它们也能给领域的占有者带来损失,但同时也可以给领域占有者带来某些好处,如帮助领域占有者保卫领域等。这时处于从属地位的入侵者和领域占有者就会共同利用领域内的资源,产生领域共占的现象。

历史建筑 ●━━━━━━━━● 历史建筑+近现代建筑 ●━━ 现代建筑(艺术家工作室)

历史建筑+现代建筑 ● ●公司会所(现代建筑) ●公共建筑(现代建筑)

南宁施厚村古岳坡卫星总平图

图5.57 南宁施厚村古岳坡里的历史、近现代、现代建筑的复合领域构成

和激发某种功能入场。

复合空间的另一个含义就是随着时间的推进而发生演变的空间,如从住宅到畜圈到损坏到回归土地的全生命循环过程,这样的空间才是真正意义上的复合空间。在一个村里应该有每个时代遗留下来的空间痕迹,如封建时期的、民国时期的、解放时期的、"文化大革命"时期的、改革开放后以及将来可能发生的空间存在,只有这样多元空间的并存才能彰显出传统的时间价值。不应该人为干预地去抹杀这种时空痕迹,如在村容村貌统一整治行动下,不仔细甄别分类而把所有房子全部抹成一两种颜色,那么各个时期的空间痕迹完全消失了,传统村落风貌就难于维持。

4. 空间领域的解构

戏剧家戈夫曼认为,人生活在各种社会交往的网络关系中。而传统村落封闭拥挤的内向型领域图式,则限制了现代主动交流的外向型社交网络的形成,如何通过空间"解领域""再领域"①的方式激活院落空间成为传统聚落现代性转换的重点,下面以上林鼓鸣寨竞赛空间领域解构方法为例。

一是私有领域的公共化。该竞赛主要是以村落沿湖区域(房屋破损严重)作为设计范围,而靠山部分(房屋质量较好)则保留其原生状态,这与村落作为一个有机的整体性存在相矛盾。为此,如何定义竞赛区域在村落整体时空发展中的角色成为关键。有较多方案把竞赛区域由私人空间转换为公共空间,即把私人土地和房屋产权征为集体所有,然后把原先独立的各家各户打通,相互连接在一起,提高空间的公共性,并分区赋予多种现代功能,称为下村,代表现代;而在靠山部分保留原住民的居住权,保持其原生状态,称为上村,代表传统。通过把下村里废弃房屋的私有领域进行解构、公共化后,使其成为整个传统村落复活的"支点",用下村的就业机会留住上村的居民,同时也保持了村落里传统与现代的共存与距离感。当然,在解构对象的选择和力度上要审慎,比如很多方案解构了处于三合院中心位置的堂屋,破坏了堂屋精神空间的完整性,还有的方案轻率地用现代手法去破坏古村空间结构的完整性等,这些做法都会降低乡居者的自我认同感和归属感。

二是公共领域的连通。作为家庭公共领域,封闭内向的院落空间难以适应当前社区公共生活的需要,空间由内向封闭型转向外向连通型,通过多个局部公共领域的连通,为村落新的生活、生产方式提供联系紧密的空间是现代更新的必然,也是夯土聚落打破"沉重""封闭"桎梏的途径之一。有方案通过对合院单体的墙体、屋顶等空间边界的解构,创造出介于公共与私有的灰空间领域,营造出多个合院空间聚合而成的共享空间,模糊了空间的内外划分,强化了空间的公共领域性,人在穿梭于内、中、外空间之中获得自由自在的空间意象(图5.58和图5.59);还有方案把前后或左右两个及两个以上房屋进行纵向或横向空间联系,使原先单个、封闭的院落空间得以贯通,形成合作共赢的协作方式。更有甚者,解构了整个村落领域,形成较多的破碎空间以创造新的村落空间活化方式。

---

① 元素的稳定相互关系被德勒兹称为领域化(Territorialisation),当这些关系被破坏或重组。

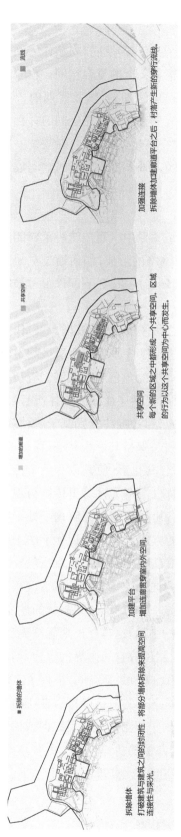

共享空间
每个新的区域之中都形成一个共享空间，区域的行为以这个共享空间为中心而发生。

加强连接
拆除墙体加建廊道平台之后，村落产生新的穿行流线。

拆除墙体
打破建筑与建筑之间的封闭性，将部分墙体拆除来提高空间连接性与采光。

加建平台
增加连廊使视觉穿透室内外空间。

图 5.58 "穿城记"方案

图 5.59 为"时光穿越"方案

5. 营造和谐的明、灰、暗光域

光与影是无处不在的。对处于封闭与开放中摇摆的传统空间来说,明暗交错的光线形成的丰富领域感知是乡土聚落及建筑空间意象的一大特征(图 5.60)。如"一明两暗"是对传统汉族民居三开间横向空间格局明暗领域的直接描述。光线明暗度之间的相互搭配构成了传统空间内的明暗领域等级递进关系,明暗交错的空间能引导人从阴暗的空间走向明亮的空间,这在规模庞大、内部流线复杂的乡土建筑空间里具有一定的导向意义。在这个空间节奏中,会穿插着灰空间,如客家围屋院落成为亮空间,走廊、堂屋作为灰空间,房间成为暗空间,这样就形成了明、灰、暗交错的空间节奏和其间明暗梯度关系的变化,客家围屋空间通过明暗空间的节奏安排,并没有特别昏暗的感觉。

图 5.60 和谐的光影(榜山村唐廷钦宅)

"合适的照度随着文化的不同而有大相径庭的要求。"通过调查发现,广西传统干栏建筑室内空间光线不足,极其昏暗,但乡民反映昏暗的室内环境反而能给予他们足够的私密性和安全感,这和拉普普特认为的"昏暗的空间可以帮助人宣泄情感,从而缓解冲突"观点相吻合。当然,这也和他们白天大部分时间都是到野外或在半开敞的敞廊等较敞亮的空间进行劳作有关,是他们长期居住在昏暗空间里的一种心理补偿。

敞廊、深挑檐或骑楼的设置形成一个街道和室内的过渡空间,这样的灰空间设置可以防止日晒雨淋,并起到降温的作用。以干栏建筑的敞廊为例,由于其至少一面是向外部空间敞开的,因此光线相对充足,通风良好,小气候适宜,在湿度较重的山区这是必备的气候缓冲空间。这里往往是主人眺望自然景观的观景台,家务劳作的生产场地,聚会和待客的交往场所,是一个典型意义的复合空间。敞廊往外还能与直接获得阳光的"亮空间"外挑晒排相结合,往内也可以与作为空间核心的"次灰空间"堂屋相结合,敞廊可以被看作是缺乏广场的壮族聚落中位于干栏建筑内部的、具有"广场"性质的公共空间。传统干栏民居不会在通往敞廊的楼梯前设置门户,但随着私有财产观念的影响,越来越多的人会把敞廊空间围合起来,成为室内的玄关空间。

在现代空间领域设计中,明、灰、暗空间应该以人的生理与心理节奏来安排它们的位置和距离,如果频繁切换明暗适应状态会引起视觉疲劳。设计师庄慎在 2015 年底建成的南京桦墅村书院改造项目中,把两座相互靠近、原为农民的自住房和碾米厂的仓库(根据它们各自的光线特性)分别改造成亮房子和暗房子。亮房子是嘤栖书院,暗房子用于休息交流。亮房子的上面做了一个空中庭院,可以看到长长的堤坝、水库和远山,故称"大眼睛";在暗房子的侧边设计了一个长长的地上庭院,外号"长鼻子"。在他的设计下普通房子的个性显现出来。

明暗的领域设置还有利于提高空间的防御特性。如明枪易躲、暗箭难防,意思就是把敌人暴露在开放的环境中,把自己隐藏在相对封闭的环境中。对于干栏建筑透光木板构成的墙来说,其实是对人的光感进行控制的一种装置。在白天,室内昏暗的光线处于刚刚能引起视觉的最小刺激强度,能明确地感觉到为内部;当光线一般时感觉在内与外之间;当光线充足时感觉为外部,从而使建筑物的内部可以看到外部,但从外部难以透视到内部。由于外部光线明亮,内部光线暗淡,所以处在内部的人能够轻易察觉外部情况,而外部行人则较难窥探内部。到晚上时,情况则相反。

6. 活用色彩的领域特性

原广司说:"对场所的色彩,应捕捉其变化。"墨西哥建筑师巴拉干(Luis Barragan)相信,色彩是空间的一个构成元素,它可以使空间看上去变宽或变窄,它也有助于增加空间所需的梦幻般效果。色彩是划分领域感、认同地域性、提高空间感受最重要的手段之一,是人类空间记忆的重要组成。人天生具有色彩敏感性,色彩的合理应用有利于加深人对空间的感知和记忆,成为划分聚落及建筑空间领域的方法之一。

在空间中,色彩是用来强调空间特征的要素,以便突出它的前后距离感、冷暖的空间氛围,内外的空间领域划分等。抽象地看待融入自然环境的传统村落,都是由一块块色块在透视关系上的拼贴(图5.61),乡村的色彩是朴素单一的,笔者在调研中发现在传统村落中不会多于三种色彩:绿色的植被,原色的土壤,以及介于二者之间土灰色的建筑。三者通过色彩饱和度来拉开空间距离,在这种纯色环境之下颜色稍微变化,都成为区分领域的重要提示。如围

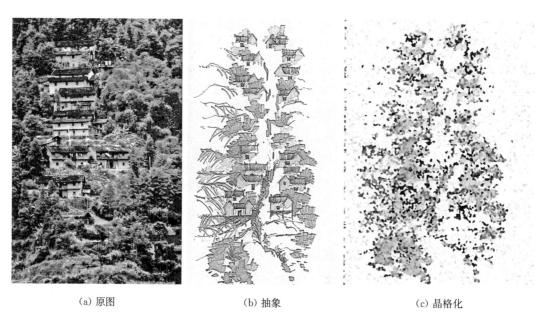

(a) 原图　　　　　　　　(b) 抽象　　　　　　　　(c) 晶格化

图5.61　金秀某村落色彩意象提取

屋厅堂大门以具有兴旺、辟邪的象征意义的红色为其主色,强化了入口的安全性;而围屋内部居住空间雕刻彩绘喜欢用庄严而肃穆的黑色,表现出客家人对生命活力召唤的审美心理。

每个民族都有自己喜欢的色彩,象征性色彩成为民族的空间符号,这也决定了每个地域特有的色彩。先秦时期骆越先民的绘画艺术成就主要表现在用色彩(即赭红色矿物颜料)绘制的崖壁画上。广西客家民间的版筑墙,以红土、细沙、石灰等三合土为主,富贵人家还掺以糯米饭、红糖、桐油等,从而使墙壁呈现橙红色。广西传统瑶族乡土建筑的外墙颜色是土黄色的,这是因为外墙是以当地山上挖来的泥土为材料,经过乡民加工成土砖垒砌而成,墙体内外没有添加其他材料作为修饰,具有和周围黄泥石山环境相互调和的原生态特征。汉族建筑整体颜色是青灰色,青砖、烹饪时飘起的缕缕青烟、青灰色的板瓦和筒瓦;侗族鼓楼的瓦片青灰色、木材红棕色和蓝绿的点缀色构成比例约为 2:1:0.1。

5.3.5 小结:广西传统村落及建筑空间领域的传承与更新框架

注重村落内各空间领域的规模比例、衔接关系,使人工领域最小化,使自然领域最大化,形成风景园林一般的传统村落;再通过对空间领域进行细分、解构并展开保护与更新。除了精神领域外,对居住领域、生产领域、储藏领域、自由领域可以进行解构和重组。同一个聚落的住居领域大小几乎是一定的,应控制村落及聚落的领域规模。传统空间主要是通过局部领域(空间细节)堆砌出整体空间。由此,建构出如图 5.62 所示的广西传统村落及建筑空间领域的传承与更新框架。

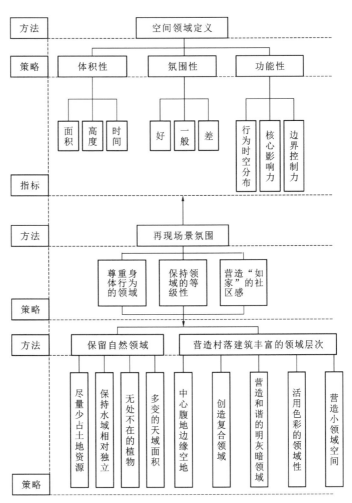

图 5.62 广西传统村落建筑空间领域传承与更新框架

6

广西传统村落及建筑空间结构的营造

风土特征取决于要素间相互关系的重要性和意义，以及构成这种关系的手法，而非这些元素本身的性质。

——拉普普特

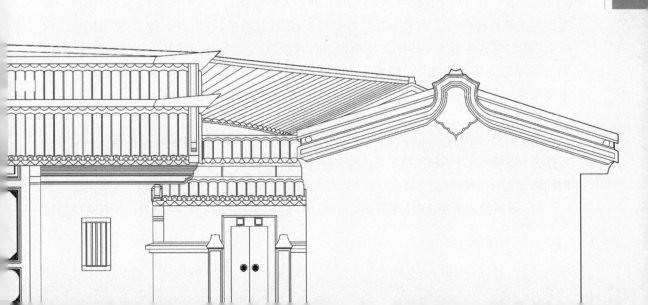

6.1 营造复合的空间路径

对于传统村落来说,空间要素在确定了彼此间的方向和距离后,路径就自然而然产生了。传统村落及建筑空间的路径有其自身构成法则,同时也受到自然环境空间的隐性路径和场景空间的行为轨迹双重约束,形成一个具有复合意义的路径空间。路径不仅仅是空间边界相互退离产生的缝隙,还是联系空间核心和穿越不同领域的重要途径,同时,路径自身也呈现出空间状态,是空间结构、形态生成的重要原则之一。

6.1.1 空间路径的特性

凯普兰夫妇认为人对环境的偏爱依赖四个维度,即连贯性、易识别性、复杂性和神秘性,并提出了景观偏好矩阵。学者林玉莲认为复杂与神秘的刺激增加了环境的不定性,提高了观察者的唤醒水平。连贯性和易识别性有利于观察者对复杂环境的知觉组织和理解,从而减少不定性,降低唤醒水平,在不确定性与确定性达到某种平衡的环境中才能使观察者既不失控制感又能维持探索的兴趣,即达到最优唤醒水平,获得最受偏爱的环境。在聚落和建筑的路径设计中,应使村落成为由连续、转折、具有等级差异的复合路径所编织的可识别性强、交通联系方便、略带神秘感的村落环境(图6.1)。

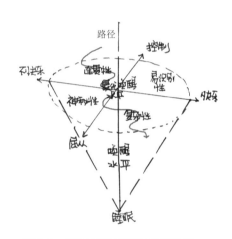

图 6.1 环境偏爱矩阵与路径设计

路径和边界由于都是以线性形态存在,所以有相互重叠的地方。但路径具有交通功能,具有打破边界的特性,可以说路径是突破边界限制的途径,就像公路、桥梁是突破乡村边界的途径一样。对于传统村落来说,多个核心点空间相互联系而形成的路径可以成为村落空间主要关系的轴线,这些轴线可以是直线、折线或曲线,它们意味着"要吸引周围一些什么"或者"要排斥周围一些什么",可以根据空间场景的改变而成为显性轴线或隐性轴线,前者如河流、山势走线、山谷、沿着等高线而行的路径等自然线性轴线等,后者如存在于人心理的神—人—自然的精神轴线,梯田—平台—晾台的空间意象轴线等。

1. 连续度

路径的第一个特性是促成空间格局转换的连续性,即道路从起点到终点的空间格局转换所体验的连续性和空间流线的联系性两大特性,这和中国传统审美方式讲究"审美连续体"是同构的。

(1)等级的连续度。在传统平地型村落中,最完整的连续路径一般为:环境格局的自然路径或公路→村落格局的入口空间→交通性巷道→生活性巷道→建筑格局的入口空间→院落→堂屋→卧室。在山地传统村落中最完整的连续路径为：环境格局的自然路径或公路→村落格局的入口空间→交通性路径→宅前屋后的小径→建筑格局的入口空间→外廊空间→堂屋→卧室。这两种路径格局都形成由外部到内部、由公共到半公共到私密、由宽至窄的连续线性空间，除了自然环境的地形地貌限制和人为设置的空间障碍外，路径空间具有较高的连续性，这样的特性增强了村落空间的整体性和场景体验的完整性。

（2）节点的连续度。通过巧妙设置景观路径和景观节点来保证景观的视觉连续性，强化视觉对景观空间的直接感知，从而形成一个完整的视觉空间意象。这种视觉连续性有两种，一种是时间上的连续性，即人以连续的、运动的视线去体验空间，这有点像用文本再现影像记录特有的叙事性和连续性，当视觉图像在文本中呈现时间间隔较小的连续性，路径空间就像小时候玩的翻页动画一样呈现出景观节点的连续性，从而形成生动的情景空间。另一种是空间上的连续性，像柯林·罗在《透明性》一书中的观点，站在一个位置点同时对一个纵向或横向序列的不同空间位置进行共时性视觉感知。这有点像长轴的中国山水画通过散点透视形成的平铺叙事性画面一样，画面内的空间相互渗透、重叠、远离使空间之间产生看与被看的关系，当这种关系在视觉上形成连续时，会产生大于物理距离的空间距离感。

（3）形态的连续度。对于汉族的院落式村落街巷来说，地板、墙和天空是限定街巷空间的主要边界，人在高墙围合的街巷空间中行走，视线所及只有地板、围墙和狭缝般的天空，没有其他更多的形态信息来提示人们下一个空间会是什么，因此，地板、墙和天空的连续性决定着路径空间形态连续性的强弱。在三者中，地板对连续性的影响是首因，就算墙是转折或被打断的，天空也难以看见，但只要地板的材质和形态是连续的，路径的连续性就还在；其次是墙体，墙体的材质和色彩如果能保持统一性，路径的连续性则存在；最弱的是天空，人是通过墙顶和天空的交界线来对连续形态保持认知，但如果缺少这个信息提示，人还能通过其他另外两个信息来强化连续性认知（图 6.2）。

图 6.2　上林鼓鸣寨路径的缝空间意象
（图片来源：广西鼓鸣寨旅游投资公司提供）

2. 转折度

在日常生活中人们需要连续性和可预见性，但他们也需要足够的"神秘性"和"复杂性"来保持他们观察周围的兴趣。连续路径的曲折回转能带来这种神秘性和复杂性。这种转折路径不是刻意为之，以客家围屋为例，宗族内各个家庭先盖起自家较规则的堂横屋，彼此间距较大，可能像土楼彼此间的关系；后来，每个家庭都向四周呈拓扑式扩建，每次扩建的部分就不大规则了,尤其当各座宅院不断靠近,所剩空间有限制时,想要规则也做不到;最终,每座宅院之间便形成了错综曲折的街巷。

(1)起→承→转→合。该聚落路径空间图示经常在广西汉族地居式传统村落中出现,以村落出入口为"起"空间,街巷转折交汇处适当放大形成"承"空间,由街道、巷道基本构架单元组成树枝形的"转"空间,在公共空间(广场、宗祠、戏台等)形成"合"空间,构成"起→承→转→合"的传统路径空间图示。起→承→转→合的路径空间体现在山区中是"上山路径→回廊→堂屋→火塘→晒排"这样一条由外至内再至外的转折路径。这种转折空间在单体建筑中也有体现,如上桥、过桥、下桥空间就有起→承→转的空间图示。对于场景空间而言,起点和终点在什么地方,可根据每个人的具体情况而定,但不管在任何地方出发或结束,起→承→转→合的空间图示是人对聚落路径空间的最深刻意象。因此,应保留和继承聚落及建筑的路径转折空间结构,避免单调。

(2)转折的次数。要计算次数,首先要定义怎样才算转折。假设一条弯曲的路上有A、B、C三个转折点,当人站在路径转折点A点上通过B点看不到下一个转折C点时,这样在B点的转弯才算一次转折(图6.3)。路径转折次数较多及视觉焦点的有意设置使传统村寨路径上的景观呈现多样性和韵律感。如广西三江金竹寨壮族干栏民居由室外道路转折上楼梯再转入门廊,然后转入堂屋再转入火塘间最后走出到晒排,前后经过了5次转折。视线经过收→放→收→放,光线经过明→暗→明→暗的转折过程,形成内外空间交融、人与自然和谐相处的空间氛围。对于汉族地居式的传统村落来说如熊村,民居外墙的转折形成了街巷空间,转折的次数和时间间隔决定了路径是否会成为迷路空间。

(3)路径的曲度。转折空间的形态一般为锯齿形,这样的路径能够提供较好的起→承→转→合的空间节奏,从而产生氛围较好的交往空间。这种节奏就出现在崇左驮卢镇的传统街巷中,人们平常休闲聊天并不总是来到为集会特地设置的公共交往空间,反而是在街巷某个转弯口形成的放大空间里三两成群地闲聊。对于以方便交通为主的交通性巷道,以通过速度最快的平面直线形为最佳,减少路径的转折和曲度。以生活休闲为主的生活性巷道和备弄则是曲折多变的,这种多变是由于建筑因形就势的自由布局造成的,增加路径的转折和曲度。路径的转折性也有风水的意义。

3. 等级性

要营造高宽比渐进的路径空间等级梯度层次,形成良好的韵律与节奏。核心的等级性决定了道路的等级性,等级越高的核心其对外连接的路径等级性也越高。村落道路的等级按宽窄和路面材料一般可分为公路、交通性巷道、生活性巷道、小径、田埂6个等级。美国新古典主义建筑大师罗伯特·斯特恩在中国福建晋江设计的无围墙的"中航·上城"住区,借鉴了当地传统村落道路等级划分,用七级街道取代原来城镇单一的单级街道,一、二级街道被设计成车行道,三级至七级道路为人行道,不但解决了城镇交通问题,还能丰富回家动线,提升街道体验。

(1)路面等级。路面等级最高的公路,其宽度多为4~10 m,路面是混凝土或柏油路面,这在自然土壤构成的田园景观中营造出一种独特的现代美感。等级次高的路径铺青石

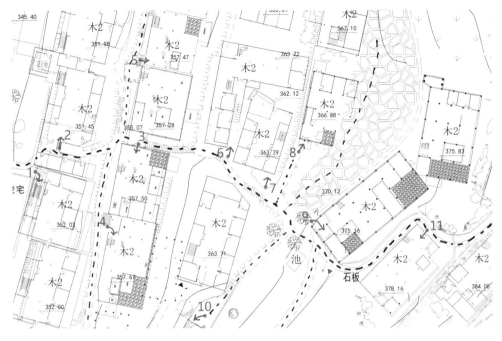

（a）三江金竹寨局部平面路径分析图

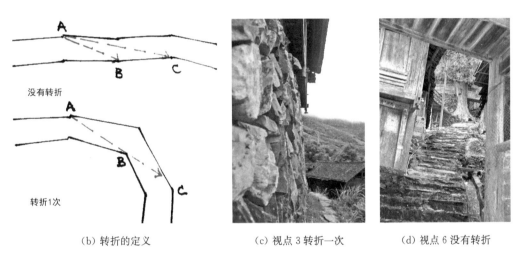

没有转折		
转折1次		
（b）转折的定义	（c）视点3转折一次	（d）视点6没有转折

图 6.3 路径空间的转折

板,程阳村寨全部铺设青石板路,在铺设村间道路和上山便道的过程中,先用水泥铺平道路,下面附设各种排水排污管道,然后在上面再铺设一层青石板,使之与整个侗寨古朴的风格相一致,既有利于就地取材,又有效地保护了村寨景观整体的协调性。小径往往是隐藏的路径,要通过查找人的、猫的、狗的、鸟的、植物的行为痕迹来确认,在村落里这样的路径无处不在。田埂是村民到田间日出而作、日落而息的主要通道,路面较差,大部分路面表土裸露,雨天泥泞难行。当前有些村落为了发展旅游把田埂进行硬化,丧失了乡村田园特有的农耕气息。

（2）高宽比等级。高宽比即道路的宽度和与两边建筑高度的比例关系。在平地村落中,街巷的高宽比很容易描述;但在山地村落中,街巷的高宽比因为两边建筑不在同一个标高上,所以会形成两边建筑不等高的高宽比。高宽比合适的街巷,往往能促进人与人之间的交往,产生积极的交往意义。高宽比较小的街巷,并不一定都是消极意义,它能给人带来新奇美的景观感受。"以有限面积,营无限空间",强调"小中见大"就是中国传统空间常用的设计手法,通过挤压可视域的宽度来强化空间的景深。乡村里经常会出现瞬间的视野路径,让人在不经意的一瞥中能看到令人难忘的一幕。对于传统村落来说,村落内部道路的高宽比是根据道路的功能性和等级性而不断变化的。一般来说,等级较高的公路高宽比最大,交通性巷道的高宽比次之,生活性巷道的高宽比要小很多,小径的高宽比最小。在不同等级道路交接的地方,要控制好高宽比尺度感的变化幅度,以免造成心理上的不适。

4. 复合度

伯纳德·屈米认为空间的本质不是形的构成,也不是功能,而是事件。在乡村里经常发生的事件就是生产、生活和相伴随的仪式,路径可以说是三种事件的活动路线多次复合叠加后形成的,就像壮锦上的织线一样把各种活动织补起来,从而形成具有活力的慢速空间(图6.4)。因此,对于传统村落来说道路并不只是单纯的交通功能,如果道路空间设置有序且安全度高,人在路上经过某熟人家门口时就会打个招呼,聊聊天,形成交往、商业、绘画临摹等被事件高度复活而诱发出来的行为。

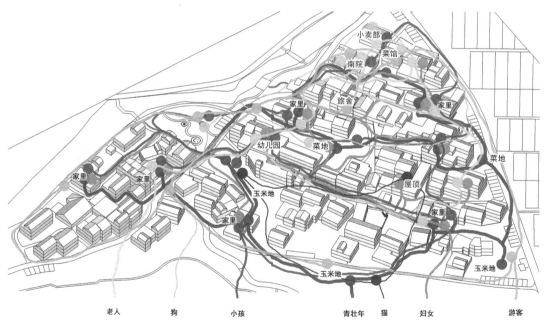

图6.4 产生活力的复合路径(马山三甲屯羊山村)

由于传统村落的旅游价值提升,众多游客都会慕名而来,游客和本地居民之间的活动空间和路径就会产生重叠。这是因为:①这些空间是村落中的交通要道和主要空间;②活动与活动之间相互吸引。有的会把旅游路径放在村落边缘的,成为一条独立的现代生活路径,这样既保留了村落内部核心的原始街巷空间格局,也能够带给村落生活的改变。当然,如果这条路径和传统村落核心距离较远,就会存在使传统村落成为空心村的可能。

复合度和 Bill Hiller 提出的空间整合度不太一样,Bill Hillier 的空间整合度是根据路径相互连接的步数来反映空间路径的局部与整体之间、局部路径之间的空间联系程度。整合度越大,则空间的可达性越强,空间越整合;整合度越小,则空间越离散。复合度注重的是事件的叠加,是通过观察多条路线相互叠加、交叉的次数来强调路径的复合特性,由此确定道路的等级。

5. 可达性和便捷性

空间的可达性和便捷性在很大程度上决定了路径空间的交通性能。路径的目的就是使空间要素之间产生有效而紧凑的快速连接,从而起到交通组织、引导的作用,使人轻松、便捷地到达目的地。

(1)空间可达性,是衡量空间系统中空间要素之间交通联系的紧密程度。传统村落的保存完整程度,往往和它的通达程度有关,通达程度越高,保存完整度越低。M. J. O'neill通过计算建筑平面"拓扑复杂性"的方法,寻找建筑空间的相互连接密度(Inter-Connection Density,ICD)。ICD 值代表空间之间可通行的路径数量。首先算出每一个空间选址点连接的其他点的数量,得出每一点的数量,然后将各点的 ICD 值相加,除以选择点的数量,即得出整个领域空间的 ICD 值(表 6-1)。

表 6-1　可达和便捷度指标

空间要素联系的紧密程度	ICD 值	空间布局	使用者来往空间时	空间之间的联系	可达性
高	高	紧凑	高效快捷	整合的	良好
低	低	松散	困难	隔离的	差

(2)通行便捷性。路径讲究的是空间移动效率,即速度要快,能耗要小,比如抄近路、找捷径。从平面上看,两点之间最快捷的路径是直线,但当落在起伏的地形上,为了躲开地形障碍,就必然要在空间上蜿蜒起伏,因此就要让建筑与建筑间、建筑与自然地形间退离以便形成便捷通道(图 6.5)。

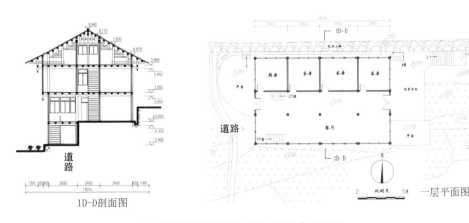

1D-D剖面图

一层平面图

(a) 道路横穿房屋底层(龙胜龙脊寨廖志宜宅)

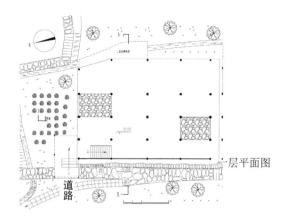

（b）道路穿越房屋挑台（龙胜金竹寨廖瑞泽宅）

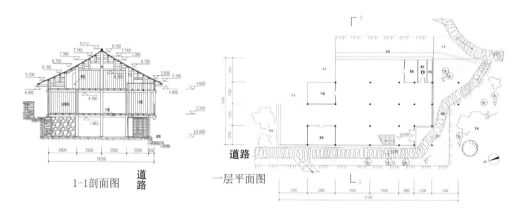

（c）道路斜穿房屋一角（龙胜金竹寨廖瑞乾宅）

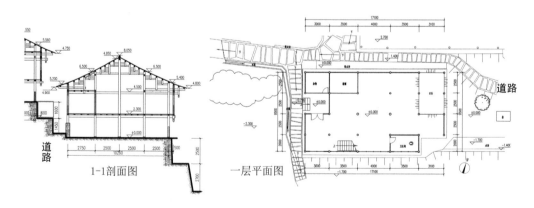

（d）道路放在房屋高差之间台地（龙胜龙脊寨潘庭全宅）

图6.5　建筑退让地形留出穿行空间

6. 预见性

人总是企图通过知觉定势①对感知对象加以组织和秩序化,期望避免高度的不确定性和变化性,将环境足够清楚地标识出来,提高空间的可预见性和秩序性,从而加强对环境的理解和适应,使自己能够对周边环境很好地进行控制。在现实生活中,如人们来到一个陌生村落时,往往希望能尽快地对村落空间有一个结构化的认知。结构性、感知度和标识性三个重要需求均可借由设计过的路径来满足,对三者进行平衡就能为即将展开的空间探寻提供可预见性的指向性图示。

6.1.2　顺应自然隐性路径

在传统村落形成初期,乡土建筑以散居为主,没有明显路径,其中,但凡适于动物行走、植物生长、攀爬穿过的自然地理空间都有成为路径的可能,随着建筑单体自发缓慢的集中,就自动涌现出隐性线性空间图形,而人们经常穿过的空间转化成为显性路径。因此,村落道路结构跟自然结构的形态非常相近,自然环境为道路的形成提供了一种可能与限制,它们相互之间形成了一种柔弱的秩序,"一种整体上并不稳定但依旧可以成立的秩序"(图 6.5)。由隐性转向显性是一个时间积累的过程,一定时长的发展周期对传统路径的自然生成十分关键,而对隐性路径的保留对于传统村落来说也是必需的,自然要进行整饬。

1. 顺应等高线

等高线在自然地理中是隐性的,只有在工程设计描述垂直地形地貌特征、并用梯田培育水稻时,山地村落线性形态中的地形等高线才会显现出来。等高线最大的特征是连续性,这使它具有成为路径的可能。在山地村落里,交通性巷道多成"之"字形垂直等高线为主轴,生活性巷道顺应等高线蜿蜒布置为副轴,宅前屋后的小径随意偏转角度,它们既规矩于等高线的内在秩序,又自由、灵活、随机地不断发展。如金竹寨的道路就是"丰"字形路网结构,干栏建筑在路网两旁依次展开,凭借木材的抗拉性能,建筑内部的道路以过街楼的形式在村落道路上空自由飞翔(图 6.6)。

村落及建筑通过设置假想的地形以表示对真实地形的模拟和尊重。如山体自然形成的台地是自然环境路径上的空间节点,任何形式的一小块平地都能让人稍作停留,成为休息闲聊、眺望景色的地方。传统山地建筑由于受到倾斜地形的限制,适于农业谷物晾晒的宽阔平地很少,所以广西传统建筑中从斜坡屋顶下水平伸出的平台、禾晾就成为其晾晒谷物的主要空间之一。当然,台地不仅是晾晒谷物的场所,同时还是大家休闲纳凉的地方,以及进行民俗活动和表演的舞台。对于依山傍地的干栏建筑的挑廊和晒排,其实是山地土坎、聚落平台的符号延续,人在山地、聚落、建筑的层层平台中穿梭行进、停留,自由把控的

---

① 知觉定势:个人的知识、经验、兴趣,别人的言语指导或环境的暗示,会促使知觉判断的心理活动处于一定的准备状态而具有某种倾向性。

图 6.6　顺应等高线的路径

操纵感油然而生。挑台在侗族建筑中经常出现，小如鼓楼上人们经常坐在上面的浅窗台，大如堂屋前人们闲坐的深檐挑廊。

2. 顺应动植物的生态廊道

为乡村里猫、狗、鸡、鸭等动物，爬山虎等植物提供在村落及建筑里自由行走、生长的通道（图 6.7），只有在尊重所有生物的基础上，生态平衡才能实现。

（a）贵港君子垌长城入口　　（b）贺州深坡村
只有狗才能过的路　　（c）贺州深坡村鸭子、鸡、猫和植物都有它们喜欢行走的路径

图 6.7　动植物的生态廊道

3. 顺应水路

对于靠近河流的传统村落来说，水路为其内在秩序、其线性走向指引村落生长方向。村落街巷与水路的关系有两种：①街巷平行于河流一侧，并用支巷使聚落街巷空间与河流紧密联系，其长度决定了村落的发展空间。如桂林界首古镇原型为圩市①，然后发展成与河流平行、长 1.3 km 的街巷空间，为方便居民取水，每隔 30～50 m 就有通向河岸的小巷和码头（图 6.8）。②垂直山地等高线的溪流穿过村落，溪流与道路平行，这为村落取水、排水提供了方便。

从风水上看，水主财，因此，水路进入村寨往往要控制水的流量，以便留住财气。风水学要求水在村前不能流得太急，对水流适当调控，这就要在水进入和出去的地方设置水口，水口之间的距离决定了村落发展的长度。比如马鞍侗寨在"青龙水"林溪河进入村落和流出村落的地方分别设置了迎水和截水的风雨桥，水口之间的距离也控制了寨子的规模。村寨、建筑往往顺着水的流向串连在一起，成为一片区域。水是村落的核心，但传统村落对水路规划却不重视，如何用"自然编织"②等方法使水体分级并相互联系成为村落现代性发展的重点之一。

---

① 在广西，每条支流都有一个圩市，这些圩市首先在当地发挥着初级市场的作用，使每个经济小区域都成为一个统一整体。这些圩市的影响力又随着河流的东下而逐级增大。

② 理念来源于上虞祝家庄村乡村景观的保存和改造，通过分析基地现状-水网的完型-路网规划-建筑布局-绿化-农田布局，以水系网的自然流动，打通与古村落水渠的连接，将古村落、人文景观、农田空间编织起来，一步一步构建村落景观构架。

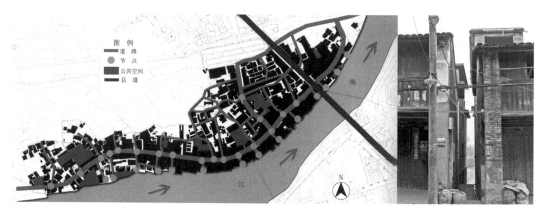

（a）桂林界首古镇沿水路径空间分析

（b）柳州三江马鞍寨迎水桥和截水桥

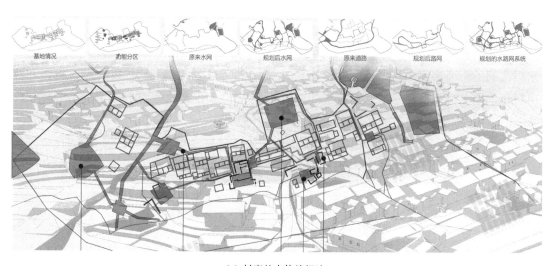

（c）村寨的水体编织法

图 6.8　顺应水路

（图片来源：广西鼓鸣寨旅游投资有限公司提供）

6.1.3 穿越空间的场景路径

1. 反迷路路径

对于传统空间来说,越难被外人理解的空间就越安全,这种空间会形成如阿根廷诗人豪尔赫·路易斯·博尔赫斯(Jorge Luis Borges)所说的"迷宫"。外部封闭性强、内部道路循环贯通、道路交叉口多、道路转折次数多且转向时间间隔短、有较多死胡同、空间要素和形态相似等条件都能形成让人难以理解的迷路空间,强调防御性的贵港君子垌客家围屋内部就是一种迷路空间。在由围墙空间、横屋、宗祠三个层次组成的内部空间中,用于调集防卫人员的巷道与日常使用的甬道相互连接形成较多交叉口,道路四通八达,循环回转,其复杂的路网结构利于躲藏和攻击敌人。同时,巷道多由单一的砖墙分隔成"缝"空间且空间形态相似,不是住在里面的人很容易迷路。围城内部是以矩形天井为多中心,以矩形空间为原型的均质空间形态,它们之间通过狭窄的甬道相联通。在最大的桅杆城中,14个天井空间形态及其周边墙体、门窗的方位和外形极其相似,同时天井相对狭小,视线受阻,人很难通过天空的星体(如太阳、月亮、北极星等)位置来定位,如果天井缺乏标志物,则更难定位(图6.9)。一旦找到作为指挥中心的宗祠作为空间参照,空间结构一目了然,神秘性消失,这也是宗祠被放到内部空间深处的原因。

图6.9 桅杆城迷路空间分析

对于现代空间来说,路径的可理解性是衡量空间安全系数的因子之一。空间路径的可理解性越高,其整体的空间结构就越容易被认知和理解,置身于其中的空间使用者就越容易根据局部的空间信息正确掌握整体空间概况,进而使自身的空间行为更具效率和安全性。对于人来说,掌握自己和某个熟悉核心的相对位置及关系,是其理解路径的最好方法。壮族、瑶族等少数民族村寨很难形成迷路空间,就是因为它们的聚落开放性较大,人在其中行进有自然空间核心作为可见的参照物,如山水、太阳、月亮、北斗星,哪怕是一棵树、一块界碑等都能给人当作定向标准。

2. 人看人的路径

人们除了大型的节庆日聚集在主要的空间核心中进行集体活动外,传统村落的交往空间往往均匀地分布在道路上,人们三三两两聚集在道路上或大或小的凹空间里闲聊。道路最吸引人的地方,在于其熙熙攘攘的人流,在热闹的氛围里,人们相互观看并产生了需要交往的冲动。为此,必须提高路径的复合度,并使路径具有足够多、形式各异的看与被看的空间,停留、观望、参与的空间才能产生自然交往的可能(图6.10)。

3."仪式"路径

循环往复的环形路径往往能为节日庆典仪式的展开提供一个巡游空间。在汉族传统村落里,过节的时候经常会有村民组织起的舞龙、舞狮队,到各家各户去拜年[图6.11(a)];在侗族村寨内也经常见到这种巡游仪式。空间上的环形巡游路径设定可以说是人类原始崇拜的一种共有空间图式,如在希腊雅典卫城,人们进入卫城前往往要沿着路径绕行,增强膜拜的氛围;在印度佛教窣堵波的设计里,"祭祀自东向西按顺时针路线环绕窣堵波进行"。

一字形路径为仪式提供一个氛围铺垫。长长的道路,在视觉上能够拉长人与神之间的空间距离,增加了一种朝圣的神圣感,依靠一种具有流动性的朝圣而得以实现[图6.11(b)]。当然,这种流动性不仅仅是人身体的流动或者空间位置的转移,更为重要的是一种心理状态的转化,这种转化经过过渡礼的形式而得以实现。

(a) 南宁宾阳非遗活动炮龙节　　　(b) 灵川江头村爱莲家祠

图6.10　人看人的路径　　　　　　图6.11　仪式路径
　　（桂林大墟古镇）

4."悠游"路径

对于传统村落来说,当前的"游"多是以经济角度出发的"旅游",村落里的自然、文化、建筑成为游客消费、村民致富的工具。这对于村落经济发展来说固然不错,但若忽视了传统村落自身所具有的休闲养心的"悠游"养心特性,反而舍本逐末[图6.12(a)]。中国传统审美方式中"神与物游"的"游"意味着人的行为是或前或后、时此时彼地自由漂流,闪进闪出间人的心智处于有意无意之间的物之体验过程[图 6.12(b)]。"游"是"意"产生的方式之一,"思若不来,即须放情却宽之,令境生。"意思是在"悠游"之中去偶得意,乃最佳,这种游走路径在王欣为南宁武鸣明秀园旁西江对岸设计的二号园里,营造出跌山而下、沿江蜿蜒,有如云障一般的云墙路径游走中可以体验到[图 6.12(c)]。

(a) 旅游路径(熊村旅游示意图)   (b) 悠游路径(程阳八寨徒步游手绘总平面图)

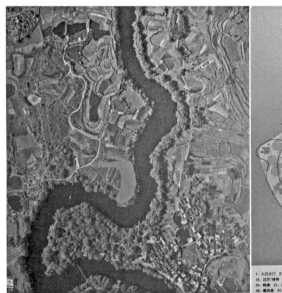

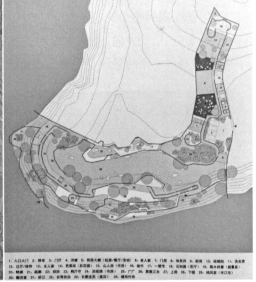

(c) 武鸣二号园场地和一层平面

图 6.12 场景路径构成

(图片来源:广西鼓鸣寨旅游投资有限公司提供)

随着乡村旅游的发展,在传统村落间及其中专为旅游设置路径成为必然,如滨水景观休闲路线、郊野探险路线、古村风貌体验路线等。以程阳八寨为例,程阳八寨位于三江县城东北部的林溪河畔,距县城19 km,由3个行政村(平岩村、程阳村、平铺村)下辖的(马鞍寨、平坦寨、平寨、岩寨、东寨、大寨、平铺寨、吉昌寨)8个侗寨组成。8个寨子星罗棋布于林溪河旁,除平坦寨和吉昌寨以外,其余6个寨子互相靠近。它们之间原先是通过林溪河和沿河而行的石板路相互连接,在8个寨子间行走,如果不小心迷失了路径和方向,只要沿着河流就能从一个村寨走到另一个村寨,匆匆走完整个路程大概要大半天时间,8个寨子的空间路径具有很强的可理解性。后来8个寨子组合在一起成为景区,新修的公路把8个寨子更快捷地连接起来,游客大多由公路往来于8个寨子之间,虽节省了时间,但也遗失了人在自然中穿行的自在和看到独特风景及到达目的地时的兴奋体验等。因此,在完善该景区旅游路径的时候,要把讲究旅游价值的公路和讲究悠游价值的石板路在适当的节点空间相驳接,形成网状路径,让人在讲究效率的前提下,提供选择其他路径体验的机会。

5. 景观视廊

计成在《园冶》中说:"园林巧于因借,精在体宜。"传统村落自然环境优美,文化氛围浓郁,建筑尺度宜人,因此路径规划要非常注意对自然、文化、建筑景观的取景、障景与借景,从而形成景观视廊,使人工归于自然,形成"虽由人作,宛自天开"的景观效果。就像中国传统园林中的游廊,作为一种狭长的游走路径(空间形式)在随意的形式下孕育出必然的景观暗示与导向。

(1)摇摆的动态视廊。当动觉发生突变的同时伴随着特殊景观出现,突然性加特殊性易于使人感到意外和惊奇。在传统村落里行走,房屋的朝向给人感觉方向多变,而一旦来到外部环境回头再看聚落,又感觉房屋方向是统一有序的,是什么造成这样的空间认知差异?原因是人在村寨中漫步,随时感受到的是微观直觉上的空间细微变化,视线的通透与遮挡,动线的不断转换,身体位置、运动方向、速度快慢和支撑面性质的改变,造成视点和动觉感知的摇摆变化,步移景异,得到丰富的景观空间感知和体验(图6.13)。

| (a) 水平的纵深视廊 | (b) 垂直的纵深视廊 | (c) 摇摆的动态视廊 |

图6.13 景观视廊

在鼓鸣寨竞赛方案中,能从多个方案中看到不同形态、穿越于单个建筑或多个建筑墙体与屋顶之间的"穿墙""走巷""天行"等路径,即在原来村落路径上延伸、抬起一条或多条路径,并使它们在原有环境、建筑之间穿插、回转、停顿形成众多独特的空间形态,在为游客提供穿墙越顶的互动空间体验时,也为多角度观赏村落自然风貌,建筑内、外景观提供一条连续景观廊道(图 6.14)。

（2）叠加的静态视廊。由前文可知,景观往往和空间的可视域成正相关,人的左右、上下、前后视域范围和空间关系形成不同宽度、纵深的景观视野。从景宽来看,有立体景观、水平景观、垂直景观;从水平纵深来说,有远景、中景和近景;从垂直纵深来看,有俯视、平视和仰视。

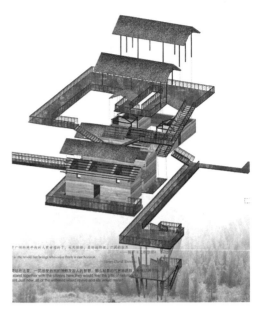

图 6.14　立体景观路径

（图片来源：广西鼓鸣寨旅游投资有限公司提供）

在村落中,远景往往是天空、大山、河流等自然要素,具有静态性质,乡民经常在自然要素上设置一些大尺度的人工物(塔);中景往往是由与自然要素相切的建筑轮廓线和房屋缝隙、檐口、入口、窗口等空间宽度来限定,人的视域集中于中景左右来回扫描,注视程度随距离增加而渐渐减弱,具有连续性;前景或近景处的狭窄地带,人的视线会围绕中心来回摆动,注视程度变化较大,具有动态性质。叠加与分离是营造乡村聚落前、中、后景观层次的基本原理。村民将天空、云朵、飞鸟、山体、树木、屋檐、窗口等不同事物通过视觉、听觉、动觉等多重感觉相互叠加或分离,把前、中、后三个景观层次进行压缩或拉扯从而形成复杂的空间景观。

6.1.4　营造连续的村落及建筑空间路径

传统村落路径多是后于建筑生成而生成,传统村落高密度的领域特性使路径成为显性图形。当人通过已经掌握的路径图形为人从起始空间移行至目标空间提供参考时,路径便以某种秩序体验的形式出现。如路径的线性图形使空间视觉联系得以强化,形成村落景观的视觉通廊;因此,要明晰村落的路径特性,首先就要把路径明确定义出来并用图地关系清晰表达(图 6.15)。从村落格局来看,路径与建筑构成了村落空间领域的固定构成要素,从方便研究路径的角度来定义,路径成图,建筑成底。当前的新农村建设,路径是先于建筑生成,路径控制了村落及建筑的生长。路径首先被规划设计为机动车通行的公路,其次是为旅游而规划的民俗旅游路线。最后,路径被定义为村落内部原有的交通性巷道和生活性巷道,为景观而设置的视觉通廊,为跨越空间边界而设置的路径装置(图 6.16)。

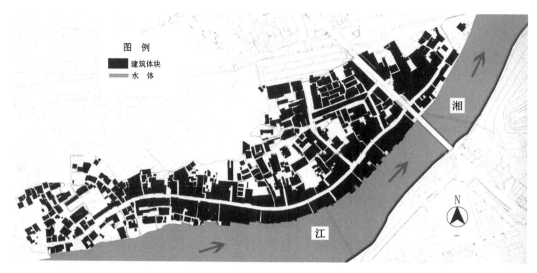

图 6.15　建筑与路径的清晰图地关系（界首古镇）

传统村落道路由枝状、网状和环状三种线性空间构成（图 6.16）。枝状路径较难形成环状路径，内部多尽端路，尽端路分为开放和闭合，尽端路径可以强化空间的领域感，形成的袋形空间以限制穿行，利于管理和监视，提高安全感；网状路径则容易形成环状路径，多闭合，内部较少尽端路；环状路径的主要特征是能形成一条首尾相连的回路空间，这样的路径比较适合举行巡游仪式。

1. 过境交通：机动车道路

对于乡民来说，机动车道是他们与外部世界沟通（交通、物质、信息等）的主要桥梁，有学者认为机械交通是区分传统与现代聚落的关键因素。规划新建、承担对外交通、线形流畅的机动车道和传统村落现存的、注重内部联系、线形曲折的步行街巷之间的关系对传统村落的保护和发展十分关键。当前，村落用于行车的机动车道分为主要机动车道和次要机动车道两个等级，较多村落只有一级机动车道。其中，机动车道和村落内部街巷的空间关系有两种：①切过传统村落边界，独立于传统村落内部街巷之外（图 6.17）；②穿过传统村落内部，扩大原有步行交通性巷道成为机动车道。其中，第一种方式对传统村落空间的完整性保护更好。

2. 穿越村落：交通性巷道

交通性巷道对于传统村落来说大多具有一条或两条主要的交通性巷道，路面为硬质铺地，由节点空间来牵制路径走向，如街头、街中心和街尾。交通性巷道也是游客经常参与的路径空间，大量的人流能为乡居者和游客产生交往乃至交易提供机会，所以需要前期仔细规划。为了提供这一空间机会，人的流动必须在一个合适的流动速度范围内，不能太快，能有让人停留的空间和时间，交往或交易才有可能发生；也不能太慢，能给人一个自由选择通过的机会。

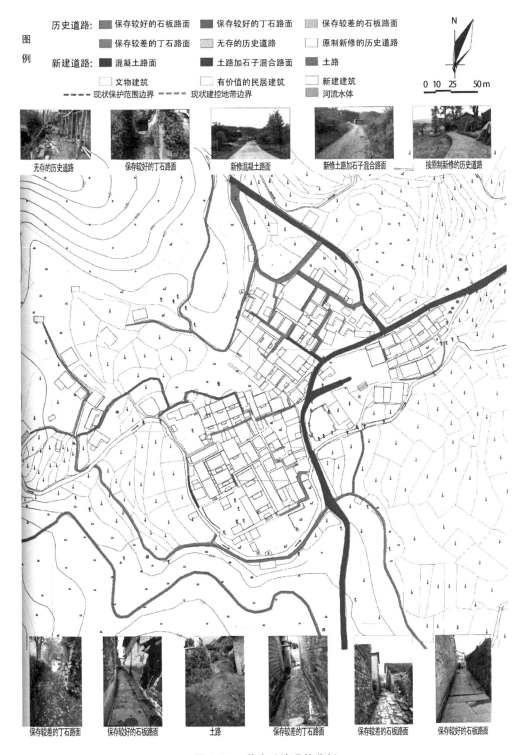

图 6.16 道路系统现状分析

(图片来源:江头村和长岗岭村古建筑群保护规划)

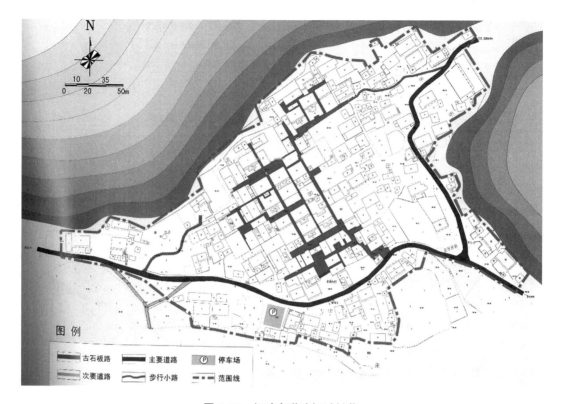

图 6.17　机动车道路切过村落

(图片来源：兴安县白石乡水源头村历史文化名村保护规划)

　　传统街巷转折有度的锯齿形空间在控制速度方面优势显著,能为商业活动展开提供便利。以广西平地村落熊村为例,街道走向清晰略为曲折,顺延地势高低起伏并在门面处留有售卖商品的砖砌、木框架围合的货台,人们可以在经过的时候稍作停留[图 6.18(a)]。当然,交通性巷道往往被过街牌楼分成好几段,目的是分段封闭,强化围合感,利于防御,现在可以利用这样的分段效果,营造不同路段的街巷风貌和氛围,提高街巷的识别性。

3. 慢行系统：生活性巷道

　　乡村中的生活性巷道不是人工规划出来的,往往是两幢房子或一幢房子与自然地形相毗邻后自然形成的,是较少硬质铺地、适合步行的小径,或者仅仅是在自然地面上留下的一道道行为痕迹,其宽度为 0.8～1.2 m。在乡村中漫步时会有在线性、时明时暗的博物馆空间观展的感觉。笔者在金秀博物馆设计中利用这样的空间意象进行创作,把不同功能的展馆用露天的生活性巷道进行衔接,让人在自然与人工空间中相互穿梭,体验自然与人工相互和谐产生的空间美[图 6.18(b)和图 6.18(c)]。

4. 生态走廊：水系空间

　　对于乡土建筑来说,水的路径就是如何利用出挑、起坡、起翘、挖沟、埋管等策略把落到屋面的雨水向内排到内院天井(内排水方式)或向外直接排到建筑外围(外排水方式)。汉

（a）交通性巷道：熊村　　　　　　　（b）生活性巷道：金秀门头屯

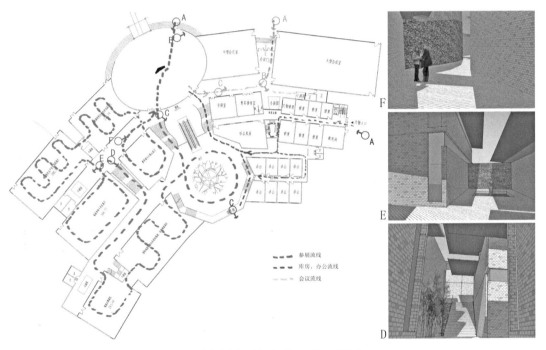

（c）空间原型应用：金秀瑶族博物馆设计

图6.18　交通与生活性巷道空间

族院落建筑的屋面排水往往采用"四水归一"的内排水方式，以便"肥水不流外人田"；而壮、侗、瑶等少数民族的非合院式建筑则采用折线形式大屋顶进行外排水，其屋顶形状和坡度接近最快速降线，搭盖瓦材的屋面坡度多为五分水，这样可以使得使雨水离开檐口后抛到最远处，自然渗入土壤［图6.19(a)］。壮族传统民居的地基均以比道路高出50 mm左右的石板满铺，设有一定排水坡度，可迅速将降水排往道路两侧的水沟。房屋正面的廊柱是房屋最外围的柱，最易受风吹雨打，前排的檐柱上方的屋檐出挑较小，雨水溅落较多，故檐柱下端用1.7 m左右的圆柱形石础支垫。建筑侧面和背面土墙均有高出地面300～500 mm

的垒石墙基沿其周边挖水沟,以尽快排走雨水。

在把雨水排出建筑外的同时,还要做好居民生活废水的处理和水利排灌渠系规划,即组织水的流动和存储[图 6.19(b)]。金竹寨里的生活用水则由山上引下至一方小池,里面常年蓄有水,村民在需要的时候,用一节根竹竹筒或对半开劈成的半竹筒用作引水的工具,极其简单和方便,形成"竹筒分泉"法,这一古老的方法沿用至今[图 6.19(c)]。灌阳月岭村则在每家入口都有水渠通过,方便取水[图 6.19(d)]。桂北村寨水系模式可见图 6.19(e)。

（a）屋檐排水   （b）埋管排水(桂林界首古镇)

  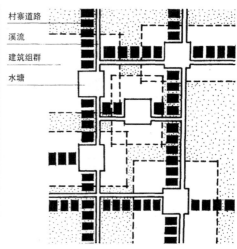

（c）竹筒分泉(龙胜金竹寨)   （d）水渠排水(灌阳月岭村)   （e）桂北村寨水系基本模式

[图(e)来源:李长杰《桂北民间建筑》]

图 6.19　水系空间

5. 自由路径：节点空间

广西少数民族的村落道路形状都不是直线,而是随着房屋的前进与后退以及入口而形成各种各样相互套合的半开放空间,成为形态多变、为人喜欢的节点空间。节点空间不同于核心空间,其是作为多条路径交叉点或者一条路径上的空间放大,是人暂时、随意停留小憩的地方,是村落"起→承→转→合"空间路径的"承"与"转"空间,而核心空间是"起"与"合"空间,具有目的性和到达性。但节点空间和核心空间有一个共同特点,即都能激发周边区域活力,只是它们影响的范围不同而已。

传统村落及建筑路径节点空间类型丰富,究其原型有 Y 字形、丁字形、十字形、中字形、尽端放大型(布袋空间)5 种,而在现代城镇中经常出现的、连续性弱的十字形交叉口其实并不多。其余 4 种交叉口虽然没有十字形交叉口那样具有完整空间性,在组织交通方面略有不足,但是这些道路交叉口通过曲折、错位,使巷道通畅、引导性强而又有丰富的景观变化,增强了巷道可识别性。道路节点形成可选择的路径。如广西贵港客家围屋的多重流线会比单一流线在转换上形成更加多样化的经验,这种经验不仅表现在物理层面上,如空间变换产生的空间体验,还包括家庭成员之间的心理疏近的调节。长时间处于心理疲劳的状态对于个体心理是一种强迫性的被动经验。因此,具有可能性的多种路径选择将会是缓解心理疲劳的积极方式。

中字形节点空间有两种类型,一为入户门放大空间,多由在路径上进入住宅的入户门的地方放大而成,目的是在家门和巷道之间设置一个过渡空间。二为转弯点放大空间,即由地形转折、建筑墙体转折等多种原因形成。入口空间的形式是多种多样的,往往受到地形、风水习俗、户主之间的关系而定。

空间节点成为某种空间形态,并起到为人们提供主要的空间信息进而建立空间方向感的作用,这种空间将为人建立有效的空间导向性(即空间可识别性)提供支持。如在鼓鸣寨设计竞赛中,有的方案通过在新路径上设置休闲观景平台,或在上村与下村之间选取一个处于中心位置的房屋,使其长轴方向由平行等高线转向为垂直等高线,并架空底层,创造出新的复合节点空间。平屋顶也能成为路径上的空间节点。广西乡村 20 世纪 50 年代以后建起的近现代建筑多为平屋顶,除了起到遮风避雨的功能外,还被农民用作晒农作物的工作台、进行民俗表演的平台(图 6.20),在一些常年缺水的山区,还兼作承接、保留雨水的容器,如那坡县达文屯黑衣壮族乡村建筑的屋顶用来蓄水。在金秀瑶族自治县的孟村,各家作为晾晒谷物的平屋顶相互连接,乡民在屋顶空间闲聊并相互照应,成为一条独特的屋顶台地路径空间。

1) 桥空间

桥对于广西传统村落来说既是处于边界的空间核心,又是联系两个或两个以上空间要素的路径,对于所有进出村落的人来说,桥是一条必经之路,是为了人们可穿越难以逾越的自然边界而设立的装置,是社会规则具体化的提示。对于侗族来说,风雨桥和鼓楼是成对出现的,它们对于侗寨都是关键的构筑物。以程阳八寨的程阳风雨桥为例,该桥位于程阳

(a) 平屋顶成为蓄水平台(那坡县达文屯)　　　　(b) 平屋顶相连形成晾晒平台(金秀孟村)

　(c) 平屋顶的符号功能　　　　　　　　　　　　　(d) 表演舞台
（民国西南公路局六寨旧址）

图 6.20　平屋顶的多种功能

[图片来源:《中国大百科全书(民族篇)》]

马鞍寨的水口处,为了"栏堵风水",程阳桥面朝上游的方向,正面设置栏杆,靠下游的一面(即背面)用木板封实。每个桥亭内的神龛位于木板封实面,廊内栏杆处设有坐板,成为一座小庙,最中间的桥亭供奉着关帝,入口的桥亭供奉着土地公。对于侗族乡民来说,人的灵魂一定要跨水过桥,才能来到人间,所以风雨桥具有"超度"空间的精神意义。此外,风雨桥还是一个宜人的交往空间,因为其是有做工讲究的屋顶提供阴凉之地,有宽大的走道满足大家的通行而不会打扰坐在周边的人,有舒适的、足够长度的美人靠提供座位给大家闲看流水,并能时不时和经过桥上的行人搭讪聊天,成为村民进行广泛社交的地方;每逢集日,还成为集市,随着旅游的发展,现在还成为买卖特产的商业空间;桥是乡村入口空间的提示,是聚落群体力量的一种展示。

　　始建于1910年的岜团(人畜分离)风雨桥,它是三江侗乡中唯一具有人畜分离通行功能的风雨桥,石柱桥墩+双向伸臂木井干桥梁+抬梁桥身人行的桥面较宽,高出牲畜行进的桥面半米多。牲畜通行的桥较窄,不到 2 m,两条道之间用木板隔开,这样使人行的桥面很干净,避免了牲畜粪便落在桥上。除了牛、羊等家畜通过之外,侗族村民挑着重物及有气味物体时,也会自觉走下面的桥体,以减少对上桥面的重压和破坏。顺着桥栏西面各有一排木板制成的、连着桥体的木凳,便于行人小坐休息,桥的一面还有一处专门设计用来放小孩的区域。木柱和木栏杆围着,孩子在里面出不来,没有危险,大人可坐在旁边聊天,非常安全(图 6.21)。

图 6.21 岜团风雨桥

目前有几个成功运用桥空间的当代案例值得参考。建筑师李晓东在福建省漳州市平和县崎岭乡下石村建造的桥上小学,因其关注弱势群体和方便出行的设计理念入围英国《卫报》评出的 8 座世界各地最有创新性且具有可持续性的环保建筑,获得了社会的广泛关注。桥上小学的建筑朴实无华,造型没有"噱头",但却真正凸显了现实意义,根植于淳朴的乡村中,焕发出勃勃生机。香港中文大学的无止桥,是一座由学生和当地村民共同完成的便桥,既是一个工程项目,更重要的是一项民生工程。在这里无止桥成为连接两个地点的物理和心理路径。正如"无止桥慈善基金"荣誉主席钟逸杰爵士所言,无止桥旨在向生活在偏远地区的人伸出援手,修筑契合他们需要的桥梁,同时紧扣人与人之间的联系,共建心灵之桥。

2) 楼梯与廊道

楼梯因其在水平和垂直方向上的三维延伸,所以其占据的是空间。它是流动空间的核心,其地位和其他空间是平等的,楼梯应该是建筑的"肚脐",是立体空间生成的起点,是克服自然重力、解决室内外高差的工具,是人从室外到室内到阁楼再到屋顶的行进路径,而不仅是辅助性空间。现在,随着空间拓展的需求,楼梯和廊道成为连接村内各屋的主要路径。

楼梯是乡土建筑内外空间的连接路径。首先,它作为显性空间符号而存在,如处于山墙边、处于建筑前面正对入口的楼梯间,有些房屋则把垂直交通空间(楼梯)放置室外,占据了一整个外立面;有学者根据楼梯是在建筑的山面还是檐面作为区分原生态文化的标志,比如楼梯沿山墙而上转折进入的情况多见于侗族地区[6.22(a)],楼梯由房屋正面进入室内的多见于壮族地区[图6.22(b)]。其次,楼梯作为隐性辅助空间,陡峭且处于空间边缘,即挤在房间的一边或一角[图6.22(c)]。在调研中还经常发现一些非常规"楼梯"连接上下空间,如人通过板凳、圆木、人梯等作为拿取、传递东西的工具[图6.22(d)]。再次,楼梯是梯田意象的再现,是地形的延续,是台阶的延伸,是人相互交往的平台,是室内外空间自然过渡的媒介[图6.22(e)]。在黑衣壮族传统民居中,他们很重视楼梯,其架设时间和方位以及高度等都需要经过村里专门进行相关工作的长老来根据屋主的实际情况进行推算,家中女儿出嫁时也相当重视上下楼梯的时间和过程,甚至用"下楼梯"来指代出嫁。当前,有乡民用新型材料(如轻钢)来作楼梯,能在不破坏现有结构的基础上经过简单的施工就能完成,既方便施工又美观大方,最主要的是能在占用最少空间的前提下完成上下空间的连接转换。

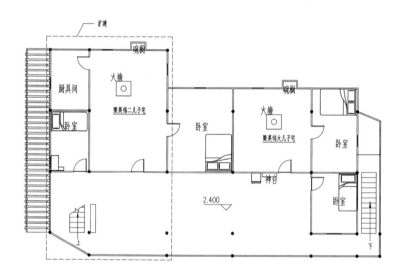

(a)从山面侧入楼梯(三江良口乡南贡侗寨梁英华宅)

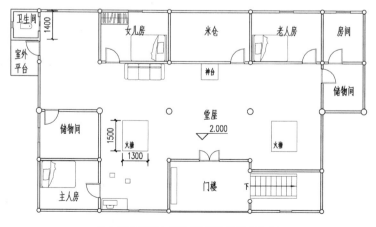

(b)从正面直入楼梯(龙脊壮寨侯玉金宅)

（c）直爬楼梯［榜山村唐应祝宅（汉）］ 　　（d）人梯（三江某风雨桥搭建现场）　　（e）直入石梯（隆林平流屯）

图 6.22　复杂的楼梯形式

　　客家的"廊"使院内户户相通，家家有雨廊连接，雨天走遍整座大院也不会淋湿。壮、侗二族干栏建筑的"廊"则是在建筑内部贯通的主要路径。

　　3）门与窗

　　对于以全封闭为理想状态的传统村落及建筑来说，门是"墙"与"路径"上的重要节点空间，村口要有一扇门、巷口要有一扇门、家屋要有一扇门来通气（图 6.23），"墙"上的"门""窗"是构成乡土建筑的物理与社会边界构成之一，可以说村落的入口及入口的多少，是与

（a）门楼（熊村）　　　　　　　　（b）巷道门（熊村）　　　　　　　（c）入户门（熊村）

图 6.23　不同空间格局的门

该村的组织密切相关。如何设置门窗成为建筑重点,如果可以,都尽量使门能体现出"封闭空间"的内涵。"门"是边界上可以进出的缺口,是防护弱点,当一个外人走进村落大门时,可以说他其实已经从门的符号装饰和环境氛围中获得了对村落文化凝聚力和象征力的感悟。从风水角度说,大门有贯龙脉、通地气的作用,除此之外,大门更重要的功能是它的仪式功能,大门对于古人来说,是一个极具文化性的特殊场域。因此,大门不仅只是界标,它更是一个仪式的场域边界。

主入口还是屋主身份的象征,主入口一般处于建筑的中轴线上,其建筑地位明显,易于查找。广西客家乡土建筑的正门(类似应门)、侧门(类似皋门)的方向都很讲究,而门楼的装饰受到高度重视,有所谓"千金门楼四两屋"之说;壮族规定家门要开在正中。门是一种社会规则的象征,是告诉人进了门后就要按规矩办事的提示。如侗寨并不像客家围屋一样有围墙包绕,寨门更多是一种象征,是村寨与山野分界的标志,是由无序转向有序的一种提示。侗族习俗经常在寨门前设拦路酒,是为了让游人从寨门开始就感觉到即将进入一个不同的世界。百色市田阳县大路村的寨门由两根一高一低的石头夹道而成,虽然简单,但古朴庄重,给人一种力量的威慑感,具有原始象征意义。在瑶族建筑的外墙经常会看到一对门,当地人叫阴阳门。平常阴门是关闭的,人们生活起居都走阳门,当家里有人过世时,便会打开阴门。客家习惯通过门楣上木匾来记载自己家族的根在何处或历史业绩,如广西君子峒围城左老祠堂门口上书楹额为"京兆第",右老祠堂楹额为"大夫第"。

门是联系空间、赋予空间安全感和层次感的重要设施。客家民居的门是多重的,最外边的是围城大门(即门屋),然后是居于下堂外墙上的围屋大门,再然后是中厅的屏风门,三门四柱,中间大折门对开,两边小门单开。最后是表示谦和内敛性格的内开房门。重重大门给予了客家人安全感,也赋予了客家建筑空间丰富的文化意义。侧门的作用是防匪盗才如此设置。如匪盗势弱,家主便带家人以天井房屋为屏障自卫保家;如匪盗势大家主便带家人带了财物从侧门转移。壮族堂屋前的大门为了和堂屋肃穆的氛围相衬,采用具有中心对称感的双开门,其他房间的门都是单开的。

门是分隔空间、进行防御的手段。君子峒围城多为坐北朝南,而大门一般不会开向主要防御朝向,所以多开在东西两个朝向。外城门是入城第一道门,且是唯一可进入围城的大门,外城门与池塘、城墙、炮楼形成最外围的一个保护圈。从正面看,门楼很高,门高于甬道,沿石阶步三级而上,门台上的两条顶梁石柱,把入口空间划分成了左、中、右三个部分,中间部分为进入大门前的过渡空间,左右两部分为辅助空间。内城门设三道,第一道上下关,几条粗大的圆柱从上方石孔直插到门框下方的石窝,形成栏栅。第二道是左右关,客家人称为"拖弄",粗圆木制成的拖笼从一边向另一边横向拖拉开关,且装有隐闭暗锁。第三道是前后关,从内侧完成操作的对开的加厚板门。防城港市那良镇老街底层商铺的大门都是库门,经过精心设计一般人很难从外面推开。客家围屋由于防御要求,多以高墙包围,给人感觉封闭低调。而相反的是,围墙上的门口却为体现屋主身份而设计颇为讲究,民间曾有"千金门楼四两屋"的说法。

窗与墙是建筑中相生相克、永恒存在的矛盾,窗是墙的一部分,它与墙将内部封闭的性质相反,是把外部空间引入室内的路径装置。正是在墙的暗、窗的明这对"相生相克"互补性质中,空间才得以生动存在。如果空间完全由密实的墙、地、顶围合而成,没有光的存在,空间不能为人感知,这样的空间是没有意义的。也就是说,只有在三要素上开启能让光线、生气进出的洞口才能让空间产生意义。如乡土建筑砖墙上的砖砌花窗,既起到承受重量的结构属性,又起到了通风采光的实用属性,同时还具有审美的表观属性。

6.1.5 小结:广西传统村落及建筑空间路径的传承与更新框架建构

村落路径是由隐性的自然环境空间路径,显性的聚落及建筑空间路径,隐性的场景空间路径复合构成的连续、转折、等级差异的复合路径;传统村落路径在交通、安全、交往、仪式、景观和商业方面对现代空间结构设计都具有启迪意义,如营造高宽比渐进的路径空间等级层次,形成良好的韵律与节奏等。当然,这些都是路径的外显意义,还有很多内隐意义有待后续研究去发现。

由此建构广西传统村落建筑空间路径的传承与更新框架如图 6.24 所示。

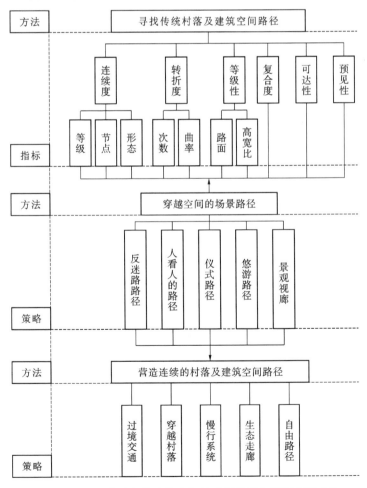

图 6.24 广西传统村落建筑空间的路径传承与更新框架建构

6.2　营造多变的空间方向

6.2.1　空间方向坐标系的定义

空间要素的方向构成受到阳光、风、地形、水等自然环境因素的影响,也受到神灵、习俗、性别等民族文化因素的影响,同时还受到乡规、乡约、农业生产等政治经济的影响。空间要素之间的方向关系跟空间格局及其坐标系的设定有直接关系,对于传统村落及建筑空间来说有三个方向坐标系可供选择(图 6.25)。

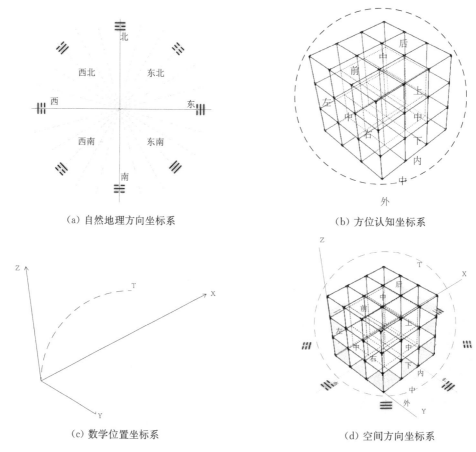

（a）自然地理方向坐标系　　　　　　　　　（b）方位认知坐标系

（c）数学位置坐标系　　　　　　　　　（d）空间方向坐标系

图 6.25　空间方向坐标系构成

1. 自然地理方向坐标系

东、南、西、北 4 个主要自然地理方向是一个绝对概念体系,根据这 4 个方向来确定中心是传统空间定向的第一步;然后以中心为基点,根据 4 个绝对方向把空间划分为东南、西南、东北、西北 4 个领域,再根据方向角度细分出次一级的方位空间,从而得出一套地理格局的空间方位坐标系。这是绝对坐标系,世间万物都位于这样的坐标系之内并借以定位,是传统空间的主要定向依据。

2. 方位认知坐标系

"空间的中心就是知觉它的人,因此在这个空间里具有随人体活动而变化的方向体系。"以内、中、外三个人的心理方位为主坐标的球形方位,前、后、左、右4个水平方位和上、中、下3个垂直方位为次坐标的立方体方位,这两种方位构成了聚落、建筑及场景空间格局的方位认知坐标系。它是以人的身体为坐标原点,根据人身体周边环境要素的空间布置,人的感知觉、行为姿态与活动系统,当下需求与心情这三个条件而定,是一种灵活的、模糊的方位坐标系。这个体系主要还受到中国传统文化中注重"意象"概念的影响,即不求"形"方向的一致,但求"意象"方位一致。它们是人对方位感最基本的体验,是人认知环境最重要的方位框架。如坐在一张没有靠背的小凳子上的人,当观景的时候可以取向窗户,当吃饭的时候则转动身体取向火塘,生气的时候转身背离大众等,通过设置允许方向灵活多变的环境设施来为人选择方位提供可能。

3. 数学位置坐标系

由笛卡尔坐标系(X轴,Y轴,Z轴)构成的聚落及建筑格局的相对数学位置坐标系。这样的坐标系往往以设定一个空间核心为坐标原点来确定其他空间要素与它的空间关系,使之成为空间配置的依据。这是一个相对固定的坐标系,一旦建立后就成为主要的定向依据,是现代空间的主要定向依据。这样的空间关系以能进行测量的物理角度来定义。以人的视域角度为例,"我国传统城镇、建筑群以及园林平面设计中普遍存在着30°,60°,120°的角度控制关系……其中60°是人的最佳视域范围"。这里还有一个时间轴(T轴),反映在空间坐标系中就是空间的组织秩序,即多个空间要素如何在数学方位坐标系中形成与时间衔接的关系。

在聚落建造与体验中如何合理叠加、分析并使用这三个空间坐标系,并明确它们之间的等级强弱关系,直接影响人在聚落和建筑空间中的定位。

6.2.2　顺应自然方向

对于广西传统村落及建筑来说,地形、水流、风、光等具有地理方向性的微环境元素都是影响它们选择东、南、西、北朝向的关键因子。

1. 顺应地形

(1)垂直方向顺应地形。广西盆地在桂东南、桂南及桂西南连片集中。广西盆地凹陷的空间形态与汉族传统风水中的点穴格局、居住建筑的院落空间相呼应,形成天人合一的异质同构关系,因而在此环境居住较多的为汉人。对于传统建筑来说,下凹空间是一种内陷负空间,一种极力向大地靠近的下"压"空间,一种躲藏型的防御空间,这和中国人对乡土的依恋有关;相反凸空间是一种凸起向上的正空间,一种极力向天的"顶"空间,是一种威慑型的防御空间。有凸形空间"刺出"地平线的建筑,必然会有凹形空间来平衡,如院落和入口。院落是一种内向保守情绪的表达，人在水平向无差别延展的平原中缺乏自然环境提供的栖身领域，缺乏安全感，从而在外凸的建筑里营造出内凹向心的"院落空间"，同时，在院落里"气"又成为正空间。对于广西传统汉族建筑来说，特别是防御性极强的客家围屋（图6.26），院落是应对外部威胁的最佳防御空间，其有如竖穴般能藏风聚气、通风纳凉、收集雨水、南向采光、北向抗寒等优势。同时它还是围屋封闭空间中的精神性象征空间，能为久围其中的人提供心灵上的松弛。再者，客家院落地坪一般都低于室内地面 40～50 cm，下凹空间有利于防涝，建筑内部的水首先汇集到天井，宽大的院落四边用石条围住，收集的雨水进入构造比较完备的地下水道网流到城外的月牙塘中，形成"肥水不流外人田"的风水空间格局。此外，凹空间还反映了一种在空间方向上寻求安全的心理需求，这体现在广西少数民族多喜欢坐矮座的行为图式上。人的心理往往是矛盾的，既喜欢从高处获得一种生理上的安全感和精神上的优势感，而在心理上又喜欢以离大地更近的方式坐着，即把人的重心往下降，这样心情能得到较大程度的放松，获得与万物平等的安全感，如在乡村田埂、石头、草地上都能看到蹲坐着休息的人。

图 6.26　莲塘镇江氏围屋

（2）水平向顺应地形。传统建筑顺应山地地形方向的方式有两种：①是尊重地形的方向性特点，如顺坡而建、主要朝向与地形朝向一致的房屋；②是赋予地形新的意义，如有的方案将鼓鸣寨沿湖部分原本顺着水岸线的房屋通过底层架空，旋转方向为垂直水岸线，从而形成村落与水库的和谐对话。

2. 水的在地平衡

在地平衡水上与下的方向性循环，是乡村特有的一种生态方式。水的势能决定了水的方向都是从山头到山脚、从上游到下游、从屋檐到地面，由上至下的，古人希望能兜留住水，因而在河流下游设置风雨桥、不断跌级的连塘,如可以留住水的合院空间(图6.27),大缸接水,雨水直接渗入自然地面等都是简单有效的生态分级截留方式,古语有"水主财"的观点,留住了水就留住了财。水的蒸腾作用决定了水由下至上的方向,因而保持自然土壤和江河湖塘对调节村域小环境是非常重要的。

(a) 可留住水的合院空间

(b) 西山隐舍·坞舍"四水归堂"空间意象图

图6.27 水的在地平衡

3. 导风

风无处不往,"导风"是村落及建筑利用和防风的主要手段。广西呈西北高、东南低,南部滨海的地理环境格局有利于北部湾吹来的海洋季风(东南风)吹向聚落及建筑,形成大气候风向;而广西在多变的(河谷风、山谷风、建筑相互遮挡形成的风压变化等)小气候影响下,形成了特殊的风向,从而决定了建筑形态的方向。广西传统村落及建筑在处理协调这两种风向上有很多经验值得推荐。如建筑的长边方向与主导风向夹角越大,其相对的迎风面与背风面间的压力差就越大。而滨水布置的建筑显然更有利于上述压力差的形成,体现出其选址水岸的优势。围合坡屋顶空间的山墙面顶端处理成漏空状态,有利于建筑的通风、排烟;院落空间同时还有利于形成建筑内部的穿堂风;风甚至还成为景观营造的一种要素。

4. 塑造丰富的光影方向变化

(1) 光的变化性(图6.28)。太阳高度角和方位角随着地域、时间、季节的变化而相应改变,因而阳光方向也会跟着改变,变化的光线掠过轻薄的边界,穿过浓重的黑暗,并在某处镌刻出变化无常的影子。在相对封闭的传统村落中,光线对空间塑造起着非常重要的作用,光与影成为乡村空间存在及其展现魅力之所在。在对天敞开、深挑檐、大幅面墙体构成的天井中,东、南、西、北四个方向自然光的微妙变化通过屋檐阴影映射在墙面,时空感强。井口越小,墙面越大越光洁,光的方向性就越强,空间感也就越强。

(a) 摇曳变换的光线　　　　　　(b) 肯定明确的光影　　　　　　(c) 明灰暗的光影过渡

图 6.28　传统村落建筑是光线变化的舞台

(2) 光的方向性需求分为两种:一种是生理需求,对于长期生活在室内的人来说,尽量争取一线阳光对生理需求的满足是极其重要的。但在广西传统民居空间中,人们大部分时间是在室外劳作,室内只是睡眠、储藏的场所,人们长期过着日出而作,日落而息的简单生活。广西阳光充足、炎热的气候使久居室外的农人并不需要在室内获取大量阳光,相反他们需要一个阴凉舒适、略显幽暗的室内空间来作为与外部曝晒空间的生理与心理补偿,因此建筑朝向相对自由。另一种是情感需求,光的方向性赋予空间不同情感,如一些少数民族谚语中所说"太阳升起的地方就是东方""在地板上留下大片影子的方向就是南向"等。阳光由东至西呈周期性、连续性的特性对传统空间布局起着至关重要作用。当太阳从东方升起的时候,代表着新的一天的开始。因此,东向的空间就具有万物生发、蓬勃向上的精神意义,壮、侗两族火塘间就布置在房屋东向;而北向空间一直被人认为是缺少阳光、朝向不好的空间。

(3) 光的导向性。人具有趋光性,明暗之间光线的变化,呈现出一种强烈的导向关系。用光线明暗度来观察少数民族村落及住居空间,内部空间是"黑色的",中间空间是"灰色的",而外部空间是明亮的,空间在明、灰、暗之间来回"摆动"形成了乡村独特的空间意象和行为引导。聚落、建筑和人在地理空间中的定位还和太阳的位置和移动有着直接关系。对于居住在大山里的人来说,太阳在山区里所起的定向作用相对平原地区较弱。因为在空旷平地上,太阳位置和运动轨迹能够较为清晰、完整地被人所掌握,容易被人作为定向的重要参考,但随着地形起伏逐渐加大,太阳方位和运动轨迹受到地形、地貌、地物的视觉干扰,人较难从太阳与自己的相对位置中去把握东南西北的地理方位。这和久居在高密度城镇中,建筑物的遮挡使太阳不能呈现连续状态出现时一样,人难以利用太阳定位,在城镇中人逐渐丧失了通过太阳定位的能力。

6.2.3 复合多种方向需求

1. 定位

(1)定位的重要性。方向最重要的意义是空间定位。"明确的定位系统有助于改善人在空间中的移动,增加对行为结果和环境的控制……在陌生的环境中,外来者通常期待若干关键点所提供的信息(如标志、提示)进行定向。如果缺乏提示信息,人们往往沿着所感知的边界前进,不会贸然进入边界所包围的区域之内……环境心理学家认为,所有动物的头脑中都具有两种定向系统,一种是以自我为中心的具象系统,另一种是与'图式'有关的抽象系统……空间定向既受到自身文化的影响,又受到外在环境因素的影响。"笔者在调研过程中,经常独自一人走在陌生山地乡村聚落里,且从不担心迷路,因为周边群山、聚落里高耸的标志物、形态独特的空间与细节、多角度内外视角的重叠给了笔者定向依据,就算偶然迷失,问问村民,也能从他们对地貌地物简单明了的描述中轻而易举地找到方向。但在平地聚落中就不一样了,因为人始终处于一个高度,难以从全局把握自己的位置,所以很容易迷失方向。

(2)精确定位需求。空间定位是个多重概念,一是物理概念,即利用当地自然地理特征作为提示,以利于定向,为人在环境中确定自身位置和目的地方向提供指引。二是心理概念,哪怕是一缕熟悉的味道也能带来方向上的区域认同感。三是政策概念,如在金竹寨中,政府对公路两旁的用地实施控制,起一幢三层的房子花费大概需十几万元(2012年),让很多住户不能够从山腰老宅内迁移到山脚边的公路旁建新房。四是防火概念,对于以木材为主、敬火为神的村寨来说,火灾是其需应对的主要灾害,村落里明确的疏散方向对于帮助人从火灾现场中逃脱具有重要意义。

(3)模糊定位需求。Wolfgang Zucker认为建造一条把内部与外部分离的边界线是建造的原始行为,但建筑并不是单纯地利用边界围合出内部空间,也不是一味地构筑外部结构,而是"在内部与外部之间营造出内涵丰富的场所","在向心、离心之间所产生的紧张感来为场所营造生气"。当内部力量与外部力量达到平衡时,边界就产生了,形态也得以生成,同时内部与外部之间通过平衡边界的封闭与开敞而得以相互转化。当空间内部与外部融合成一种完整模糊空间体验时,它才能被理解为整体空间。而要跨越内部与外部的边界(这个边界是中部),同时看到内部与外部甚至中部,一是需要对观察者的位置、视线进行设计;二需要通过人在活动中的身体体验和心理记忆来对内部与外部及其之间建立一个整体空间意象。在传统村落里内部与外部空间往往难以界定明确,空间以整体状态出现,人穿梭于内、中、外空间中获得自在空间意象。防御性较强的聚落除外,因为其聚落空间核心的内聚力要大于外部自然环境核心的分散力,两个力没有形成平衡,边界难以成为转换工具。

2. 社交

空间的方向性决定了空间是积极(向外)还是消极(向内)的。索漠在《人的空间》中提出"社会向心型空间试图将人拉到一块,而社会离心型空间试图将人们甩开"。现在很多住宅小区都把大片自然环境完全封闭地置于小区内部,把人的活动强行引向小区内部。这和传统乡村将自然环境置于内外之间,人的活动是在内部与外部之间自然流动大异其趣。建筑空间之间的方向关系也反映了空间的社会关系,如横向连排长屋显示了公平关系,而纵向轴线布局关系则体现了等级关系。

通过抬高和设置不同地面标高,来营造不同视角的视线。在乡村中经常有不同地面标高的空间,扩大了人与人相互观看及交流的机会,增强了人的直觉感受。但必须注意公平性,让高处的人和低处的人具有平等的身份感以增进交流,同时保护各自的隐私需求。芦原义信在研究中提出,人在看不到顶界面的时候,就会有明显的上下领域区分,所以最好能让低处的人看到高处的地面,形成一致的领域感和互动感。

3. 观景

在传统村落中,景观往往是360°立体全景的,景观内容也是多样的,某个方向、某个瞬间都能获得意想不到的景观。这取决于人们站在哪里,朝哪个方向看,如面向水面形成观水平台,面向大山形成观山平台,面向院落形成观赏植物的平台。遵循这一原则,笔者在古陈村景观长廊设计中,把该长廊置于村落的中段,一是方便对传统建筑屋顶所构成的景观进行俯瞰,同时,也能对建筑墙体和屋檐与山体背景形成的景色有一个仰视的观景角度[图6.29(a)]。笔者在马山县古零镇羊山村三甲屯一片景观优美的山地环境中设计一片名为"隐舍·六院"的集装箱模块化民宿时,首先对周边视觉景观资源进行网格取景框分类和优-良-差的等级评价,为设计展开提供景观支撑[图6.29(b)]。

观景分为平视、俯视和仰视。广西山地民居屋面起坡一般较高,与汉族前檐高后檐低,注重屋顶精神意义相反,其前檐口伸出较远,形成低檐口,这就造成屋檐是人在室内站立时视线能水平穿越出去的最低上限,同时也要求前面的屋脊一定不能压住后面的屋檐,这样就给后面住户一个平视的空间。广西壮族干栏民居多在二层窗口上设腰檐,且檐口外挑多为1 m左右,在室内站着看出去时,檐口多在水平视线以下,而且也遮挡了室内采光。究其原因是一和屋面出挑深远的目的——要把雨水尽量抛离建筑有关;二和壮族人身形较小、且常常坐在檐廊干活有一定关系;三是壮族处在山地建筑里,他们视线也多是往下俯视,对平视的要求不是很严苛。芦原义信认为人感觉舒适的俯视角度是10°左右,当头部保持垂直或略微前倾时,中央凹视觉通常看着视平线以下10°左右的地方。因此,要将观测点限定在必须能得到保证的标志物上面,以保证俯视角度10°范围之内的视觉效果。另外,在山地村寨中,经常获得向下依瞰村落全景的机会。仰视则往往是对山体和天空的偶然观赏,这也是传统村落最为独特的景观。

（a）广西金秀下古陈村景观长廊设计

（b）广西马山县古零镇羊山村三甲屯视觉景观资源评价

注：图中英文为不同取景框的分类符号。

图 6.29 营造村落观景空间

4. 崇拜

方向不仅意味着方位，还代表着神秘的崇拜朝向。神圣的方向是一种绝对不容挑战的方向。原广司说："确定神圣的方向，使之成为事物配置的依据。"比如东边因为是太阳升起的地方，便被认为是神圣的方向，而西边在壮族风俗里是不吉，村里建筑正门总要尽量正对神圣方向，而前廊腰面向山凹而避山峰；客家村落里建筑大都围绕祠堂而建等。

不同的方向代表着不同意义。在广西壮族有一种三界说，即宇宙分成天上、大地和水下三界。这在壮族文化的代表铜鼓的纹饰结构中也有所体现：鼓面表示上界（天上），饰有太阳纹、云雷纹；鼓身表示中界（大地），刻有羽人纹、鹿纹；鼓足表示下界（水下），刻一两道水波纹与鼓身相分。这样的宗教观念也渗透到了壮族干栏建筑的垂直空间布局里,壮族干栏一般分上、中、下三层。按昭穆之制,左为上,东为上,常常用在空间方位上区别父子、远近、长幼、亲疏关系。

风水学中还有一种通过罗盘定位的方法,即通过方向来确定聚落及建筑的方向落位。如建筑内部根据方位有东震宅,南离宅,西兑宅,北坎宅之分等,都是对当地原始崇拜和禁忌的反映。这种方向选择在汉族文化比较发达的区域比较明显。仫佬族还有一种以八字推算适宜居中房屋朝向的方法,即以主人的生辰八字来给房子定方位。

6.2.4 继承村落及建筑方向设置

方向性是除了均质空间以外给予空间以秩序的最根本因素。方向性的基础是方位,如果有共同的住宅形式,且住宅形式与方位紧密联系的话,聚落整体秩序就在方向性基础上形成。不论什么样的地区,聚落井井有条的原因之一,都在于有共同的方向性。在这些聚落内部,住居的方向大概相同而局部略有变化(如墙、门窗的方向不同),营造出了村落及建筑统一而变化的内外空间。

1. 继承三种方向的平衡存在

在传统村落里有建筑朝向与路径走向两种显性方向,从表面上看,这两种方向散乱无序,但它们都受到自然地理方向(大方向)、村落路径及建筑构造形式(主要方向)、场景方向(微方向)三种方向制约。

(1)顺应自然地理方向。传统村落自然地理空间格局一般是"林、宅、田"模式,即按垂直高度由上至下为林、寨、田,再下为河流湖泊,形成一个垂直能流的路线。以金竹寨为例,村落建筑朝向基本沿地形走势层层而建,后部为风水林;同时,该地坡度大于 25°,土地有限,因此该寨干栏建筑多选择建在不便开垦的坡坎上,一些干栏甚至建在耕田上方,高效利用土地。同时该寨房屋多利用坡坎立柱,节省用材,还可以实现空间利用最大化,坎下通常平地面积少,坎面则作为干栏内部空间的延伸。有的则通过垒石,在斜坡上形成一个适于建房的平面,以实现对地形空间的改造利用(图 6.30);同时,其房屋定位还参照朴素地理风水观,主立面尽量朝向远方两座大山山坳,形成视觉门阙。不同地势的相邻村寨其朝向都不尽相同,或坐北朝南,或坐东朝西,或坐西朝东,或坐西北向东南,但绝无坐南朝北的村寨(因为气候条件不适合水稻种植)。

(2)设置村落路径方向。对于村落来说路径其实就是一种方位设定和方向指引,"其方向是人们在村落空间中定位的基本参照系",其走向决定了村落建筑的大致方向。传统村落街巷多是"面对面"空间模式(图 6.31),大门开向道路,这一门面墙体装饰往往较其他三个方向的墙体丰富;择平地而居的聚落,文化制约机制起主要作用,如广西客家建筑基本是面南、东南、东这三个方向,且民居朝向大多以核心建筑为参考,在保证宗祠的主要方向为坐北朝南后,其他房屋方向则根据形式围绕宗祠相对自由地布置;而对处于山地、水岸的聚落来说,地形方向决定了村落结构的方向,如鼓鸣寨村落路径走向就主要受沿湖岸线、等高

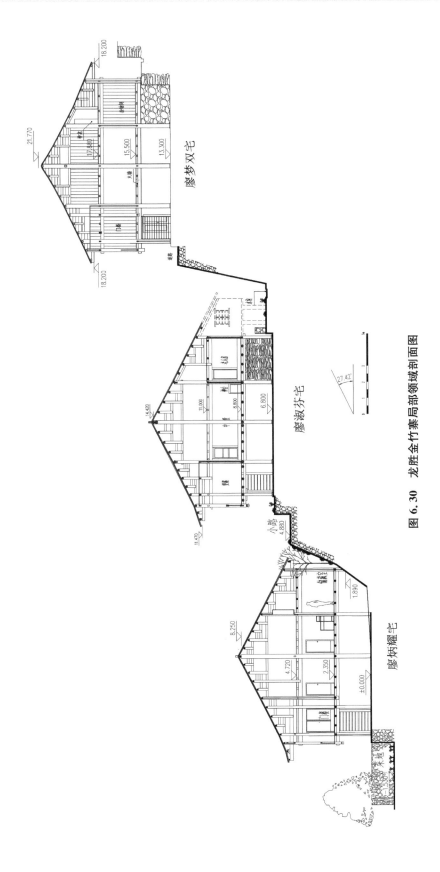

图 6.30 龙胜金竹寨局部领域剖面图

线方向影响,在此,山路线形走向对于建筑方向选择、节点空间利用起着至关重要的影响,仅微微改变路径方向,就能够提升户外场地的活力和利用程度。

(a) 界首古镇交通性巷道"面对面"空间模式　　(b) 灵川江头村生活性巷道"面对面"空间模式

图 6.31　设置村落路径方向

(3) 调整建筑与场景朝向。王昀认为"住居方向性的确定不是偶然的,它是居民在建造聚落时空间概念的表现",住居的方向代表了居民亲与疏、喜与恶、敬畏与自由等情感态度。他还认为"每一个住居都是朝向聚落中心的某个点,这是在聚落调查中发现的现象",如融水苗寨都是朝向芦笙坪的。为此,他对建筑物主入口朝向、朝向核心的方向"轴线"设定了五种形式,以便从聚落配置图①中将住居主要方向抽取出来。本书据此设定住居的方向为3 种:①以堂屋的朝向为主要方向;②以住居主入口方向为主要方向;③以平行正脊的方向为主要方向。其中,第①和第②种方向有时是平行的,当不平行时以第①种为主;当第①种和第②种比较难以观察时,用第③种判断比较合适。

在边界不是很明确时,通过判断住居方向还可推算出聚落领域范围,即分析住居方向求心性强度来判断聚落核心空间强度及其领域范围,并判别朝向核心、朝向边界和自由朝向的三个方向域。如果从理想模型上分析,村落发展应该是由核心向外辐射;但在实际发展中,居住者往往根据自己需求和地形特征去调整住屋方向,核心只起到一个弱规则作用,并不能强制所有建筑都以它为尊。相反,由于遵循住宅朝向忌讳背众的朴素风水观,即房屋朝向不能与众人相反,否则就会不吉,由此可知,通过方向判断领域太过粗放。

中国传统建筑在选址上一般要求坐北朝南,即风水中的"负阴抱阳"。但贵港客家围城在这方面似与儒家文化传承有些出入,如段心围整座围屋就是坐南向北的。主要原因,一是该地处于大瑶山山脚,往里走就是中山地理格局,所以地形限制促使他们要考虑地形方向;二是客家和广西其他民族相互交融后,经过文化濡化,吸收了一些当地民族的文化特质(实用风水原则),并不一定按照风水名著《天玉经》里所说的"先定来山后定向,联珠不相放",而是像侗族谚语所说的"不管后龙来不来,只要眼前打得开"的依形就势,理性择址。

---

①　聚落配置图:一般情况下是表示对象物的配置与相互之间位置关系的图纸,是以聚落中住居的面积+住居的方向性+住居之间的距离构成的抽象图纸。聚落配置图和聚落是一对一的对应关系,并且是同时存在的。

同时,黎家和邓家的围城分别环绕黎家祠堂和邓家祠堂,呈半圆布局,在方向上形成拱卫格局。还有屋脊忌讳正对着凹下的山谷坳口,否则常年被风吹刮,家事不兴,人丁不旺;屋脊忌正对着右侧的山洞或斑白的石崖,否则被认为冲犯白虎,日后会招灾引祸,人畜不安。

(4)继承内、外、中空间融合。内向空间:由前文可知,广西民族传统建筑以院落为核心向内封闭是其典型空间图示。内属阳,外属阴,向心(向内)产生行为集中趋向,具有单一方向性,是单一核心处在区域内部产生的结果。方向明确的向心空间能使人感到身处内部,人在空间方向的引导下会自觉地向核心靠拢,这在核心空间边缘尤为明显。内凹空间就是一种内向空间,身处其中会有被包裹在里面的感觉,产生安全感。外向空间:在广西壮族传统村落中,外向产生行为发散趋向,是外部核心作用力强于内部核心作用力产生的结果,这在远离核心空间的边缘尤为明显。中间空间:在内向与外向间还有一种中间平衡状态,在其中方向感不明确,多方力量均衡,人与空间处于自由观望状态。对于村民来说,他们最喜欢的取向方式是背靠一个大体量并且具有某种象征意义的"靠山",同时要面向外部开敞空间,如在乡村中经常看到人们背靠大树,背靠家门等地而坐,这种"靠"空间与英国地理学者Appleton提出的"瞭望-庇护"相吻合。这种交往行为的取向方式也影响到了建筑取向方式,如建筑喜欢布局在背靠大山,面向耕地而建的"靠山"格局,以此获得良好的视野和阳光。

内、外是围绕占据中心位置的核心在水平方向上的分布。传统民居一般以主入口所在面、屋脊前半部作为外面,公共活动空间一般布置在这个区域,相对隐私、屋脊后半部空间为内面,留一扇小门,不管是在平地还是山区都一样。如面阔三间、进深五间的三江马胖杨宅为两兄弟合建共住,两家把外面景观较好、视线开敞的一整面三开间作为两家人一起参与进行公共活动的敞廊,然后把后部左右两个景观较差的次间作为自家的火塘间,成为每家各自独立的半公共活动空间,最后通过开门和设置独立的楼梯把明间和三楼的卧室与仓库等私密空间联系在一起。在传统风貌受到严格保护的沿街建筑,主人往往会把离街面较远的几进老房子拆毁进行现代化重建,以满足现代生活的需求,这也是内外空间差异性存在的表现。

2. 遵循上-左-右-下的空间布局

住居在获取中心后,开始进行前后左右的水平向空间布局。前后左右是一个水平空间的方向概念,这些空间方向往往反映了传统空间的使用意义、自然地理的生态意义、民族文化的精神意义等。如与现代建筑把油烟看成是污浊之气相反,壮族人把烹饪过程中燃烧有机材料产生的青烟当作吉祥有益的气体,在当地盛行的东南风吹送下,处于上风向火炕或灶台的烟气正好可以到达通高的堂屋,形成烟气缭绕的空间环境,这强化了堂屋的神秘色彩,同时携带温度的烟气也能熏养房屋的梁架,去除木梁孔隙里的湿气,增加了木梁寿命。

在广西壮族的传统文化里,天上、大地、水下在空间构成上、中、下等级关系,世界整体由这三个部分所构成,缺少了任何一个部分都不能形成完整的生活世界。在这样的感性方位观念下,住居也相应地分成垂直与水平的三层方位空间。

（1）垂直三段空间。"上"对于传统空间来说一直是神所居住的地方。如壮、侗两族干栏居中,垂直上方的斜屋架区域是不能走动和居住的"天楼";干栏建筑屋脊正下方是神灵从天而降莅临主人家时歇脚的"大梁"。当然,也有女性成员居住在上部空间的,如瑶族二楼的女儿楼,通过坐在火塘上方,强调了女性在家庭生活空间中不可或缺的地位。对于汉族来说,三段划分是水平向的,如在武宣文庙"三排九"形制空间中,三进空间层层递高而上,在第三进神所居住的上厅达到最高,天际线也最高;此外,从位于墙体顶部彩画的空间位置看到,彩画位于人间上方、神界下方的墙顶或梁架上,意味着神与人汇合在彩画里,彩画成为了物质空间转向意境空间的中介(图6.32)。对于传统空间来说,神界之上无其他空间了。

（a）垂直空间三段式划分（百色粤东会馆）

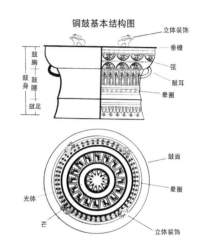

（b）铜鼓的三段式划分

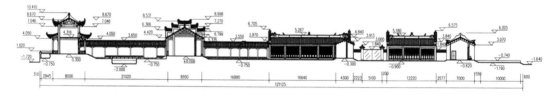

（c）水平空间三段划分（武宣文庙剖面图）

图6.32 三段式空间划分

（图片来源：由广西文物考古研究所提供）

当前空间呈向上发展的趋势。由于土地改革,原来为一家的产权被划分给多家,除了祠堂以外,很多房子都已经归属各户所有,同时由于耕田保护政策,农户除了以前生产队分给他们老屋中一小块居住用地外,再也没有其他建设用地可建新房,所以有时候是不得不拆旧房、起新房。因此,乡民在有限宅基地里获取空间的唯一途径就是向上,不管是扩建还是新建,通过空间层数的重新划分和叠加向天空"无限"延伸是乡民的唯一选择,"上"已经不再神圣。如何在村落旧建筑改造中既保有传统神圣空间意象又能获得更多居住空间,是传统空间与现代空间相契合的关键之一。

（2）往"中"拓展。因为陡峭地形限制,沿等高线布局的木构干栏底层平面只能向左右拓展,而极少向前后扩展。而在二层和三层平面,由于相对摆脱了地形限制,加之木构榫卯结构的多向灵活性,形成了向四个方向自由挑出的吊脚楼、高脚禾坪、晾台等悬挑空间。龙胜伟江银宅受到合院空间影响形成被称为"螃蟹眼"的三合院与干栏结合的空间。"中"对于广西少数民族来说是人居住的空间,"上"与"下"都是不可见的也与日常生活无关。里面高过人头顶的神台,是中层的人与上层的神沟通的媒介。汉族把上厅作为神性空间、中厅作为日常生活交往空间、下厅作为停棺储藏的空间。

(3)向"下"借取。在壮、侗二族的民居里,"下"为牲畜居住的空间,层高多在2m左右,人不能呆,仅有狭小送料口和转折楼梯与中部相连。当前,随着生活方式改变,底层空间也被抬高、封闭并被人利用起来,作为入口门厅、杂货店、休憩、酿酒、工作坊等(图6.33)。

图6.33 向下借取——底层空间功能更新(三江良口乡和里村杨家兄弟联排杆栏居)

(4)壮族室内空间布局遵循"上-左-右-下"方位依次递减的等级规定。壮族民居典型平面空间是"六柱五步架",即被由前至后的檐柱、小金柱、前金柱、中柱、后金柱、檐柱共六排柱子划分成大小约20间的空间格局(图6.34)。檐柱、前金柱两排柱子构成大门外的敞廊空间,占据几个面宽,视具体情况灵活设置。如龙胜金竹寨廖瑞芝宅为了争取更多使用面积,只把前部两开间设檐廊,此外还在左右两侧分别设置敞廊,或沿着房屋四周皆设置敞廊的例子。有些宅子,为了强调入口的重要性及为在这里进行生产活动的人提供更大的活动空间和眺望室外景观的空间,会通过燕柱往后收约1m形成望楼(图6.34)。

"左"方等级仅次于"上"方。如火塘必需安放在"神台"左侧,以示对火的尊敬。中房的房门开在"神台"左边,也是因为左侧为天、为男、为上,右侧为地、为女、为下,以左为尊。为了突显其在家庭中较高的地位,老人与"掌家"的儿媳分别住在火塘左侧的第6、15号房。未

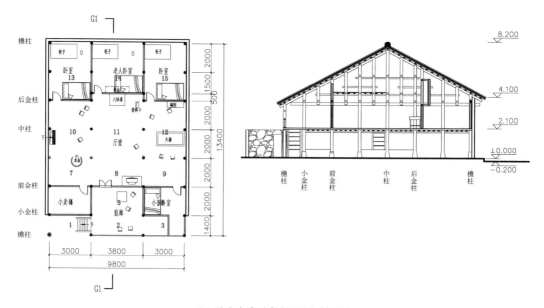

（a）达文屯隆廷奉宅平面与剖面图

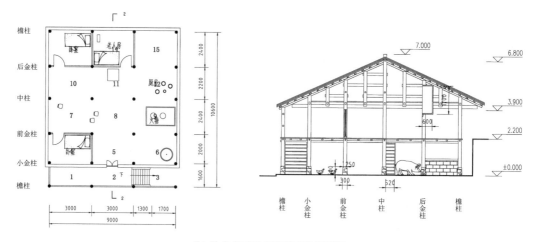

（b）达文屯马汉富宅平面与剖面图

图6.34　壮族干栏居空间格局

婚儿子与女儿因家庭地位相对较低,故多住在"神台"右侧的第4、13号房。有客人来访时,通常邀请客人坐在火塘边,火塘边也是一家人日常活动的地方,但是,如果来的是一位"生客"或贵客,通常男主人会请他坐到"神台"下方桌旁,男主人则坐在"神台"左侧即中房门边,而客人则在"神台"右侧落座。当一家人围坐在火塘边时,女人坐在火塘边靠内一侧,男人则坐在火塘两边和向外位置。客人被邀请到左侧火塘边落座,在一定程度上意味着双方的熟悉与不拘礼节,客人象征性地被视为家庭成员的一分子。"生客"与贵客被邀请到"神台"下落座,一方面显示出主人对他的尊重,另一方面又显示出他是"外人"并保持一定距离。

上-左-右-下的等级秩序也表现在仪式空间分配上。在做"红事"时,老人和新婚夫妇坐在靠近"神台"的上位,家庭成员则坐在火塘左侧,前来祝贺的客人则被安排在更次一等的右侧7号位,这一位置在平时只用来堆放日用东西。做"白事"时,空间安排略有不同,死者被安置在7号位,但是,由于亡魂在此时还没有登上"神台"享受香火的资格,因此,灵枢必须安放在离"神台"较远、靠近房门的下方5号位,暗示死者此时正处于"过渡状态"。孝子们要跪拜在灵枢与神台间的8号位,在法事中始终在道公的指导向死者和宾客们跪拜答礼,保证法事的顺利进行;道公负责为死者超度,在丧葬法事中地位最高最为重要,其被安排在"神台"左侧9号位,前来吊孝的客人们则被请到右侧7号位。

当前,随着主要生活面移置地面,干栏建筑中原有的"门廊"空间不复存在,通过入户门直接进入堂屋。堂屋上部一般不做通高设计,而是铺设楼板,以充分利用二楼空间,由于没有了底部架空层,二楼空间的利用强度加大,因此堂屋层高通常只有一层高,不似干栏建筑内堂屋那样高大神圣,空间感受较为压抑。有的地方将神位放置二楼,认为神灵神圣不可侵犯,上部不能有人活动,要直顶苍天。还有的民居,随着游客不断增多,仅有二层空间已经远远不够使用,当地村民就利用三层阁楼进行改造。把原建筑的立柱加高,并在歇山顶侧面开老虎窗使每个三层的房间都可以拥有采光及通风的窗户,又保持了原斜坡屋顶的形式。

汉族住居方向也遵循身份等级的要求。笔者在对广西玉林市兴业县榜山村调研中发现,家中因辈分不同,住的房间顺序很讲究。阳光充足透气性好的房间往往是给晚辈住的,长辈住的房间是家里最小最阴暗的,因为他们都希望自己的子孙在最好的环境长大。厅堂旁的正房,遵循"东尊西卑"的原则,长辈住东厢房晚辈住西厢房。据该地小学校长所说,他们的居住习惯是长辈先住东侧正房,大儿子结婚时,父母会搬到西侧正房,将最好的东正房让出来给儿子做婚房;二儿子结婚时,他们再搬到东厢房,把西侧的正房让给二儿子当婚房,以此类推。

3. 善用门窗进行微调

从前文可知,在大体方向相同的格局下,通过门窗进行微调,可产生微妙变化的空间形态。如干栏建筑主入口位于山面,就是干栏建筑原型"巢居"使用方式的方向性适应。原始巢居,在树上平台搭建人字棚,墙面和屋顶连为一体,剖面形态基本为三角形。三角形的中央空间为最高,成为必然入口之处。明代曹学铨在《蜀中广记》中提到,"獠蛮不辨姓氏……杆栏即夷之榔盘也,制略如楼,门由侧辟……"张良皋先生对此有大胆推测:山面开门是一切双坡屋顶建筑——包括干栏的天然趋势,在未接受窑洞建筑影响以前,中国建筑肯定会以山面为正面。虽然随着巢居向现今的干栏建筑演变,墙体出现,层高增加,屋顶得以脱离地面,檐面的高度也早已满足开设大门的要求,但山面开门的方式依然在壮族干栏居底层空间中保留下来。而在二层,入户门则开在人经常活动的二楼敞廊内墙上,整栋建筑立面的正中,向内直对堂屋的神台,向外遥望住屋远方环境的空间形势,形成干栏居内唯一一条使环境(外部空间)、人(中间空间)、神(内部空间)能通过视觉进行沟通的空间轴线。同时,堂屋后面房间的房门一定要开在神台的左侧,以示尊重祖先,而其他房间的门则视方便而定向。

确定聚落和建筑大门的位置和方向,是划分内外空间的一个重要符号。于乡村聚落,人走出大门就意味着离开这个聚落而进入乡野,可以自由自在地行事;反之进入大门则表示你进入了这个聚落区域,一切都要按照这个聚落的规矩办事。这和城镇空间相反,进入家里的大门意味着可以自由自在地行事,出了大门就要按照社会规则行事。

俗语说"大门朝南,子孙不寒,大门朝北,子孙受罪",故传统认为大门为气口,关系到一家的吉凶祸福,所以农房大门要避凶迎吉,才能导吉入宅。乡土建筑大门开设方法如下。

① 农房多避免入户门相互对开,因为对冲难以界定双方各自的私人领域,从而引起不必要的麻烦,相互错开可以各自划分明确的领域感,避免视线上的相互干扰,增强各家所需的"家"的领域感。② 门避免直冲巷道,以使住宅避开喧闹及被外人直视,如玉林榜山村唐廷钦和唐廷叨宅子的大门一般开在侧面,以保证厅堂可以面朝一面完整的照壁,同时给宅子提供较好的私密性。如果不能避开,就在入口处设一照壁遮挡[图 6.35(a)]。③ 瑶族地区大门朝向是起房第一步且按阴阳五行决定,如主人命属金命者,则门朝北;木命者门朝南;水命者门朝西或南;火命者门朝东或南;土命者门朝西或南。汉族地区,如广西玉林榜山村武德祠位于下厅的门也颇有讲究,在男尊女卑的封建社会,女子是不能从中门走过的,只能从侧门进入祠堂,南宁那告坡堂屋的后门有左右之分的做法,面对牌位的左边是可出入的活门,右边则是不能通行的"死"门[图 6.35(b)]。客家也有类似的习俗,有些围门是斜开的。对于传统建筑来说,窗是采撷光线、通风透气、眺望景观的"工具",互不遮挡,互不干扰,选择最佳景观朝向是窗户选择方向的主要原则,因而多在前后方向开窗,鲜少在左右两个会相互干扰的方向开窗,当有干扰,就会在大窗下另设小窗[图 6.35(c)],其次窗户还是乡民获取好兆头的重要符号。

(a) 根据风水设置大门方向　　(b) 活门与"死"门　　(c) 三江高定寨文宅外观
　　(玉林榜山村唐廷钦宅)

图 6.35　形式自由的窗户

6.2.5　小结:广西传统村落及建筑空间的方向框架建构

看待传统村落建筑方向不能用静态视角,必须要用动态转换的思维去对待传统空间方向体系。对于传统村落及建筑来说,地形、水流、风、光等具有方向性的微地形元素都是影响它们选择东、南、西、北朝向的关键因子。通过了解和设定这些影响住居方向的关键因子来求解和划定聚落的领域范围。

由此建构广西传统村落建筑空间方向的传承与更新框架如图 6.36 所示。

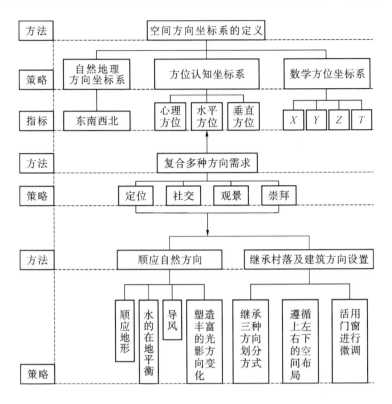

图 6.36　广西传统村落及建筑空间方向传承与更新框架

6.3　营造丰富的空间距离感

6.3.1　空间距离的定义

空间距离是指以物理距离存在的尺寸和以人的心理、精神距离存在的尺度,传统村落及建筑由上述这些距离所构成。

1. 物理尺寸

空间往往是由点(要素)与点(要素)的空间距离(即水平、垂直尺寸)综合形成。传统是用具象模糊的事物(身体、材料、步架)作为衡量度来丈量空间,即"尺度",其距离是多变而模糊的;而现代是用抽象精确的"尺寸"为单位来丈量空间,其距离是既定可复制的。空间距离主要是以物理距离存在的尺寸而存在,并受到社会、文化、精神等尺度关系的影响。柱子之间、墙之间、楼板和地板之间、楼板之间、屋顶和楼板之间、屋顶之间、民居与民居之间、民居与公建之间、公建与公建之间、村落与村落之间、村落与山水之间等大大小小人与物的尺寸与尺度限定了传统村落及建筑的空间布局。

　　时间是一种物理尺寸,它是事件发生先后顺序的记录,人感知距离必须依靠在运动中对时空的体验与计算来完成。用时间来丈量距离并表现传统村落,会产生一种独特的图纸表达。好的空间应该能以某种方式让时间留下痕迹并度量其流逝情况,人在空间中的移动顺序、速度、停留时间都影响了人对时间的认知,为此,如何组织发呆、神思、漫游、穿越等时空体验方式就很重要[图6.37(a)]。

　　Jeremy Till提出"稠密的时间"这个概念,它是指一个聚集着过去且孕育着未来的现在式,是一种通过对当下生活的关注而逐步往过去与未来扩展的时空观念。这与中华文明认为的"空间是没有时间距离的,祖先精神上存在的空间和当下活生生的空间是同时共存的,他们会在某种仪式中实现零距离的接触和沟通"有相通之处。学者李欧梵认为,中国人的文化潜意识中仍然保留了一些旧有的观念,他认为中国当代生活中必然存在两套时间观念。笔者在半山茶园中通过设置一个有形的镜面入口对无形的空气和不定形的周边景色进行空间反射与交融,以捕捉周边空间要素(树、天、人、房、鸟等)的叠合图景。在这里,形态消失,只留下了轮廓、色彩和倒影,形成了一个复合、有趣的时空感知[图6.37(b)]。在王澍规划设计的杭州市中山路南宋御街保护工程(2007—2009年)中,人们可以看到古代、近代和现代多个不同时期的建筑风格杂陈,还可以透过保留的考古现场看到宋代的砖头,元代的石块,以及清代的石条,这形成了一个历史时间沉淀的空间断面图[图6.37(c)],这显

宏观尺度下的村落及外部环境空间

中观尺寸的村落局部空白　　　　中观尺寸的建筑单位空间　　　微观尺度下的村落内部交往空间

(a) 时间的空间存在方式 1：多尺度时空并置（南宁那告村）

清代民居改村史馆　　　　　　　　　　　　　　　　传统建筑的现代改建

1960年代大生产长屋　　　　　　　　　　　　　　　　　　现代建筑

二进院落清代民居　　　　　　　　　　　　　　民国建筑

(b) 时间的时空存在方式 2：时间痕迹的空间体验（南宁三江坡）

图 6.37　时间的空间存在方式

然符合《威尼斯宪章》①中所强调的历史原真性。

2. 精神尺度

在广西传统营建中，墨师仅用鲁班尺、丈杆、墨斗来测量木结构构件、定位及开取榫卯，就可以把一幢房子建起来。

鲁班尺，也叫"门光尺"或"门光星"，其均分八格，每格为一寸，并分别书写表明吉凶意义的文字，为"财、病、离、义、官、劫、害、吉"八个字，所以又称"八字尺"，其中"财、义、官、本

---

① 《威尼斯宪章》分定义、保护、修复、历史地段、发掘和出版 6 部分，共 16 条。明确了历史文物建筑的概念，同时要求，必须利用一切科学技术保护与修复文物建筑。强调修复是一种高度专门化的技术，必须尊重原始资料和确凿的文献，决不能有丝毫臆测。其目的是完全保护和再现历史文物建筑的审美和价值，还强调对历史文物建筑的一切保护、修复和发掘工作都要有准确的记录、插图和照片。

（吉）"代表吉星，用白墨水标记，尺寸压在两根白线内，叫"压白"。"病、离、劫、害"代表灾星，用黑墨水标记。仔细观察鲁班尺，发现八字是福祸相依而对称的，这和人生的经历大抵相似，从图 6.38 中可看出人与屋的命运是共栖的。建造房屋时，尤其是裁定门窗尺度时，需用鲁班尺进行量度，以求得吉利，侗族家屋建造就常常以鲁班尺量度求得吉利。另外，家屋结构尺寸还以"八"或"六"作尾数以求吉利，如"屋高逢八，万事通达""进深逢八，家发人发"。由于不同民族文化的交融，鲁班尺同样流行于柳州三江和桂林龙胜的侗族村落，虽然标注的内容相似，但因为不同区域的习俗不同、不同时代的官尺不同、制作鲁班尺的墨师身体尺寸的不同而不同。鲁班尺是人以身体尺寸度量的一种体现，侗族墨师丈量房子以两臂展开，手指伸直的身体尺寸和拇指顶端到中指顶端的距离来丈量房子，而墨师的鲁班尺大概是他的中指指尖到肘部的长度，这导致每个墨师根据自己的身体尺寸而制作出自己特有的鲁班尺。如三江侗族老墨师杨善仁的鲁班尺是

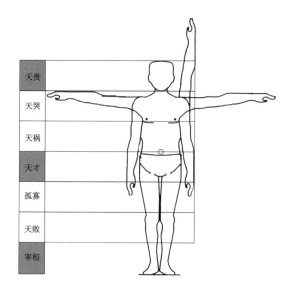

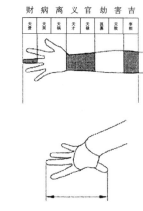

图 6.38　鲁班尺与丈杆

30.9 cm，其每寸大概在 3.8 cm 左右，巧的是这个尺寸就是他的大拇指长度，而大拇指长度又是人的前臂的 1/8。有意思的是一些地区也有使用鲁班尺来控制房屋高度、进深和开间等大尺寸，这和柯布西耶的模数人有异曲同工之妙。现在的房主一般都不再相信"压白"的作用，墨师们也担心若"压白"房主日后得病遭灾亦会有口难辩，因此鲁班尺的运用已日趋减少。

丈杆（也称香杆或匠杆）是侗族墨师在鲁班尺的基础上为了丈量梁和柱这些大构件的尺寸而设置的，丈杆的表面被写上只有墨师才看得懂的墨师文，一捆丈杆就是墨师心中的"设计图纸"。根据对侗族墨师杨善仁的采访可知，丈杆分为两类，一是控制大木作的大丈杆，一是控制小木作的小丈杆。大丈杆是一根正面标明中柱、檐柱和挑檐口高度，背面标明穿枋口大小等关键部件尺寸和位置的杆件，通常大丈杆是由几根长约 3m、被鲁班尺压白后的长杆所组成。控制瓜柱、穿枋及榫口的小丈杆，则是由一些长从 1～33 cm 的竹签组成，每一个榫口榫头都有自己的小丈杆。

3. 心理尺度

尺寸是物理量度,在人的心理上是保持一致性的①。但人们感觉距离或空间大小与实际大小不一定是一致的,二者之间存在着某种程度的偏差。例如,向上看(仰视)时的感觉距离远,向下看(俯视)时的感觉距离近。村落之间的物理距离可以不变,但人的心理距离却能随着空间移动的时间缩短而缩短。古希腊哲学家普罗泰戈拉(Protagoras)认为"人是万物的尺度"。尺度是人通过对具有一致性的物体尺寸来对其他物体进行比较的心理度量。如人通过对街道剖面两边建筑高度(d)与街道宽度(h)的比值来衡量对街道的认同感。从经验得知,当街道的比例尺度是 $1 \leqslant d/h \leqslant 2$ 的时候人感到最舒适。尺度是对尺寸的调节,即根据每个人尺寸的不同进行适应性的调节。作为固定元素的建筑尺寸是固定的,但人可以通过家具的摆设而营造出适合人心理与行为的空间尺度。

尺寸经由人的认知体验转化成为尺度,并产生意义。那么尺寸是如何构建人际关系从而形成空间关系的呢? 或者反过来说,空间距离又是如何转化为现实中的人际关系距离的呢? 空间距离受以人的身体为核心、由近及远依次减弱的法则所支配。人通过保持距离来获得个人的存在感,每个人都会根据自己的习惯来设定个人的距离、熟人的距离和陌生人的距离等。在《符号·象征与建筑》一书中,设定了 8 种身体的距离:亲昵距离-亲近状态(0.15 m 以内),这是一种完全包容的状态,在此距离内对另一个人的身体特征的知觉已有改变,触觉和嗅觉占优势;亲昵距离-疏远状态(0.15~0.45 m),在这个距离内,人在心理上感到"近"的距离与"自己的手或脚可以触及的动作域"有关;个人距离-亲近状态(0.45~0.75 m),性、小孩、病人、打招呼、亲属;个人距离-疏远状态(0.75~0.9 m),这是身体控制极限,在此距离内,人们彼此都有真实感;社会距离-亲近状态(1.2~2.1 m);社会距离-疏远状态(2.1~3.6 m);公共距离-亲近状态(2.1~7.5 m),多在正式场合;公共距离-疏远状态(≥7.5 m),处于这种距离使人难以接近。

这种身体距离也反映在屋与屋的空间距离上。房屋之间的尺寸距离是静态存在的,但人与人之间的距离是动态的,如村落之间"鸡犬相闻"的距离就是一种动态距离,房屋的距离不应该隔绝人与人之间的交流和互助。如在传统村落里,四世同堂是很普遍的事情,儿子分户以后住在同一屋檐下是一种习俗,即使子女分户搬出老屋后依然以首选靠近老宅的地方营建房屋。如广西灵川江头村的 86 岁周姓老人和她的 6 个子女(大多 60~70 岁)、孙辈和曾孙辈相互挨着居住,老人自己住在老屋里,而子女们则先后在老屋附近组建家庭并自建新房。

人决定别人如何接近自己还取决于感官因素、自己的个性、场合和他(她)的文化背景。不同民族有不同的人际距离,这也影响了村落及建筑之间的距离。如山地民族的社会组织较严密,外人造访山地民族的部落时多少都会有些距离感,但是一旦熟悉了,就会相互称兄

---

① 尺寸一致性:人不会因为物体的视觉大小而改变对该物体尺寸的真实认知。

道弟。而平地民族的社会组织较松散,外人可以随意进入,但相处久后仍保持一定距离。尺度的概念还会受到对一个结构的掌握程度的影响。

6.3.2 与自然保持生态距离

1. 与树保持距离

和树木保持一定距离以突出树木的存在,这个距离一般以树干为中心往外 5 m 为保护规划范围,但由于树冠较大,所以应该以树冠外扩 1～2 m 作为保护距离为宜。桂北地区许多村落里的建筑都尽量不靠近树木,为未来的空间发展留出余地,客家围屋与其后风水林之间都留有一定的风水距离。

2. 与田地保持距离

广西山地村落多梯田,往往形成"山-宅-田"的空间关系,田和宅靠得很近。古人有"射地而耕"的说法,即用弓箭射出一箭,那么一箭之程就是你能耕作的范围。龙脊古寨、平安寨、枫木寨、金竹寨等好几个寨子同处在一条等高线上,相距都是五六里路,以稻田相隔。从每个寨子走到要去耕作的稻田也不过半个小时左右,非常方便。这半小时距离的田地产出就决定了村寨的人口规模,当半小时交通内的田地不够养活更多人时,就会有一部分人分离出去,另立村寨,平安寨就是从龙脊古壮寨分出去的。扬·盖尔认为大多数人每次不间断步行的距离在 400～500 m,而笔者在乡村中观察发现,由于宅基地并不总是靠近耕田布置,乡民从家里到耕作田地的距离多在 500 m 以外,长距离的步行对于村民来说已是一种习惯。

3. 与河岸保持距离

对于山脚河谷型村落来说,由于山上开挖的稻田产量有限,位于山脚下的村落与河岸的距离决定了村落稻田主产量的多少,也决定了村落人口的多少。同时,河岸的最高洪水水位线也影响着村落与河岸的距离。

6.3.3 保持弹性的社交距离感

聚落中住居间的距离表现为:人的空间概念中的距离感与现实中的距离相协调的结果。聚落中存在着多种多样的场景距离。

1. 保持零距离

所谓零距离,就是空间要素在前后、左右、上下或内外方向上相互拼贴在一起,个体共融为一个整体关系。这样的距离关系经常体现在熟人社会的村里人与人的空间关系上,并演化成兄弟分家后形成由"二进宅"分家成为"一进宅"勾肩搭背(图 6.39),还有前文里出现的墙体上多种材料的拼贴关系等。贵港君子垌桅杆城以祖祠为核心的围屋和以宗祠为核心的围屋并肩而立成为"长城",反映了《儒学南传史》中与当地情况的零距离结合演变。鼓楼和戏台相连、建筑与自然的连接也呈现零距离状态。

（a）

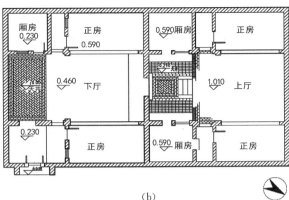

（b）

［图片来源：《中国大百科全书（民族篇）》］

图 6.39　保持零距离

零距离，是传统村落解决居住密度过高的办法之一，即减少房子与房子间的距离，甚至把两座房子的墙壁都贴在一起。在过去，出于安全性和维护血缘关系的考量，兄弟父母的房屋尽量紧挨着，形成长屋，但由于私有性要求，它们不会像现代联排别墅那样共用一堵分户墙，这样的空间关系在新房与旧房关系中也得以体现。在土地面积允许的情况下，一般都会在老房子边再起新房子；旧村旁边紧挨着的是新村，从而形成人们口中的"上村""下村"的空间毗邻关系。在建筑格局中，当建筑内部没有纯粹的交通使用空间时，每个空间之间都是以最短距离为第一选择。

零距离，也可以说是领域边界的透明化。即通过消隐边界，使两个领域互为图地，而不会产生心理学家所说的"轮廓对抗"；如内外空间之间仅隔一张纸的距离。在传统村落里充满着各种类型材料的重复利用及零距离的拼贴关系，在简单直接中体现着质朴、智慧的美。选自本土的墙面材料能使建筑空间和自然环境空间共存一体，人在行进的过程中自然而然地从外部环境步入室内，使人感觉到外部和内部空间是零距离的。

随着传统村落通上了网络，乡居者与其他空间区域的人之间的沟通基本上实现了零距离，物理上的距离被心理上的距离所弥补，乡居者的心态也发生了变化。只要满足人的基本空间需求，居住在乡村也是一个很舒适的选择。

2.　保持安全距离

严禁对传统村落中的传统空间群体、单体划定保护范围和建设控制地带等区域的古建筑及其风貌进行改动。如长岗岭村作为国家重点文物保护单位，就规定明清建筑物（石拱桥、石板路、古巷道等）本体四周 2 m 内为保护范围，现有建筑往外 30 m 范围内的所有建设活动按保护规划执行。

村落不像城镇，设计伊始就有规范对建筑防火距离进行预先设定。村落房屋更多是出于防御要求而建，民居大多毗邻而建，密度较高，有的甚至相互连接，这对防火非常不利。由于传统乡村多低矮，正面距离往往考虑的是日照距离，即大于 1∶1 的日照间距，而侧面由于用地限制，较难参照《城市居住区规划设计规范（GB 50180—93）》的要求，保证 6 m 防火间距。为此,只能通过构造措施来提高建筑的防火等级,如将柱子与墙体拉开距离,而不是立帖式,这样做的目的是当木柱、木顶燃烧时,墙体可以起到防火分隔的作用,其原理和封火山墙是一样的。

3. 保持适当距离感

学者青锋认为传统文化对于现代文明最大的启示就是,了解我们自身的限度,并且学会在这种限度中生存。他认为距离是种姿态,是人追求心安的姿态,是人要对自己的能力保持一种克制的姿态。在广西传统村落中,在老房子基础上推翻新建的情况越来越多,但人们始终不敢触碰的是村里的宗祠、祖祠、祖坟和家里的堂屋,这种对祖宗神灵、生死的敬畏感,让人始终与它保持适当的距离,成为开发的禁区。当然,这种距离感是模糊的,以坟墓与住居的关系为例,有坟墓在村落领域边缘,但能相互看到,形成泽被后代的风水关系,这种情况较多出现在家坟;也有坟墓就在住居院子前,生与死仅一院之隔,代表"灵魂不灭"的祖先崇拜情结,这种情况多为祖坟,如笔者在熊村调研的时候,就发现村落祖坟居然就在某宅院落前面。

通过设置遮挡空间以保持适当的间隔距离,可以使空间产生积极意义,相反就会产生消极意义,物质距离的缩短导致的是精神距离的不断加大。比如对歌楼的产生是基于对歌仪式的空间需求。对歌是一种求婚仪式,它需要一定的距离和角度,使男女双方的距离先停留在以声辨人的初始状态,有些对歌是根本看不到人的,双方在对歌中一旦产生好感,才能进一步发展,产生近距离接触(图 6.40)。而现在的对歌楼空间是一种简化仪式、进行民俗表演的舞台,空间失去了相互遮挡和保持适当距离的设计,它已经丧失了充当"红娘"的空间角色的功能。

(a) 距离产生美(壮家歌会)
(图片来源:《展 70 年风华,看最美龙胜》)

(b) 金秀下古陈村对歌楼设计

图 6.40 对歌需要距离感

这种适当的距离还出现在功能用房的距离上。比如,厕所设在村落里,供大家共同使用,产生的肥料也由大家共用。经过一番改造,这样的公厕还是一个很有意思的公共空间。广西客家围屋的澡房和厕所是分开的,澡房往往和取水的水井位置靠近;而厕所则设在房屋最后面的地方,和养殖家畜的空间非常接近,以利于收集农肥。适当的距离还可以通过调整空间形态而获得,比如从一个院落到另一个院落,当院落形态相似的时候,因为重复而难以调动人的知觉兴趣,感觉就远;而当院落形态差别较大时,因为使人在到达目的地后感觉新奇,所以感觉就近。

如何区分合适的距离与不合适的距离,不仅仅是社会习俗问题,还建立在"我们能够察觉到同类伙伴这种能力的基本特征"上。在村里兄弟之间属于比较亲近的状态,从侗族兄弟两人分居堂屋两侧另开火塘分家为始,逐渐发展到比邻修建各自的房屋为止,兄弟之间的关系随着距离的拉远而逐渐淡化。

在城乡时空距离极度缩短的情况下,使传统与现代保持一定的距离是必须的。就像自然与人工、旧与新、污与洁、静与闹要保持一定距离一样,保持距离不是一种消极的出世态度,而是"用一种很平静的、看起来仿佛消极的态度入世"。① 这在研究乡建多年的王澍的设计作品中最能体现,对他来说距离是一种姿态,一种客观看待传统与现代之差异的冷静姿态[图 6.41(a)]。在广西传统村落中有使用木材和夯土相结合的建构新工艺,使传统夯土空间孕育出新的空间意象[图 6.41(b)];或者在原有夯土墙承重的传统结构之外或之内另外构筑一套新型结构,使两套结构体系并存从而产生对话。不管怎样,都要努力保持这种距离感,使新旧有别。

（a）中国美术学院象山校区（四合院新生）

（b）传统民居在新旧材料与工艺的近距离接触下得以重生

图 6.41 保持传统与现代的适当距离感

---

① 摘自《文汇报》中《王澍：让文化力量重返乡村》一文。

如果说城镇代表现代,乡村代表传统,那么城镇与乡村的距离就是传统与现代的距离,要保有这种距离感,乡村才能维持自身特色。但在现代城镇空间高速扩张、交通日益发达、网络信息高速连接的背景下,城镇与乡村的距离感越来越弱,为此,该如何重新定义城乡距离感呢?从旅游角度出发,"1 小时经济圈"是城镇与乡村最合适的时间距离。笔者曾就南宁市市民出行旅游意愿进行过调查,发现 50~100 km,即 1~1.5 h 之内的距离是能接受的、1 天出行旅游计划的距离。

4. 保持景观距离

通过在空间深度与高度上、空间路径上巧妙设置景观要素相互之间的空间距离关系,营造出近景、中景与远景不断变化的空间景深关系,这和中国传统山水画中的深远、高远和平远三种意象相对应。从中国传统园林中分析得出优美的空间景深有五个要素:①层次分明;②近景要有细节且丰富,最好是可触摸、可闻的空间;③中景简洁且色彩动人;④远景轮廓优美且空间关系和谐,最好能目极千里,同时能保持一定的缥缈感;⑤动线巧妙设置,尽量做到步移景异。

视知觉是具有高度选择性的。对于人们有意义的、能够理解的物体,拥有概念和名字的物体就可能具有前景的属性。在一定的场内,我们总是有选择地感知、注意一定的对象,而不是明显感知所有的对象,随着注意力的锁定,有些凸显出来成为图形,有些则退居衬托地位成为背景。门窗在传统风景园林中是赋予景观层次感及景色诗情画意的重要设施,门窗通过框景成为中景;传统门屋上题有象征屋主家风、身份或祖先的匾额就是前景,而没有文字的墙体则成为背景。

6.3.4 营造空间的距离等级

传统村落及建筑是由零(微)距离、近距离、中距离、远距离、超远距离等多种距离连续构成的空间,只有保持这样丰富、连续空间距离体验的村落才算保持了传统村落的整体风貌。

1. 零距离:材料拼贴

零距离可以是物理接触,如材料拼贴,也可以是心理接触。不同地方材料的使用丰富了不同地域建筑的外观造型,同时也使材料和空间达到逻辑统一。可以说材料的宽度、厚度、高度和组合方式决定了民居的开间、进深与高度尺寸,决定了独柱鼓楼的高度,决定了风雨桥每一跨的长度,甚至可以说决定了聚落形态(图 6.42)。如干栏建筑的主要空间特征是二层的楼板和地面之间留有一定的距离,形成一个架空层,支起的高度往往是由作为柱子的木材长度所决定,如果木头长度不够或加工手段不足,人们就会想出很多办法来弥补,这也是在桂西木工工艺较差的西林一带流行矮脚干栏,而桂北侗族地区流行高脚干栏的原因之一。传统建筑材料与材料的拼贴方法有结构上的榫卯、绑扎、垒砌、叠压等方法,直接而简洁(表 6-1)。

建筑用砖类型分析

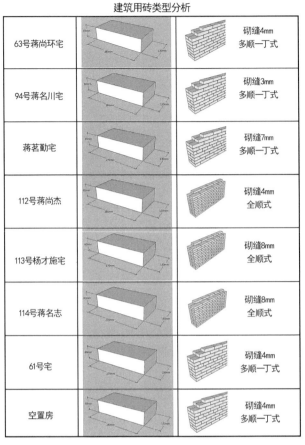

63号蒋尚环宅		砌缝4mm 多顺一丁式
94号蒋名川宅		砌缝3mm 多顺一丁式
蒋茗勤宅		砌缝7mm 多顺一丁式
112号蒋尚杰		砌缝4mm 全顺式
113号杨才施宅		砌缝8mm 全顺式
114号蒋名志		砌缝8mm 全顺式
61号宅		砌缝4mm 多顺一丁式
空置房		砌缝4mm 多顺一丁式

（a）深坡村蒋尚光宅南立面

（b）

图 6.42　深坡村局部精测总平

表 6-1　传统村落丰富的材料搭接方式

叠柱法：龙胜金竹寨 廖瑞山宅柱脚（壮）	榫卯（那坡达文屯）	绑扎（楼兰建造节）	干垒砌（熊村）

（续表）

叠梁法：风雨桥木基座	叠梁法： 龙脊寨廖宅屋顶	叠压法：木梁相互叠压	砖叠涩（熊村）

由于材料用量有限，很多民居对高效、弹性、可重复使用的建材很看重。如对入口青石板地砖的数量和弹性铺设方式，只要道路不会因为雨天泥泞难行即可；由于设计不慎造成选料不当而产生损失后，从自己林地中选材以赔偿，等等，无不显出匠师的独特心思和高度责任感；材料组合的使用方式，如在穿斗结构中利用瓜柱和吊脚柱的方法承檩，获得了增大空间结构跨度、减少立柱和节省木材的良好效果。

2. 微距离：缝空间

缝空间是一种间隔，是实质性存在之间的缝隙。对于传统村落及建筑来说，缝空间无处不在，是距离微差的体现。什么样距离的空间算是缝空间？当两个空间实体稍微离开一点，或者被挤到最极限距离的时候，缝空间就产生了。空间边界拉开一定距离可以形成缝空间，如屋顶脱离墙体支撑，就可改善顶层采光通风条件，同时也能使在顶层活动的人具有较好的景观视野［图 6.43（a）］；再如屋顶的瓦面与顶盖最小距离有 50～80 cm，空气流通好，散热快，就形成瓦面和顶盖的隔热层，上述两个空间就是缝空间［图 6.43（b）］；侗族鼓楼的重檐有防止雨水飘进室内的作用，重檐之间的空隙更有利于生活取暖产生的烟气排出。重檐之间的距离，一般为 1 m 左右，但在河谷平原地区，由于风速没有山区快，为了利于烟气快速排出，重檐之间的距离被调整至 1.5 m，这样的空间也是缝空间；村落里建筑与建筑之间挤出来的、能被视线穿过的缝也是缝空间［图 6.43（c）］；在汉族民居厅堂之间还有一种"过白"距离，即后栋建筑与前栋建筑的距离要足够大，使坐在后进建筑中的人通过门楣可以看到前一进的屋脊，即在阴影中的屋脊与门楣之间要看得见一条发白的天光［图 6.43（d）］；为了防火且区别新旧建筑，保持新旧材料及结构体系的微距离是传统建筑常见的处理手法，也成为当前乡村建筑内部空间结构体系改造的主要手段之一。如鼓鸣寨有一种方案，就是为了完整保存旧建筑原有风貌，在旧建筑内部重做另一套钢结构体系，很好地解决了新旧结构共存的问题。

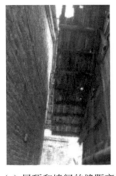

（a）屋顶和墙间的缝距离
（熊村）

（b）瓦片间细缝
（南宁相思湖畔新建风雨桥）

（c）材料间的细缝
（高定寨木格栅墙面）

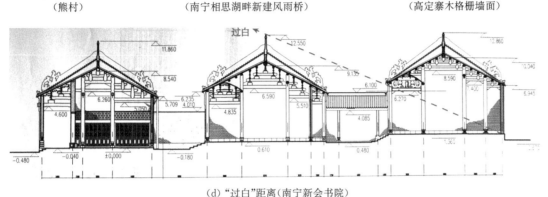

（d）"过白"距离（南宁新会书院）

图6.43 缝空间

细缝空间。乡土建筑空间是半透明的，这个特点通过多片非整体性建筑材料相互拼接留下的细缝得以实现，这些细缝不仅能给室内透气，还能形成独特的内外视角，如透过细缝看到的瞬间视野，会给观者一种心灵震撼。同时细缝空间还能给光在聚落及建筑中一个充分表演的机会，这也是村落里经常获得的光空间意象。这样的细缝空间还体现在侗族敞廊的竖向栏杆、窗棂等细节部位。但缝空间也会给建筑使用带来不便，如传统建筑的屋顶因为瓦与瓦之间是用手工进行搭接的，所以常有搭接不到位或风吹日晒而移位变形的问题，当渗透压较大时难免会漏水，同时屋顶积灰也会落到室内。所以在对传统建筑进行改造时，为了免去经常上屋顶捡瓦修补的麻烦，有设计师在室内用现代材料如玻璃再加做一层屋顶，如鼓鸣寨土菜馆二层的客房上就用玻璃做了一层"顶中顶"。

3. 近距离：悬挑空间

近距离在乡村中主要体现在多个方向的悬挑空间之上，如由房屋向阳面借助下部柱子支撑悬挑而出的晒排（悬挑为2～3 m）[图6.44（a）]、前后左右的挑檐等，这样的空间关系主要是通过支撑点两边的力学平衡、水平向与垂直向构件层层叠压的方式得以实现。

4. 中距离：减小开间，加大进深，加高层高，架空底层

开间、进深、层高、架空等中距离决定了传统村落及建筑的空间体积。广西传统民居开间越窄，平面进深越深，其气候适应性就越好。为此，在保持建筑面积不变的情况下，通过架空以减小房屋基底面积、增加房屋高度；给房屋间留出足够的距离，开展庭院经济，也为

239

(a) 近距离(龙胜泗水乡民居晒排)   (b) 中距离(深坡村某宅重建)

图 6.44　近距离与远距离空间

(图片来源：雷翔《广西民居》)

日后子女分家留出足够的宅基地；去除左右厢房，形成对院的书房等方法被广为采用。

对于干栏建筑来说，底层层高是最矮的，二层层高是最高的，三层是次矮的。为什么会有这些层高变化呢？据住户介绍，过去因为龙胜山区一年有一半的时间是雾天，所以如果层高太高，就常常会有雾气从窗户进入，长久不散，使室内湿度极高，如晒衣服 7～8 天不干。到现代，由于功能变化及人为环境控制的介入，层高开始变高。以龙胜干栏居为例，一层空间的主体部分被改造为餐厅、厨房、公共厕所和洗澡间使用，为了给外来游客创造可以接受的居住环境，需要把原来仅 2.2 m 左右的层高进行加高；二层空间进一步开发，火塘、神龛、厅堂均被取消，原有的前堂后屋的空间格局被改造，形成了南北两面设立卧房、中间设立走廊的空间布局，在原有的建筑空间内就可以增加一倍以上的住房；由于游客不断增多，村民将三层阁楼进行改造，把原建筑的立柱加高，并在歇山顶侧面开老虎窗，使三层的房间都可以拥有采光及通风的窗户，又保持了原斜坡屋顶的形式。

身高与空间高度有关系吗？巴马瑶族人的男性身高平均在 1.6 m 左右，女性身高平均在 1.58 m 左右[①]。但瑶族住宅的高度相比其他民族住宅的高度，却不见低矮，可见空间高度还是一种文化传承。就算到了现代，依然能在农民自建的房屋中发现与实际使用不符的层高高度。

5. 远距离：保持核心距离

现代住区往往根据公共中心的服务半径来决定住区规模，那传统村落根据什么来确定其规模和影响范围？从前文可知，作为公共中心的核心必须是兼顾多个方向的多面体，其对周边的控制力梯度与声音传播随距离增加而衰减的原理相似。这个距离可以是物理距离或视觉距离，物理距离是指从边界某一点到核心的尺寸，可以进行精确计量；视觉距离是指边界上的一点能看到核心的最大距离；这个距离也可以是心理距离或知觉距离，即指某

---

① 数据来源：2021 年巴马国民体质监测活动数据。

一点与核心间的关系强弱,可以用知觉进行模糊认知,从而"保持事物间可以相互感应到的距离",如传统村落里乡民经常以声音尚可听清、表情尚可看清的远距离展开交流。心理距离相对稳定,不会因为物理、视觉距离的改变而影响核心在其心目中的地位。

距离的远近意味着空间联系的强与弱,地理学家称之为"距离衰减"原则。对于一个村落来说,其对外联系强度在一定半径内是比较均匀的,随着距离的增加,受自然、文化、经济的影响,不同方向对外联系的强度会有所不同,某个方向的对外联系强度会增大,而其他方向会减弱,如此也决定了村落形态和建筑形式。

远距离是一种弱势的空间关系,藤本壮介认为"面向现代,应该依靠弱势的空间秩序和坐标系而非表面上的环境和信息给予本质上的回答"。

人们在选择聚居点的时候,根据地形的特点和可耕土地的容量来决定聚落分布的规模和距离,从而形成"集村"和"散村"两种基本的聚落空间形态。平峒地区可耕土地面积大、人口容量大,所以聚落分布较为密集,形成集结的空间形态(集结意味着物的聚合,物与物之间相互吸引从而被整体感知)。山区相对"离散"(离散意味着物的分离,物与物之间相互排斥从而被个体感知)。那么这个距离感是多少呢?客家围屋预先设定围墙为界,其发展不像其他民族村落边界会模糊地自由发展,而是当围屋内人口规模超过围屋周边土地的供养能力后,就会根据土地供养能力进行重新选址、布局,新建围屋,这也就使君子峒17座围城成为以田地生态条件为据,相离一定距离、互相拱卫的散点空间。在过去,对于缺乏交通工具的乡民来说,17座围城是通过田埂联系的,距离就是从自己家(经过自家田、穿过别家田)来到别人家的时间长度。笔者调查发现君子峒乡民对17座围城都有一种家的感觉,毫无生分的距离感,在他们心中,17座城是田峒里自然生长出来的"既分开又联系"的整体,是具有各种各样距离感的统一场所[图6.44(b)]。君子峒最先修筑的黎姓云龙围不像粤、赣、闽客居多选址在山脚的位置,而是距山有一定距离(大约留出一块田的距离),这有精神原因也有实用原因。精神原因是,清乾隆四十年,黎家人刚到此地,相比于对客的外部环境进行呼应,其更加关注内部防御与宗族礼制体系完整性;实用原因是,该地田地较多,以四方城来对四面田地进行布控,可以控制更多的田地,以利生存。

传统村落与城镇的距离决定了其自身发展潜力。首先是城对村的带动,太近对村落发展不利,如城中村和城郊村;城与村距离适中时,2 h内,能满足一天来回,如离广西南宁主城区仅30～60 min车程的石埠"美丽南方""马山三甲屯""古岳坡""鼓鸣寨"等(图6.45),就因为交通红利而得以发展。而3 h内的车程既能保持传统村落的原生态自然环境,又能促进其民宿发展,这点在浙江莫干山民宿旅游[处于上海3 h经济圈(300 km)内]的成功可以验证。随着高铁的发展,3 h的物理距离将继续扩大;传统

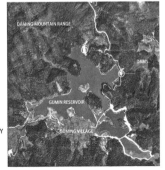

图6.45 远距离:上林鼓鸣寨区位

村落间的分布与环境容量是动态平衡的,地形、土地、资源的容量决定着村落分布的规模和间距。如山区耕地少,村落规模也相对较小,人口容量也小,所以聚落之间的距离较大。在桂北地区许多少数民族村寨的间距多在 4~10 km,就可以保持生态系统的稳定和可持续发展;传统村落起到文化核心的作用,其他村落成为其文化领域,二者保持适当的距离可以互为支撑,形成区域性旅游资源整合。传统村落与新农村(包括各种商业开发的休闲群体空间)间的距离不能靠得太近也不能太远,近了会破坏传统村落的清幽氛围,远了会降低原住民的返乡意愿。

传统村落应该成为远距离内新村建设的文化核心,社会学家亚历山大(Jeffery C. Alexander)认为人类的文化只有在部分地与其相邻的文化分离时才能繁荣昌盛。那么,这个文化距离是多少呢?对于过去,可以是一座山的距离,两个村风格迥异;当前,较多新村离村民原先居住的村落很远,村民很难回到自己原先居住的地方,文化认同感逐渐丧失。如平乐县的榕津村在保护中,采用政府调整土地或征用村落周边土地的办法,将有新建住房需求的农户安置到新区居住,政府出资完善新区基础设施,农民与政府签订古民居保护协议,承担保护义务。不过,根据笔者在该村的调研,这样反而使村落空心化现象加剧,农民也不会主动去保护自家的老房子,导致古民居毁损严重。最好的办法还是改建或扩建旧村,如凭祥夏石镇板小屯规划(全国村镇规划优秀设计二等奖)就是一个成功案例(图 6.46)。

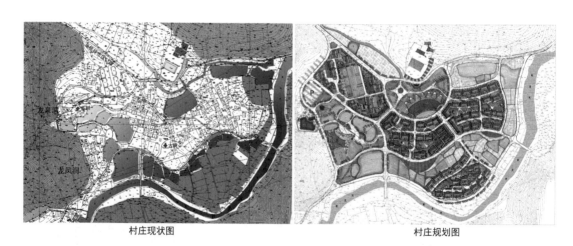

村庄现状图　　　　　　　　　　　　　　村庄规划图

图 6.46　远距离:凭祥夏石镇板小屯规划

过去,婚嫁流动是男女双方通过婚姻关系而实现的一种村落间的流动,是对村落间远距离的突破。以金竹寨为例,由于受地理、交通、社会和经济条件的限制,金竹人之间的交往范围狭窄,大多只在方圆 10 km 左右范围内、关系较近的族人之间进行,其婚嫁流动也在近距离范围内发生。金竹人视与外族通婚为畏途,故当地有俗语云:"好女不出龙塘界。"妇女中还传有"宁愿守房死,金换不嫁外面人"的俗语。

6.3.5 小结：广西传统村落及建筑空间距离的传承与更新框架建构

传统村落及建筑间应保持适当距离和联系性，对其空间设计应该以精神、心理尺度为主，尺寸为辅进行研究和设计。由此建构广西传统村落建筑空间距离的传承与更新框架，如图 6.47 所示。

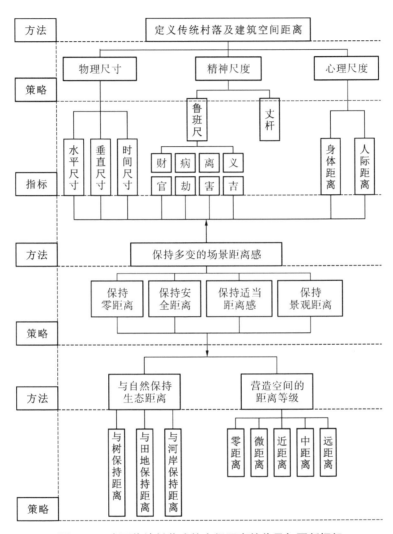

图 6.47 广西传统村落建筑空间距离的传承与更新框架

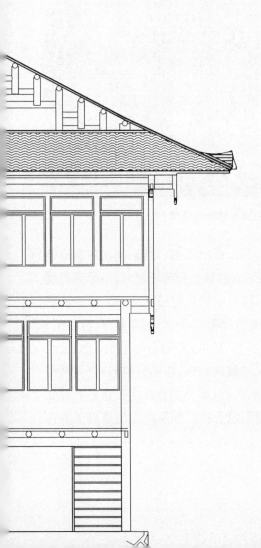

7

广西传统村落及建筑空间形态的寻找

当空间具有图形品质时，空间才有意义。

——顾大庆

7.1 空间形态的特性

7.1.1 符号性

从前文可知,空间是一种形态符号,它以一种图示或者概念长久地存在于人的记忆之中(图7.1)。任何事物要成为空间符号,就必须与人的心中的某些空间图式相吻合,唯有此,人们才可能通过符号解读空间进而使其获得意义。符号是"一种用来代替其他事物或含义的标志……这种标志本身必须具有鲜明的特征或特殊的样相,以便使人一眼就能注意到它"。

图 7.1 外部空间形态统一的传统村落(富川秀水村鸟瞰)

当然,要把空间符号化,首先得把立体空间进行平面化,借助平面、立面、剖面的图形性来强化其空间的符号性(图7.2),就像人们一看到三角形就会联想到传统建筑,一看到鼓楼就联想到侗族、一看到铜鼓就联想到壮族、一看到锅耳楼就想到广府民居等。关于平面形态的类型,西方在符号学上研究较多,如昂温(Unwin)使用直线形、圆形、对角线形、放射形;西特(Sitte)的矩形、三角形、不规则形和放射状系统;科林(Colin Buchanan)的向心形、线形、格网形;里卡比(Richaby)的同心集中形、同心线形、分散核心形、线形分散形;普雷斯曼(Pressman)的正交网格、蜘蛛网状、星系状、多中心网络等。这些分类体系多数建立在视觉感受与密度、图地关系、组合方式等心理感受方面,如何借以分析广西不同空间格局里的传统村落及建筑空间形态的符号性是研究难点。

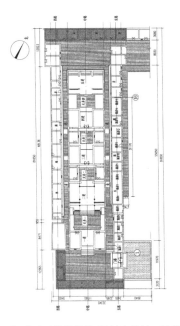

（a）矩形平面的符号性（灵川大芦村四美堂）

（b）立面空间的符号性（玉林余氏老宅）

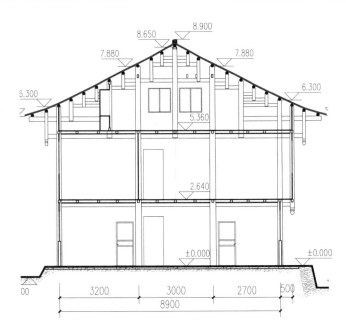

（c）剖面空间的符号性（龙脊侗寨潘庭芳宅）

图7.2　空间的符号性

　　就像布莱恩·劳森所说,空间是种语言。任何事物要成为空间符号就必须要求它与人的空间概念和关系图式相对话,唯此,人们才可能通过符号而获得意义。这就涉及符号的"共享"及"公共信号库"建立的问题。对此,可用传播学的经典模式——"宣韦伯的传播模式"来加以解释:在这里,符号被双方所"共享",尽管符号本身客观不变,但对于双方的理解而言,它们不可能有完全相同的含义。因为二者的文化观念、审美观念、价值观念、欣赏水平以及心理素质等有很大差异,并且他们的生活经验、专业知识及考虑问题的出发点等也不可能完全相同,带着这些差异进入传播关系时,在各自心目中对符号意义的理解自然会有较大差异。因此,要使传播能顺利进行,使符号真正被共享,就必须建立双方统一的"符号库",在这"库"的范围内,双方各自的符号能够在某种程度上得到吻合,也就是说有"共同语言"。

空间形态是社会关系、政治权力、经济利益的象征和载体,背景条件的不同使广西多个少数民族看待空间的象征意义有所差别。如在汉族村寨里大空间象征着富有与荣耀,轴心空间象征着权力与尊严,传统屋檐一根向天弯曲的弧线,会给人以"反宇向阳"的符号意义等;在客家民系里的围拢屋与人们常见的太师椅很像,给人安定的象征意义。因此,如何运用空间形态的符号性来激发民族认同感,成为广西传统村落及建筑传承与更新的方法之一。

聚落是根据"符号"变形的原理集合而成的,那么可以将传统村落看成是聚落空间形态的符号构成,而聚落空间形态是由建筑空间形态的符号构成,如此逐级细分为更小的符号集合,从更深的层次上去把握传统空间的异同。符号坐标系并不泛指某种单纯的静止形状,而是在对某种新的价值观或事物进行思考时出现的动态框架。乡土空间形态的重复性再现并不是受制于外部规则的约束和限制,而是生发于对建设行为的规矩熟悉到不加思索的可靠性。只要既存模式少有变异,就会使该形式具有持久生命力。吴良镛在《人居环境科学导论》谈到道氏(Constantinos Apostolos Doxiadis)的理论时,将聚居归结为下列三类:圆形、规则线形、不规则线形。采用几何图形来表示的平面形状不外乎就是圆形、方形、条形、三角形、梯形、环形、放射形、格网形等类型,或者用点状、线状、面状等形态表示。

符号①作为空间提示,形象具有多样性与变异性,更多地表现出中国的民俗与民风,如具象符号的动物形态——坐、蹲着的青蛙,门两边蹲着的狗(辟邪,挡住煞气)等。这些都体现了老百姓意念心性的造型手段和群众性的参与方法,这些符号构成了乡土建筑空间微格局的特点。当空间形态成为一种符号后,人就不会拘泥于准确描述其空间形态了,而是会根据自己的、环境的需求去拓扑它,但要注意符号不是标签,不是商品,不能滥用。

符号依附于空间界面,从而渲染出空间氛围。形状和颜色组成的具象符号体系在很早以前就已经成形,且在文化认同的领域内成为固定模式并广为流传,比如由一些吉祥寓意的图案如寿、双喜等构形,用当地材料制作的花窗。这种以符号流传的模式比任何一种模式都更容易让人牢记,并在一些情况下重新回忆,以当时当地的特性加工而描绘出来。

符号以一种模糊的、抽象的、片段的意象存储在人的记忆中,如意大利符号学家艾柯所说,是一种内容雾状体,符号的认知与解读有赖于个体记忆程度的深浅,这种深浅的微妙关系依赖于不同情境下人的感官和情感体验。"将居住这种行为中所隐含的内容丰富的模糊

---

① 苏珊·朗格认为符号分为"推论的符号"和"表象的符号"两种。

性原封不动地通过一种新的建筑语言表现出来,赋予符号以新的意义。"

当空间形态符号化后就成了景观符号。符号化的动力一是来自人与乡土自然的天然同构关系,黄现璠在《壮族通史》认为,一个民族,人口众多,各自居住的环境不同,接触的动植物不同,便会产生不同的图腾崇拜,同一个壮族,便有多种图腾崇拜。二是来自民族文化习俗约定俗成的一部分,如"青蛙曾是壮族的一个强大的氏族标记"。三是符号有时候只不过是情绪显现或身体姿态的偶然痕迹。四是符号是技术化后的产物。

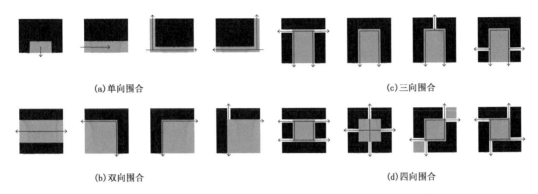

(a) 单向围合　　　　　　　　　　　　(c) 三向围合

(b) 双向围合　　　　　　　　　　　　(d) 四向围合

图 7.3　寻找合院图形变形形式

7.1.2　完形性

(1) 群化原则。当人进行自然观察时,知觉具有控制多个刺激,使它们成为有机整体的倾向。它遵循邻近原理(即相互邻近的元素被感知为有内聚力的整体)、相似原理(即彼此相似的元素易被感知为整体)、连续原理(即按一定规则连续排列的同种元素被感知为整体)、封闭原理(即一个有倾向于完成而尚未闭合的图形易被看做一个完整的图形)。

(2) 简化原则。感知对象的知觉组织所需要的信息量越少,该对象被感知到的可能性就越大。其遵循良好完形原理和简洁原理。

(3) 空间形态。即空间边界所形成的线条形状,可以分为个体空间形态和群体组合的空间形态。格式塔心理学认为人总是以整体的观点去认识局部,并通过将局部对象组织化和秩序化去完形整体,这也就解释了为什么规则的几何形状最容易为人的视觉所掌握。格式塔心理学认为"作为物理现象的几何形状及其结合并不是纯粹的形式,而是其力学关系整体性的表现,人们对于不同形式的感知在物理力的诱导下产生不同的心理力,即不同的心理体验。反映到空间构成手法中,则体现为图地关系、群化原则和简单化原则等出自图形试验的组织原则,从理论上阐明了知觉整体性与形式的关系"。对于聚落及建筑来说,平面是复杂的,但人能通过格式塔原则来认知空间形态。

广西传统村落及建筑空间形态多样,除了防御性较强的规整矩形空间外,大部分呈不规则形态,但通过跟随自然、建筑的主要空间边界,去除边界的干扰性凸起和凹进,还是能获得一个总体性的几何空间轮廓,通过简化能获得空间形态的原型。通过对这些原型的比较分析,可以为传统村落的格局划分和建筑原型创作获取提供帮助。

7.1.3　图地性

　　在一定的场所内,人总是有选择地感知一定的对象,而不是明显感知其中所有的对象,有些凸出成为图形,有些凹进成为背景。图底是实与虚的体量对比,它们分别呈现出不同的形态。是图还是底,由二者的体积比、色彩吸引人注意力的差别、人的心理图式吻合程度等条件决定。格式塔认为成为图形的主要条件有:

　　① 小面积比大面积易成图形;

　　② 水平和垂直形态比斜向形态易成图形;

　　③ 对称形态易成图形;

　　④ 封闭形态比开放形态易成图形;

　　⑤ 单个的凸出形态比凹入形态易成图形;

　　⑥ 动的形态比静的易成图形;

　　⑦ 整体性强的形态易成图形;

　　⑧ 奇异的或与众不同的另类形态易成图形;

　　⑨ 有意义的形态易成图形。

　　当然,是从图开始考虑还是先从底开始考虑,决定了空间形态的显现与差异,这在乐洲村空间类型分析中有所体现(表 7-1)。

表 7-1　寻找乐洲十六村的空间原型

类型		原型照片	图地关系	
独栋类型				
里弄类型	排院			
院落类型	规整院落			

（续表）

类型		原型照片	图地关系	
院落类型	自生复合院落			

7.2　找寻空间形态原型

空间形态在一定程度上是核心空间形态的外显。具有"几何"集中空间形态的村落"多位于盆地、平原和用地较为平整的浅山丘陵区，由于受地形限制较小，它们一般边界明确、轮廓方正或具有其他简洁的形态，同时轴线清晰、街坊整齐"。比较矩形、正方形和圆形这三种基本几何形，可知矩形长短边不同，其内部空间具有沿着长向发展的趋势，构成长轴。随着长短边比例加大，这种趋势越来越强烈。正方形则具有两个等长的轴，空间具有较强向心性。这种结构作用在外形上，四边长短相同。向心性最强的则是圆形，存在经过圆心的无数轴线，边界上的所有点均相同。

空间形态按空间要素的集聚状态可分为点空间、线空间和面空间，按视觉形态可分成几何空间、拓扑空间和自由空间；按空间构成要素可分为物体空间形态、行为空间形态和心理空间形态。如果用原型方法来归类，这几种空间形态最终可以分为圆形、矩形、三角形和自由形四种空间形态。

7.2.1　重构矩形空间

从前文可知，方形象征土地尘世的观念，是"儒家"追求稳定、安静、同一、图地共存的目的反映。"方形是较圆形方正、较三角形平整的中庸图形，它表达了相对的内外关系，以及相对模糊的多中心性，'方'的意象，与中国传统中反对对立、强调共存的精神追求保持了同构关系"，方形体现了四个方向的均等性和可能性，因而矩形是中国传统空间形态的原型，各种形态由矩形变形生成（图7.4）。

矩形的"间"是广西民居中出场最多的空间形态，院落是矩形的，房间是矩形的，炮楼是

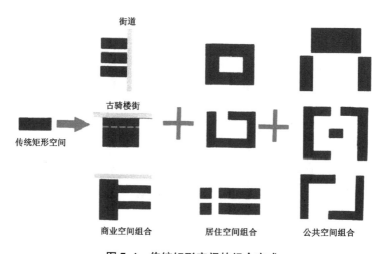

图 7.4　传统矩形空间的组合方式

（图片来源：改绘自"广西界首镇申报中国历史文化名镇文本"）

矩形的,鼓楼的底座是矩形的,祠堂是矩形的,戏台是矩形的;横长方形和纵长方形构成的九宫格式的合院是矩形的,门窗也是矩形的,矩形空间是中国传统聚落空间最基本的单元形态,甚至整个村落形态也是狭长矩形。为什么在广西会形成矩形空间呢？具体为：①由人的空间认知决定。"直角是比较简洁单纯的角度,唯有这一点作为稳定性为人们所知觉。"人在直角限定的空间中比较容易识别方向,从而对自己所处的空间能得出一张简单的方向地图。②由材料所决定的。对于由木材构筑起的乡土建筑来说,其材料形态单一且木材之间的榫接多是直角相接的,所以室内最常见的空间角度是直角正交,这也直接导致了矩形空间的形成。③由地形所决定的。龙脊古壮寨民居平面多为横向长方形,在陡峭地形的限制下只能沿着等高线向左右两端延伸,有时候家里有数个兄弟的几幢干栏木楼相互连接,成为一串长屋。④是文化等级秩序所决定。贵港君子垌的四方围城桅杆城,乾隆末年建起右老祠堂,为三间三进式纵向矩形结构,黎家财丁两旺后,又建左老祠堂,仍是三间三进式纵向矩形结构,光绪年间,又筑起新城"畅记城",新城、旧城间以城门相连形成横向矩形,合称"长城"。⑤由生产所决定,如在广西各地沿路还经常见一些矩形住宅相互拼接形成的长屋,这些长屋多建于人民公社时期,这是由于合作社共同生产的需要而形成的,可能也是如杜克塞迪斯所说,方形平面可以使许多房间互相紧贴在一起的原因。

"圆为人体的维护图式,方为人体的结构图式,根据人的行动及知觉推出的图式称为知觉图式,三者统称为安全图式。"以贵港君子垌客家围城第一座云龙围为例,其不像其他地区的围屋那样建在山脚坡地处,而是选在离山一定距离的平坦田野中,把田垌一分为四,四角方城,方楼高三层,可以对直线形态的围墙进行侧面、无盲区的立体防御,角楼和方城一起构成了一个完整的立体防御空间。在田野中筑起方城的原因有以下几点：①是当地壮族人对外来者秉持和谐包容的态度,降低了客家人的防御要求,减少了最为关键的后部防御；②是客家人在获取更多田地的同时,为达到对四周田地的控制并抵御来自东西南北四个方向的威胁,采取面向四个方向展开连续线性防御的四方城结构图式,并在方城前挖一口半月塘,以喻圆形的维护图式;③是对既有空间安全图式的顺应,君子峒后面建造的围城大多建在平坦田野中,占地 3~10 亩①,成为独特的聚落空间形态(图 7.5)

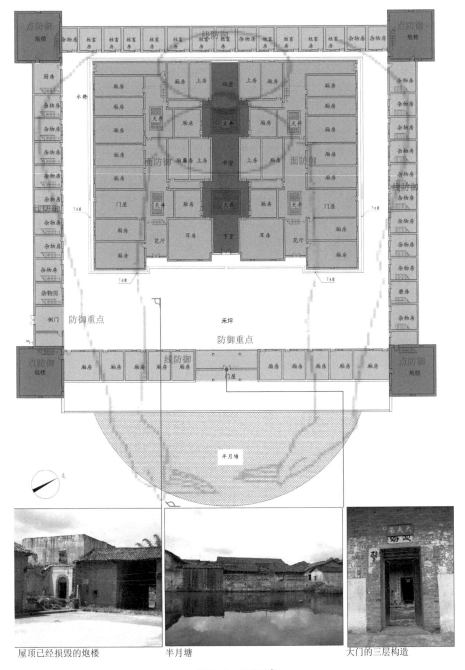

图 7.5 同记城

---

① 1 亩约合 666.67 m²。

7.2.2　寻找三角形空间

　　三角形是围合空间的最简洁形态,且能适应任何平面和立体空间,是最具动感、最具心理刺激、最具结构稳定性的图形,它以唤起精神紧张而导致图地分离(图 7.6)。静力学要求空间体量上小下大,以求视觉的稳定感。但从心理学来说,空间体量下小上大也能求得心理的稳定感,最明显的是树,人们待在树荫下,怡然自得。从中可知,稳定感是来自于视觉与心理的相互协调。

(a) 人的行为三角形空间　　　　　　　(b) 聚落三角形空间(三江和里村)

图 7.6　寻找三角形空间

　　对于山地建筑来说,三角倾斜形态与自然山头、地形态非常契合,是对矩形意象空间的适应性调整。山的、屋顶的、地形的倾斜是传统村落及建筑给人印象最深刻的三角形空间意象。原广司认为,聚落是模仿山的形状建造,必须注意山的形态变化,笔者仔细观察了几个案例,发现山的下降角度和住居斜屋顶的倾斜角度吻合。

　　三角形空间在满足其功能上的需求(如排水)以外,还有一个重要的意义就是象征意义。如屋顶材料可以由传统的瓦片转换成为石棉瓦、植草砖甚至是钢筋混凝土材料,但只要倾斜的三角空间形态存在,传统空间的意象依然存在。此外,三角空间形态还有空间等级意义上的规定,如侗族村落的立面整体形态多为三角形,最高点为鼓楼的顶点,村里没有一幢建筑可以高过鼓楼;此外,还有一些空间细节其实也是三角形空间的完形,如檐口滴水等。

7.2.3　拓扑圆形空间

　　(1)从视觉范畴来看,一个绝对中心对称的圆不突出任何方向,是一种最简单的视觉式样,所以知觉往往自动选择圆形来构造对象,进而塑造视觉形体。与圆相近的八边形以上的中心对称体皆可看成近似圆。从知觉范畴来看,边界的连续性使圆形最易产生图地分离和造成内外关系,因而圆形(O 形)空间内聚感强。在中国儒家风水观念"天圆地方"说中,圆象征天、轮回与往生极乐,中国人对天的自然崇拜使圆形经常成为各民族精神空间的象征,因而在村落里作为精神中心的空间多以完整、纯粹的圆形形态出现。如黑衣壮族的"圆形土墓"和"瓦顶方形墓"分别象征着死者两种不同的灵魂状态,也分别对应于阳界和阴界,只有"圆形土墓"能设置在人类生活世界的村寨内,而"瓦顶方形墓"只能设置在村寨之外的田地和荒野中。

(2)从社会学范畴来看,费孝通以差序格局和团体格局分别概括中国和西方的社会结构特点。在他看来,西方社会的团体格局有如田里捆柴,扎、束、捆之间界限分明,而中国社会的差序格局则如以石击水所产生的不断外推的同心圆波纹,形成层层相套的空间中心,人与人之间界限模糊。差序格局是一个富于伸缩性的网络,无论是向内回缩还是向外伸展,均以"己"为中心,逐渐向外递减,从而产生等级性。这样的差序格局导致了传统村落空间形成以核心为圆心向周边扩散、衰减的类圆形空间形态,即"祠—宅—田—野"的扇圆形态。同时圆形空间形态还是地理空间的显形,如达文屯民居几乎全都朝着他们的风水林以及位于林中供奉祖先的祠堂,成扇弧状。主干道形成椭圆环形,并由此向外延散射出去,形成纵横交错的路网,延伸到每家房屋(图 7.7)。

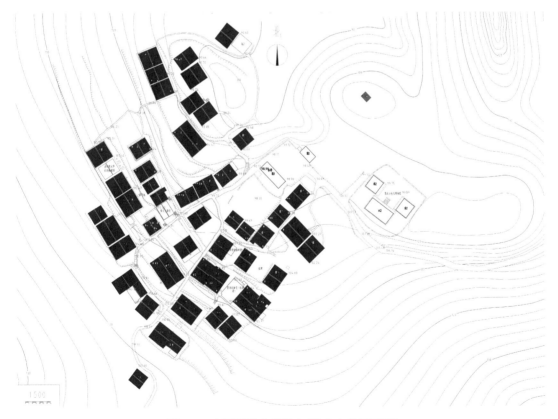

图 7.7　扇面圆形空间形态(达文屯总平面图)

（3）从使用范畴来看，圆形的方向适应性较强，可以适应多样化的拓扑变形。圆形适用范围较多，如能适应不同方向梁枋榫卯插入的圆柱［图 7.8(a)］；半圆形拱桥桥洞，半月池、圆形墙角等拓扑空间［图 7.8(b)］；同时圆形或半圆形空间也经常被用在汉族砖砌建筑门窗洞口［图 7.8(c)］。人的集聚交往行为状态的图形以半圆或整圆的方式显现，形成一个圆形的交往领域，这也是圆形空间的行为力学体现，如圆形的火塘形成了圆形的人类聚合形态。树下空间、围绕篝火、图腾柱等核心形成的转圈空间等，这些空间多是因为核心向外辐射力量不受约束而自然形成的圆形空间变体。圆形空间是空间利用的最佳形状，在相同体积的情况下，圆形空间的体型系数最小，即能用最小表面积获得最大体积，同时在垂直面上没有受力变化节点的圆形墙面能均匀地承担水平荷载，所以圆形空间经常被乡民用作粮仓，以最少的材料装更多的粮食。

（a）适应多方向梁枋插入的圆柱　　（b）半月形桥洞（黄姚古镇带龙桥）　　（c）圆形门窗洞口（字祖庙）

图 7.8　拓扑圆形空间

圆形空间还因为周长最小，即空间防御面少且没有防御死角而成为防御空间形态的首选。如广西客家围屋保障安全最有效方法之一就是聚族而居，形成以半月塘作为前部"半月围合"建筑空间形态，与背部山地围垅构成的"半月围合"地理空间相契合，形成完整的圆形空间。客家人选址、营建村落、求取安全感的重要方式之一是围城空间和环境空间格局的同构。《宅经》云"宅以形势为身体，以泉水为血脉，以土坡为皮肉，以草木为毛发，以屋舍为衣服，以门户为冠带"，"依山就势"是人求得心安理得的一种环境空间图式。自然环境要成为空间屏障，一般是易守难攻、寇不能入的险要之地。但君子垌地势不算险要，三面低矮丘陵环绕，村域主要为平原谷地，地形南高北低，方城坐南朝北、体型南高北低、屋前半月塘与水渠相连，建筑空间形态与所处自然地形相呼应，形成两手合围的"抱"空间形态,应山就势。其"山环水抱""山地围垅"的自然地理空间与三面高墙围合、前面矮墙月牙塘,前低后高、半月围合的客家围城格局同构,营造"天人合一"的心理威慑感(图7.9)。不过,从形势上看,当地客家人在此"高密度"居住与其说为了防御,不如说是因为人类群居的天性。

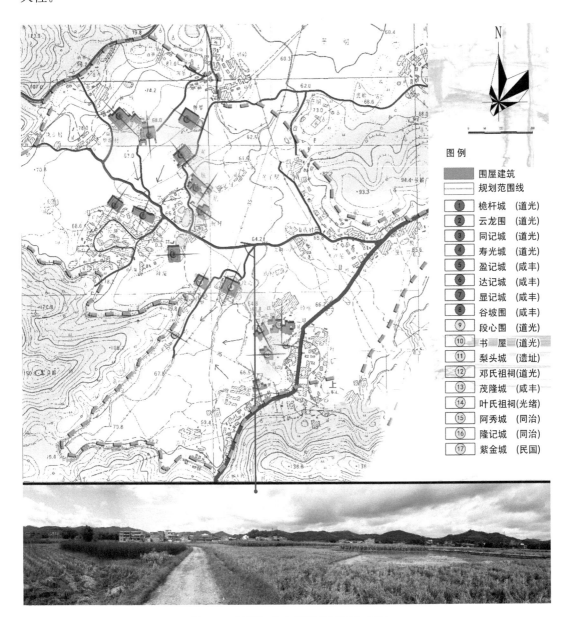

图例

	围屋建筑
	规划范围线
①	桅杆城 (道光)
②	云龙围 (道光)
③	同记城 (道光)
④	寿光城 (道光)
⑤	盈记城 (咸丰)
⑥	达达城 (咸丰)
⑦	显记城 (咸丰)
⑧	谷坡围 (咸丰)
⑨	段心围 (道光)
⑩	书 屋 (道光)
⑪	梨头城 (遗址)
⑫	邓氏祖祠(道光)
⑬	茂隆城 (咸丰)
⑭	叶氏祖祠(光绪)
⑮	阿秀城 (同治)
⑯	隆记城 (同治)
⑰	紫金城 (民国)

图7.9 君子峒客家聚落半月围合空间

7.2.4 保持自由形空间

自由空间是指以自然曲线为动力,形成形态模糊不清、难以归类的空间样态。这类空间是中国传统"道家"文化所倡导的"无形",如"龙眠居士做山庄图,使后来入山者信足而行,自得道路,如见所梦,如悟前世"。聚落空间不拘于几何形态,反而增加了"无穷出清新"的意境。西方园林大师肯特(William Kent)以"自然厌恶直线"的观念进行园林形态塑造,可以说在这一点上东西方是相通的。

1. 散点空间

对于传统村落来说,点线连结成单线型村落结构,多条线性结构的交叉形成复线型或网状村落结构,若其中没有取得明显联系的点,则是散点结构,如图7.10(a)所示。平原环境中线性结构特征明显,如滨水、沿路的线性村落空间格局;山区环境中散点结构特征明显,如山脚中零星分布的村落空间格局。散点结构是指要素之间呈现中远距离,路径、方向联系不是很强时的静止平衡状态,可以说是一切空间结构的起点。散点结构是一种离心(或者是多中心)结构,空间呈现一种向外扩展、离散、分异、扩散、重组的自主延伸形态,是乡村聚落空间形态演化转变的主要方式。具体实例见程阳八寨的宏观空间格局[图7.10(b)],一个"点"的空间(点6)的基本意义是聚焦,两个"点"的空间的基本意义是发散(点6和点7),三个"点"的空间聚散取决于它们的距离,当三个"点"之间的相互距离大致相等时,空间是聚集的(点1、点2和点3);当三个"点"之间的相互距离相差较大时,空间是发散的(点6、点7和点8)。自然环境作为一个无形的宏大空间舞台背景,具有烘托聚落环境氛围、塑造聚落及建筑形象的意义,自由、多变、复杂的自然环境舞台使作为演员的建筑必然也以散落其间、形式自由的"无形"形态存在。

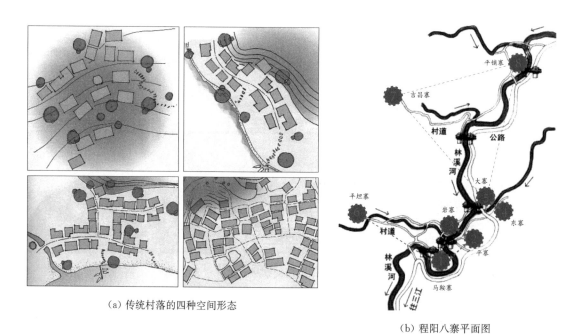

(a) 传统村落的四种空间形态　　(b) 程阳八寨平面图

图7.10　散点空间

(图片来源:雷翔《广西民居》)

2. 折线空间

不同于平地村落对直线的尊崇,山地自然环境都是以曲线呈现的,可以说没有一处地面、水体是绝对直线形的,依山就势,随高就低,前后左右,高低错落的空间关系是众多山地聚落空间样态的成因,而建材大多又是直线形的,二者调和,在侗族村落、建筑及装饰中经常以近似"O""C""S"形的折线空间形态出现,小领域空间+近距离+多变的方向+木结构体系的多向适应性保证了建筑与山坳走势相适应的可能性;同时坡屋顶的屋面坡度和山形存在某种相似之处,加之建筑高矮有序,层数一般相当,因此,建筑的高度秩序也是顺应地形高低,使整个聚落的立体样态都表现出对自然地形的适应性模拟,见图7.11。现代聚落从传统空间中学习的正应是这种宽松、适应的态度。

图7.11 折线空间形态(金秀下古陈村总平面)

7.3 找寻空间形态的演变方式

几何↔拓扑↔自由的形态研究思路,是空间要素自身及要素相互之间关系的不同层次的反映,"几何"是空间要素自身完美秩序的体现,"拓扑"是空间要素依据内外部环境改变的特性。

7.3.1 拓扑变形

拓扑学(topology)是研究几何图形或空间在连续改变形状后还能保持结构不变的学科,它只考虑物体间的位置关系而不考虑它们的形状和大小。直线上的点和线的结合关系、顺序关系,在拓扑变换下不变,这就是拓扑性质。犹如一个圆的橡胶膜(原型),在表面不破裂的条件下,将其往各个方向拉伸就能生成椭圆、三角和不规则的云形,此种形态可认为丧失了所有几何特性,仅保持了"边界是图形的内外分隔"这一性质,是"边界原型"在时空卜展开的产物。圆形在核心的控制下,以内部平衡不被破坏(形体破裂)为前提达到适应外部力量的谐变。就像一个村落,当村落内部空间出现荒废并达到一定程度后,其向外扩张发展都不再成为一种有机拓扑的进化变形,而转向一种不能完全控制的自由扩散,这在前文中有所涉及。

正如前文所说,作为审美连续体的传统村落与建筑一般都是拓扑形态,在某种几何空间原型的控制下根据外部和内部条件变化,产生连续而有差异地适度变形,从而形成拓扑变形的"差异共同体"。如广西客家民居形式与相邻汉族建筑形式间存在明显的拓扑渐变关系,客居内部各种形式间也存在渐变关系,这是客居具有异常丰富性的根源所在。

1. 矩形院落空间的拓扑变形

几何空间通过拓扑变形形成新的空间形态。以院落空间为例,L形院落空间就是矩形空间的变体,希尔伯塞尔默(Ludwig Hillberseime)认为,L形的一层住宅能比矩形住宅达到更高的密度。

2. 矩形空间的局部拓扑变形

"传统建筑在形态上十分相像,这是因为它们使用近似的构造方法。但是从不同的实际需求出发会形成各自不同的使用空间,这本身表现出传统木结构体系空间与功能使用中的宽容性。"使用者在使用空间的过程中会不断发现一些不足之处并予以改进,这也是原型空间得以拓扑的成因。

矩形空间边界后移形成的凹空间,前移形成的凸空间,旋转形成的斜空间等在传统村落中屡见不鲜。在广西中部的忻城和西部的靖西一带的壮族村寨里,经常能看到凹进的檐廊空间,供人上下的木梯设在内凹处,这和汉族传统门廊空间相似,是文化儒化的产物;作为圩镇型的熊村民居内凹入口在旁侧设置售卖货物的砖或土砌货台,上面用木隔断围合,留一小孔作为夜间出售的通道,是经济需求的产物;作为公建的百色粤东会馆也不例外,在轴线及矩形间的控制下,前殿墙体后移至进深的1/3处凹入,作为向外的入口空间,后部成为向内的前殿空间,同样中殿墙体换成屏风并后移位置至后檐柱,前部为向外的凹空间,后部为向内的凹空间(图7.12)。

在君子垌围城中也有较多凹空间,其中最具代表性的是天井、入口和枪眼三个空间。

(1)天井。围城凹空间的典型代表是天井,对于客家人来说,天井是应对外部凶险环境的最佳防御空间,天井因其剖面上的下凹,能藏风聚气、通风纳凉、南向采光、北向抗寒,是一个很好的环境调节器。同时它也是围屋封闭空间中的精神空间,能为久围其中的人提供心灵上的松弛感。客家的天井地坪一般都低于室内地面40~50 cm,有利于防涝。建筑内

<table>
<tr><td>（a）入口内凹空间
（百色粤东会馆）</td><td>（b）中殿屏风后内凹空间
（百色粤东会馆）</td><td>（c）作为货台的入口
凹空间（熊村）</td></tr>
</table>

（d）入口前的小广场（月岭村民居入口）

图 7.12　入口凹空间

部的水首先汇集到天井,收集的雨水进入城中比较完备的地下水道网,再流到城外的月牙塘中,防止洪涝。

（2）入口。入口空间多为门楼,平面呈"凵"形,左右相对的两片墙均设计有枪眼,形成交叉火力,封锁门楼空间,这样的图式还出现在炮楼与城墙的空间关系上,形成威慑空间。如今,城门入口的防御性已经降低,人们在晒谷、农闲的时候,更喜欢停留在门口凹空间,坐在门墩上与他人聊天、交往,背靠在家门口的凹形空间里能给人一种安全感。

（3）枪眼。围城墙体上有很多内宽外窄,呈喇叭状的凹形枪眼空间,这样既便于土枪上下移动对外射击,又便于保护自己。枪眼之间的空间关系应注意火力交叉防卫方面的设计。喇叭状枪眼,其实就是视觉监督的"藏"空间和防卫的"凹"空间,墙内暗处的人看出去角度广,外面亮处的人很难看见墙里面的情况,这对一些起着监督防护作用的窗户设计有些许启发(图 7.13)。

3. 圆形空间的拓扑变形

在广西传统村落及建筑中,多边形空间较少有,有一些在核心空间形态中出现,如六边

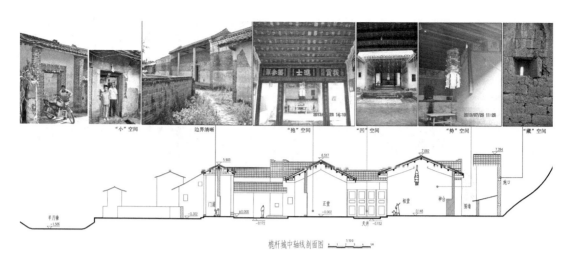

图 7.13　贵港君子垌桅杆城的防御性凹空间

形、八边形的鼓楼,它们多是圆形的拓扑空间。还有一些在民居中出现,如那坡平孟镇念井村央元屯的壮族八角楼干栏,这种形态的民居极为罕见。

7.3.2　重复叠加或削减

P. H. Scholfield 认为领域来自相似形状的几何形体(原型)的重复叠加或削减所形成的总体,虽然构成总体的原型单一,但原型之间各种各样的结构关系构成了随着时间改变的动态形态。这样的叠加关系通过第 6 章所说的空间结构得以产生,如相互靠近的平行叠加、零距离的分层叠加和负距离的融合叠加,相同方向的规则叠加,不同方向的变异叠加等。在传统村落中矩形空间相互叠加构成九宫格的广场、院落空间,三角形空间相互靠近叠加的屋顶空间形态等;材料的相互叠加也能形成丰富的空间形态。

传统建筑形态重复叠加的方法之一就是采用自相似的形态原型(分形图案)进行叠加,分形图案是一种通过缩小比例的方法不断重复自身的图形,广西传统村落及建筑的分形图案有哪些呢? 有墙、院、间等,这些分形图案来自传统,但并不囿于传统,是现代性的重要源泉。弗莱认为原型是重复出现的,被大家所熟悉的,可交际的单位。原型是一个抽象的共性概念,原型越小,村落的多样性就越丰富,这在传统村落中最普通的场所意象中得到印证。

人对重复的认知是比较敏感的,要素的重复叠加是建造聚落的基本原理之一。乡土建筑被认为是对于特定场所的原真性和独特性的最直接反映,无需外来因素和方法的过多介入,是由其所有者和使用者进行的一种对住屋的下意识建造,是对地方条件重复式的叠加反应。事物的叠加扩展、事物的叠加控制、事物的叠加衰减、事物的层叠并置等是聚落形态的基本演变方式。

重复不仅是理性的需要,而且也是建立美的整体秩序的一个前提。正因为如此,C·亚历山大将"重复"作为形成"整体"的 15 种"粘胶",他指出:"在任何整体中,都有大量的重复。"自然,重复的对象可以来自各个不同的形象要素,如空间单元的重复、形体单元的重复、建筑构件的重复、装饰母题的重复,等等。传统村落就非常善于在框架建构与填充修饰中,围绕着"中心"和"网络"去"变换重复",但这样的重复不是简单的重复,而是根据不同住户的需求而进行的长时间叠加重复,其形态丰富多样。

1. 横向与纵向重复叠加

正如原广司在"同样的事物"一节所说:"聚落的美学特征是在一定范畴基础上而建造的部分的集合,通过各要素相似与相异的比较而被解释出来的。不要做相同的,如有相同的倾向,试做'基本模式'的变形。"建筑与建筑的重复扩展方式有横向与纵向延伸扩展两种方式。在平原上,横向有平齐和错位两种,在山地上的纵向包括有高差和无高差两种。

防城港市那良镇解放街是新中国成立后改建的街,街道有多幢占地面阔一开间(3~3.5 m),占天2~3层高(约9 m)的进深很深的四进竹筒楼,其高低错落地相互挨着,由于开间大小、层高的高低、檐口的前后关系在尺寸上只有一些微差,虽然外观形态有些许差别,但时不时出现的以三扇法式拱廊为一组的空间要素的视觉重复,给人以整体和谐感。

2. 九宫格里的十字空间

神性的空间原型是一种立体十字轴线空间,十字轴线就是堪舆术所说的"天心十字",向上的精神空间平衡了水平的世俗空间。那么广西传统村落里有十字形空间吗?根据前文可知,其实上中下堂屋、院落和厢房就是平面十字形空间组合,只不过厢房或堂屋用门隔开后,其十字形态就不是这么清晰了;壮族上中下堂屋与前后左右的房间则构成了立体十字空间(图7.14);在一些祠堂、民居立面上的门窗组合中也能看到十字形空间的影子。

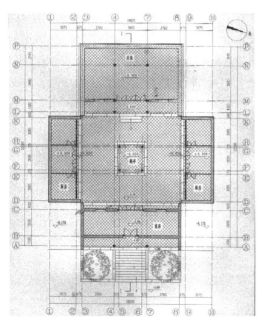

(a) 平面十字空间(西林县岑氏宗祠平面图)　　　(b) 立面十字空间(熊村)

图7.14　十字形空间类型

7.3.3　自组织集聚与扩散

自由空间是拓扑空间发展到一定阶段,空间要素呈现非线性自然衍生样态时的集聚与扩散形态。所谓非线性是对应内外部条件复杂度较高的特性而自动生成的,空间要素之间的关系是由一些不确定的层级叠加或者偶然性关联所造成,而不是按既定轴线(规划路径)进行延展。

正如桑福德·昆特所说:"它开始于一件事,却发展成另一件事。"乡村营建是一种综合多种可能性的行为,注重偶然性的表现。宅形是在现存可能性中选择的结果,其可能性越多,选择的余地就越大;其间不存在任何必然性,因为人总是可以生活在各种各样的构筑物中。山水的自由空间形态往往为村落空间形态的自由发展提供多种可能,高低错落的空间形态必然导致村落的空间形态是高低起伏的,起伏跌落的沿岸空间形态自然使村落空间形态的蜿蜒曲折。在村落建设中应该尊重这样的自然有机形态,而不能像城镇一样削平了、填平了重建。

费孝通认为,对农民来说,营建就是一种对既存模式或模型的简单模仿或动态更新,它是一种简单地按照自然规则、传统经验的积累就能进行的缓慢过程。传统空间往往在约定一个基本的权力、习俗的大框架后,都会留有非常大的权力所不及的自由空间给乡民释放自由的天性,这使空间原型的自组织复制成为可能。

环境的组织程度越低,或是越混沌和不可预测,生命系统的适应性就必须越强,这就要求它有一种同样自由松散的组织形式。当系统实现了这种与环境的响应,它就是自组织的。传统乡村空间都具有自组织结构的特性。处于非平衡态、相互临近的空间要素在集体无意识的力量牵引下,不断地汇聚、累积到一定程度后涌现出一些相似的特征,从而呈现出一种自由松散的自组织结构状态。自组织结构的特性是生成性、开放性、自我相似性。这种自组织状态反映在村落空间结构的形成过程上即是"散点结构→团状结构→线性结构→网状结构→复杂性结构"的自生成过程。非线性关系,不是一种讲究前因后果、沿着时间推进、注重空间轴线的序列关系,而是一种打破时间与空间限制的并列重叠关系。当前传统村落中,传统乡土建筑、近现代乡土建筑、当代乡土建筑、新建筑以一种毫无关系、自说自话的状态存在着。

对自然地理空间及其力学规律的尊重,顺其自然,让自然力量来主导空间形态是自组织形态生成的主要力量之一。在上林鼓鸣壮寨夯土竞赛中,有把民居自然墙体和地基在人为控制的条件下让其自然坍塌,形成自然的空间形态的做法,别有一番风味。

7.4　小结:广西传统村落及建筑空间形态传承与更新框架

乡村聚落不能仅以雷同的共性存在,还应以个性和典型性存在,方形、三角形、圆形、自由形一起形成一个正反相合、多元共存的传统村落及建筑空间形态体系。通过简单的空间形态的适度变形及组合,可以形成良好的村落建筑空间形态。

由此建构广西传统村落建筑空间方向的传承与更新框架,如图7.15所示。

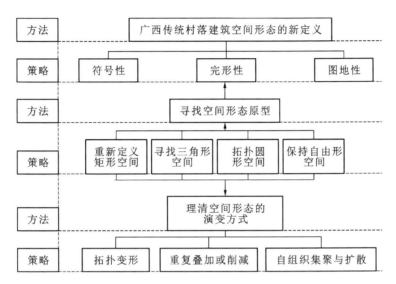

图7.15 广西传统村落建筑空间形态传承与更新框架

8

结语与展望：广西传统村落及建筑空间传承与更新框架

以客观的学术调查与研究唤醒社会，助长保存趋势，即使破坏不能完全制止，亦可逐渐减杀。这工作即使为逆时代的力量，它却与在大火之中抢救宝器名画同样有着刻不容缓的性质。这是珍护我国可贵文物的一种神圣职责。

——梁思成

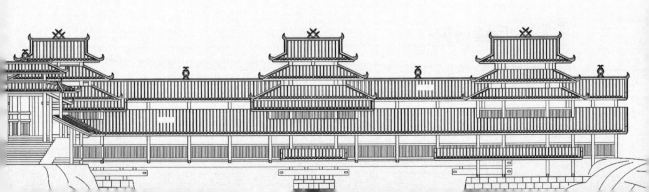

8.1　结语

通过调研发现,传统村落及建筑空间塑造是一个简单、自然的过程。每个空间要素都处于不同的空间格局中,其自身具有独特的空间意义和形态,处理好它对整体空间塑造有"局部构成整体"的设计方法意义。

通过分析发现,构成空间的要素越简洁,空间可塑性就越大,而空间要素越丰富,空间吸引力就越强。同时,传统空间最重要的不在空间要素,而在要素间的关系。与城镇由上至下的强关系相比,广西传统村落及建筑是一种由下至上弱关系(弱结构)的体现。

本书的研究表明,人是通过符号来解读空间并获得意义,并由此找出传统村落及建筑里存在的矩形、三角形、圆形和自由形等空间形态原型,并找到其拓扑变形、重复叠加或削减,自组织集聚与扩散的演变方式,以便形成良好的村落及建筑空间形态。

通过研究,可得图8.1所示的广西传统村落及建筑空间传承与更新框架,希望该研究框架能为后续的空间分析、评价软件的研究与设计提供理论与方法参考。

8.2　理想空间

朱文一在博士论文"理想空间"一节展示了对未来空间的遐想,而本书的研究也有对未来空间的各种猜想,但还是片段性猜想,为此笔者尝试着对未来广西传统村落及建筑空间的理想走向进行猜想(图8.2—图8.4)。

当然,唯有试验性实践才是发现、分析、解决问题的途径,才是检验研究的标准与构筑理想空间的钥匙。相比国内外,广西传统村落及建筑规划、改造、重建的成功案例和经验尚且不足,需要更为翔实的研究式设计与实践。

8.3　后续研究

本书对"广西传统村落及建筑空间传承与更新框架"的建构是对从古至今未有正解的

"空间研究"主题的深入延续，因此需要笔者在后续体系优化、案例分析、空间设计中对传统村落及建筑空间进行更进一步的提炼与分析，对传统空间与现代空间进行更为契合的比较研究，对传统村落及建筑空间的格局进行更深入的分析，从而为传统空间体系相关内容的数字化分析、参数化生成、智能化应对提供帮助。

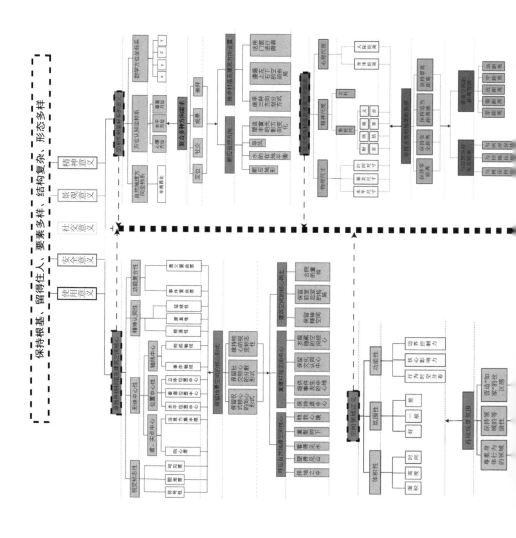

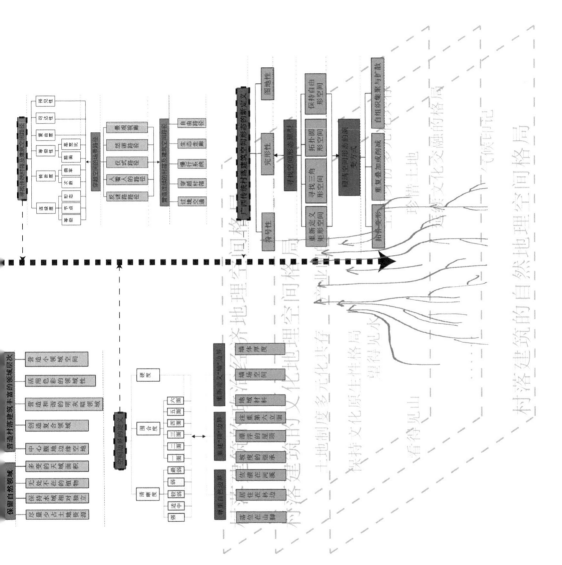

图 8.1　广西传统村落及建筑空间传承更新框架

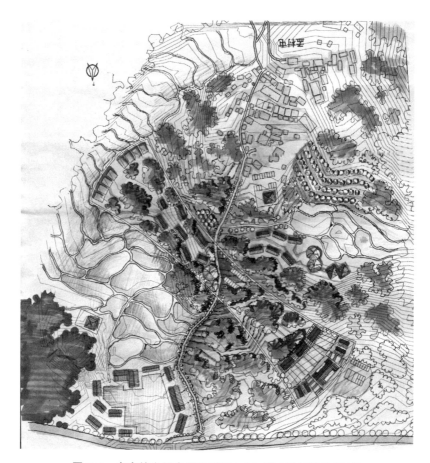

图 8.2　未来的乡村会是这样吗？（金秀孟村保护性规划）

图 8.3　未来的乡村会是这样吗？（上林鼓鸣寨规划）

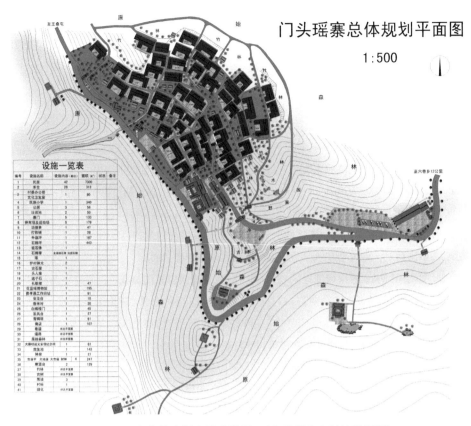

图8.4 未来的乡村会是这样吗？（金秀门头屯保护性规划）

参 考 文 献

[1] 文一峰. 建筑符号学与原型思考·对当代中国建筑符号创作的反思[J]. 建筑学报,2012(5):87-92.

[2] 潘年英. 经济开发中的侗族原生文化:保护和利用[J]. 理论与当代,2004(10):4-6.

[3] Lindsay A, Marcel V. Vernacular Architecture in the 21st Century[M]. London:Taylor & Francis, 2006.

[4] 张玉树,吕富珣. 地域涵构与台湾地域主义建筑实践[J]. 世界建筑,2012(6):118-120.

[5] 吴焕加. 中国建筑·传统与新统[M]. 南京:东南大学出版社,2003.

[6] 杨宇振. 文化视野中之西南传统地域建筑文化格局:兼论西部传统地域建筑研究之现实意义[M]//. 支文军,张兴国,刘克成. 建筑西部:西部城市与建筑的当代图景(理论篇). 北京:中国电力出版社,2008.

[7] 陈志华. 乡土建筑保护论纲[J]. 文物建筑,2007:193-197.

[8] 王飒. 中国传统聚落空间层次结构解析[D]. 天津:天津大学,2011.

[9] 李晓峰. 乡土建筑:跨学科研究理论与方法[M]. 北京:中国建筑工业出版社,2005.

[10] 王澍. 让文化力量重返乡村[N/OL]. 文汇报,2017-04-19. https://www.whb.cn/zhuzhan/guandian/20170419/89706.html

[11] Claude L S, Sylvia M. The Way of the Masks[M]. Washington District of Columbia:University of Washington Press,1988.

[12] 陶立璠. 现代生活与传统生活的对接[C]//冯骥才. 当代社会中的传统生活国际学术研讨会论文集. 天津:天津社会科学院出版社,2014.

[13] 冯平,汪行福."复杂现代性"框架下的核心价值建构[J]. 中国社会科学,2013(7):22-39.

[14] Jürgen H. Philosophical-Political Profiles[M]. Cambridge:The MIT Press,1983.

[15] 唐文明. 何谓现代性?[J]. 哲学研究,2000(8):44-50.

[16] 郑杭生. 现代性过程中的传统和现代[J]. 学术研究,2007(11):5-10.

[17] 苏珊·朗格. 艺术问题[M]. 滕守尧,朱疆源,译. 北京:中国社会科学出版社,1983.

[18] 陈志华,李秋香. 中国乡土建筑初探[M]. 北京:清华大学出版社,2012.

[19] 陈志华,李玉祥. 楠溪江中游古村落[M]. 北京:生活·读书·新知三联书店,1999.

[20] 余英. 中国东南系建筑区系类型研究[M]. 北京:中国建筑工业出版社,2001.

[21] 毛刚. 生态视野:西南高海拔山区聚落与建筑[M]. 南京:东南大学出版社,2003.

[22] 蔡凌. 侗文化圈传统村落及建筑研究框架[J]. 新建筑,2004(6):7-9.

[23] 段进,龚恺,陈晓东,等. 空间研究1:世界文化遗产西递古村落空间解析[M]. 南京:东南大学出版社,2006.

[24] 星球地图出版社. 广西壮族自治区地图集[M]. 北京:星球地图出版社,2017.

［25］高桥鹰志＋EBS组. 环境行为与空间设计[M]. 董新生,译. 北京:中国建筑工业出版社,2006.

［26］卡尔·古斯塔夫·荣格. 荣格文集:原型与集体无意识[M]. 徐德林,译. 北京:国际文化出版公司,2011.

［27］约瑟夫·里克沃特. 亚当之家:建筑史中关于原始棚屋的思考[M]. 李保,译. 北京:中国建筑工业出版社,2006.

［28］吴良镛. 论中国建筑文化的研究与创造[J]. 华中建筑,2002(6):1-5.

［29］藤井明. 聚落探访[M]. 宁晶,译. 北京:中国建筑工业出版社,2003.

［30］刘先觉等. 生态建筑学[M]. 北京:中国建筑工业出版社,2009.

［31］谭刚毅,钱闽. 合院瓦解与原型转化[J]. 新建筑,2003(5):45-48.

［32］凯文·林奇. 城市意象[M]. 北京:华夏出版社,2001.

［33］阿摩斯·拉普卜特. 宅形与文化[M]. 北京:中国建筑工业出版社,2007.

［34］朱文一. 空间·符号·城市[M]. 北京:中国建筑工业出版社,2010.

［35］简·雅各布斯. 美国大城市的死与生[M]. 金衡山,译. 南京:译林出版社,2006.

［36］Rasmussen S E. 建筑体验[M]. 刘亚芬,译. 北京:知识产权出版社,2003.

［37］布莱恩. 劳森. 空间的语言[M]. 杨青娟,韩效,卢芳,等,译. 北京:中国建筑工业出版社,2003.

［38］布鲁诺·赛维. 建筑空间论:如何品评建筑[M]. 张似赞,译. 北京:中国建筑工业出版社,2006.

［39］王澍. 隔岸问山:一种聚集丰富差异性的建筑类型学[J]. 建筑学报,2014(1):42-47.

［40］伯纳德·鲁道夫斯基. 没有建筑师的建筑:简明非正统建筑导论[M]. 高军,译. 天津:天津大学出版社,2011.

［41］李先逵. 川渝山地营建十八法[J]. 西部人居环境学刊,2016(2):1-5.

［42］雷翔. 广西民居[M]. 北京:中国建筑工业出版社,2009.

［43］Johnston R J. 地理学与地理学家[M]. 唐晓峰,译. 北京:商务印书馆,1999.

［44］Richard F. 景观生态学[M]. 北京:科学出版社,1990.

［45］胡正凡,林玉莲. 环境心理学:环境-行为研究及其设计应用[M]. 北京:中国建筑工业出版社,2012.

［46］张杰,吴淞楠. 中国传统村落形态的量化研究[J]. 世界建筑,2010(1):118-121.

［47］彭松. 非线性方法:传统村落空间形态研究的新思路[J]. 四川建筑,2004(2):22-23,25.

［48］李长杰. 桂北民间建筑[M]. 北京:中国建筑工业出版社,1990.

［49］覃彩銮,黄恩厚,韦熙强,等. 壮侗民族建筑文化[M]. 南宁:广西民族出版社,2006.

［50］郑景文,欧阳东. 传统村寨空间网络探析:以桂北少数民族村寨为例[J]. 新建筑,2006(4):73-75.

［51］熊伟. 广西传统乡土建筑文化研究[M]. 北京:中国建筑工业出版社,2013.

［52］吴良镛. 北京宪章[M]. 北京:清华大学出版社,2002.

［53］曾奇峰. 象·体·意:人为环境的一般表意系统[D]. 上海:同济大学,1995.

［54］Amos R. The Meaning of the Built Environment[M]. University of Arizona Press,1990.

［55］顾大庆. 建筑师如何感知空间:兼论连续空间的视知觉机制[J]. 世界建筑导报,2013(2):36-39.

［56］刘哲. 广西传统村落现状与保护发展的思考[J]. 广西城镇建设,2014(11):14-19.

［57］陆丽君. 左江壮族传统文化景观研究初探[D]. 北京:北京林业大学,2006.

［58］潘桂媚,周鸿. 空间视域下民族文化经济的发展问题研究:以广西仫佬族依饭节为例[J]. 改革与战略,2014.

[59] 丘振声. 壮族图腾考[M]. 南宁:广西人民出版社,1993.

[60] 刘祥学. 壮族地区人地关系过程中的环境适应研究[D]. 上海:复旦大学,2008.

[61] 海力波. 道出真我:黑衣壮的人观与认同表征[M]. 北京:社会科学文献出版社,2008.

[62] 覃彩銮. 壮族传统民居建筑论述[J]. 广西民族研究,1993(3):112-118.

[63] 石拓. 中国南方干栏及其变迁研究[D]. 广州:华南理工大学,2013.

[64] 罗德胤. 浅析瑶族文化对民居建筑艺术的影响[J]. 西北民族大学学报(哲学社会科学版),2009(6):90-95.

[65] 张斌,杨北帆. 客家民居记录:从边缘到中心[M]. 天津:天津大学出版社,2010.

[66] 吴艳,单军. 滇西北民族聚居地建筑地区性与民族性的关联研究[J]. 建筑学报,2013(5):95-99.

[67] 郦大方. 西南山地少数民族传统聚落与住居空间解析:以阿坝、丹巴、曼冈为例[D]. 北京:北京林业大学,2013.

[68] 费孝通. 乡土中国[M]. 北京:人民出版社,2008.

[69] 李自若,陆琦. 从广西旧县村的自主更新再利用谈传统聚落的保护与发展[J]. 南方建筑,2011(3):88-91.

[70] 诺伯舒兹. 场所精神:迈向建筑现象学[M]. 施植明,译. 武汉:华中科技大学出版社,2010.

[71] 杨大怀. 建设农民自己的乡村[Z/OL]. 2015 新建筑论坛(秋季). http://www.newarch.cn/dynamic/a_186.html

[72] 朱永春. 文化心理结构与地理图式[J]. 新建筑,1997(4):55-57.

[73] 冯骥才. 传统村落的困境与出路:兼谈传统村落类文化遗产[N/OL]. 人民日报(2012-12-07)[2024-01-29]. http://cpc.people.com.cn/n/2012/1207/c83083-19820291.html

[74] 吕维锋. 生长的建筑:从侗寨的空间生成序列到建筑创作[J]. 时代建筑,1995(2):36-39.

[75] 非亚. 广西传统建筑:关于现代性转化的思考[J]. 广西城镇建设,2012(12):34-38.

[76] 刘滨谊,廖宇航. 大象无形·意在笔先:中国风景园林美学的哲学精神[J]. 中国园林,2017(9):5-9.

[77] 广西大百科全书编纂委员会. 中国大百科全书民族[M]. 北京:中国大百科全书出版社,1986.

[78] Xuemei L, Kendra S S. Time, Space and Construction: Starting with Auspicious Carpentry in the Vernacular Dong Dwelling[J]. Journal of the Society of Architectural Historians, 2011.

[79] 夏海山. 城市建筑的生态转型与整体设计[M]. 南京:东南大学出版社,2006.

[80] 周静敏,惠丝思,薛思雯,等. 文化风景的活力蔓延:日本新农村建设的振兴潮流[J]. 建筑学报,2011(4):46-51.

[81] 潘洌,魏宏杨,廖宇航,等. 夯土聚落的未来:以广西上林鼓鸣寨国际夯土建筑设计竞赛为例[J]. 新建筑. 2018(1):86-89.

[82] 侯幼彬. 中国建筑美学[M]. 北京:中国建筑工业出版社,2009.

[83] 叶秀山. 思·史·诗:现象学和存在哲学研究[M]. 北京:人民出版社,1988.

[84] 徐赣丽. 广西龙脊地区旅游开发中民俗文化的价值化[J]. 广西民族研究,2005(2):195-201.

[85] 青锋. 建筑·姿态·光晕·距离:王澍的瓦[J]. 世界建筑,2008(9):112-116.

[86] 陈占江,包智明. "费孝通问题"与中国现代性[J]. 中央民族大学学报(哲学社会科学版),2015(1).

[87] 寿焘,仲文洲. 际村的"基底":乡村自组织营造策略研究[J]. 建筑学报,2016(8):66-73.

[88] 原广司. 世界聚落的教示100[M]. 于天袆,刘淑梅,译. 北京:中国建筑工业出版,2003.

［89］饶小军. 边缘实验与建筑学的变革［J］. 新建筑,1997(3):23-26.

［90］王澍. 我们需要一种重新进入自然的哲学［J］. 世界建筑,2012(5):20-21.

［91］童明. 零度的写作［J］. 建筑学报,2012(6):1-11.

［92］张鸽娟,廖劲松. "工业乡土性"及其人文内涵的表达:日本建筑师岸和郎创作思想评析［J］. 建筑学
　　　报,2005(11).

［93］吉家雨,廖宇航,潘洌,等. 广西灵山县古村落空间形态对比研究［J］. 华中建筑,2021(3):121-125.

［94］廖宇航. 中国风景感受美学的现代性［M］. 上海:同济大学出版社,2023.

［95］Castells M. End of Millennium［M］. New Jersey:Wiley-Blackwell,2010.

［96］牛建农. 千年家园广西民居［M］. 北京:中国建筑工业出版社,2008.

［97］杉浦康平. 造型的诞生［M］. 李建华,杨晶,译. 北京:中国青年出版社,1999.

［98］程建军,孔尚朴. 风水与建筑［M］. 南昌:江西科学技术出版社,2005.

［99］张弘,张轲. 阳朔不知名小街上的店面［J］. 世界建筑,2005(10):125-130.

［100］曹林娣. 中国园林文化［M］. 北京:中国建筑工业出版社,2005.

［101］李旭. 广西龙胜平安寨传统壮族干栏式民居的变迁及思考［J］. 中外建筑,2006(3):61-62.

［102］郑景文. 桂北少数民族聚落空间探析［D］. 武汉:华中科技大学,2005.

［103］麦思杰. 风水、宗族与地域社会的构建:以清代黄姚社会变迁为中心［J］. 社会学研究,2012(3):
　　　　203-222.

［104］徐洪涛,秦书峰,全峰梅,等. 广西传统村落［M］. 南宁:广西科学技术出版社,2020.

［105］威廉·H·怀特. 小城市空间的社会生活［M］. 上海:上海译文出版社,2016.

［106］付从稳. 白裤瑶粮食储藏与加工方式变迁:以广西南丹县里湖瑶族乡怀里村蛮降屯为例［D］. 南宁:
　　　　广西民族大学,2013.

［107］王其钧. 宗法、禁忌、习俗对民居型制的影响［J］. 建筑学报,1996(10):57-60.

［108］李远龙. 重访六巷［J］. 广西民族学院学报(哲学社会科学版),2004(1):76-83.

［109］周维权. 中国古典园林史［M］. 北京:清华大学出版社,1990.

［110］冯路. 重新建构:《建筑文化研究》"建构"专辑书评［J］. 建筑学报,2009(12):62-63.

［111］芦原义信. 外部空间设计［M］. 尹培桐,译. 北京:中国建筑工业出版社,1985.

［112］扬·盖尔. 交往与空间［M］. 何人可,译. 北京:中国建筑工业出版社,2002.

［113］马丁·海德格尔. 海德格尔选集(上下)［M］. 孙周兴,译. 上海:上海三联书店,1996.

［114］朱文一. 中国古代建筑的一种译码［J］. 建筑学报,1994(6):12-16.

［115］广西壮族自治区地方志编纂委员会. 广西通志民俗志［M］. 南宁:广西人民出版社,1992.

［116］苏珊·朗格. 情感与形式［M］. 刘大基,傅志强,译. 北京:中国社会科学出版社,1986.

［117］王昀. 传统聚落结构中的空间概念［M］. 北京:中国建筑工业出版社,2009.

［118］C·亚历山大 S. 伊希卡娃,M. 西尔佛斯坦,等. 建筑模式语言［M］. 王听度,周序鸿,译. 北京:知识产
　　　　权出版社,2002.

［119］廖宇航,潘洌,李欢,等. 广西贺州江氏客家围屋特色浅析［J］. 南方建筑,2013(3):41-45.

［120］侯其强. 总结民居经验赓续规划文脉:评介《广西民居》［J］. 新建筑,2005(6):92-93.

［121］罗国璋,王伟璋. 广西土地利用史［M］. 南宁:广西人民出版社,1993.

［122］约瑟夫·派恩. 体验经济时代［M］. 台湾:经济新潮社,2003.

[123] 李道增. 环境行为学概论[M]. 北京:清华大学出版社,1999.

[124] 赫曼·赫茨伯格. 建筑学教程:设计原理[M]. 仲德崑,译. 天津:天津大学出版社,2003.

[125] 杨小柳. 建构新的家园空间:广西凌云县背陇瑶搬迁移民的社会文化变迁[J]. 民族研究,2012(1).

[126] 柯林·罗,罗伯特·斯拉茨基. 透明性[M]. 金秋野,王又佳,译. 北京:中国建筑工业出版社,2008.

[127] 陈一凡. 侗寨传统建筑装饰图像研究—以广西三江侗族自治县为例[D]. 上海:东华大学,2013.

[128] Rachel K,Stephen K. The Experience of Nature:A Psychological Perspective[M]. New York:
Cambridge University Press,1989.

[129] 任爽,梁振然. 桂阳八寨景观空间结构及其特征分析研究[J]. 林业调查研究,2010(5):19-24.

[130] 魏宏杨,潘洌,廖宇航. 广西贵港君子垌客家传统民居聚落空间安全意义解读[J]. 新建筑,2018(2):
123-127.

[131] 刘婷. 壮族布洛陀文化的当代重构及其实践理性:那县的田野表述[D]. 武汉:中南民族大学,2012.

[132] 周杰. 原生态视野下的广西黑衣壮传统民居研究[D]. 上海:上海交通大学,2009.

[133] 郭屹民,邓晔. 住宅的可能性[J]. 建筑学报,2005(10):30-33.

[134] 彭兆荣. 仪式叙事的原型结构:以瑶族"还盘王愿"仪式为例[J]. 广西民族大学学报(哲学社会科学
版),2008(5):53-58.

[135] 赵冰. 人的空间[J]. 新建筑,1985(2).

[136] 张杰,霍晓卫. 北京古城城市设计中的人文尺度[J]. 世界建筑,2002(2):66-71.

[137] 星球地图出版社. 广西壮族自治区公路导航地图册[M]. 北京:星球地图出版社,2016.

[138] 王雪松,曹宇博. "藏风聚气"与传统村镇风环境研究:以重庆偏岩古镇为例[J]. 建筑学报,2012(S2):
21-23.

[139] 诺伯格·舒尔兹. 存在·空间·建筑[M]. 尹培桐,译. 北京:中国建工出版社,1990.

[140] 藤本壮介. 建筑诞生的时刻[M]. 张钰,译. 桂林:广西师范大学出版社,2013.

[141] 吕红医,李立敏,张华. 街道的单一性与多元性含义:下伏头村公共空间形态分析[J]. 新建筑,2005
(2):79-81

[142] 海力波. "三界"宇宙观与社会空间的建构:广西那坡县黑衣壮族群空间观念的研究[J]. 广西民族研
究,2007(4):68-79.

[143] 赵冶. 广西壮族传统聚落及民居研究[D]. 广州:华南理工大学,2012.

[144] 张良皋. 干栏:平摆着的中国建筑史[J]. 重庆建筑大学学报(社科版),2000(4):1-3.

[145] 赖德霖. 中国文人建筑传统现代复兴与发展之路上的王澍[J]. 建筑学报,2012(5):1-5.

[146] Kendra S S,Albert C S,Xuemei L. A Human Measure:Structure,Meaning and Operation of 'Lu
Ban' foot-rule of the Dong Carpenters[J]. Architecture Research Quarterly,2013.

[147] 黄恩厚. 壮侗民族传统建筑研究[M]. 南宁:广西人民出版社,2008.

[148] 黄峥,张悦,倪锋,等. "5·12"汶川震后农宅的可持续设计与建造研究:以什邡市银池村钢结构试点
农宅为例[J]. 建筑学报,2010(9):119-124.

[149] 庞祖荫,李培春,黄秀峰,等. 广西巴马县瑶族体质特征[J]. 右江民族医学院学报,1988(Z1):28-34.

[150] 滕守尧. 审美心理描述[M]. 成都:四川人民出版社,1998.

[151] 赵善德. 先秦时期珠江三角洲环境变迁与文化演进[J]. 华夏考古,2007(2):90-97.

[152] 周光召. 历史的启迪和重大科学发现产生的条件[J]. 科技导报,2000(1):3-9.

[153] 鲁道夫·阿恩海姆.建筑形式的视觉动力[M].宁海林,译.北京:中国建筑工业出版,2006.

[154] 李浈,杨达.固本留源关于中国传统木构建筑的构造特征及其当代传承的探讨[J].时代建筑,2014
(3):36-39.

致　谢

此书源自 12 年前起稿的博士论文,初衷是为追随兴趣而自行钻研,至今却是众人拾柴付梓成书,感慨良多,终要一谢。

首先,感激重庆大学博士生导师魏宏杨教授和卢峰教授,两位先生为本书的立德立论立言提供了宝贵的指导意见。感激广西大学土木建筑工程学院历任领导和同事为论文提供思路、图片或资料等帮助,其中特别感激杨绿峰、邓志恒、苏益声、周东、王业、田伉俪、安永辉、陈正、陈立华、吴宇华、秦书峰、韦玉娇、谢小英、李欣、陈峭苇、熊伟、赵冶、陈筠婷、吴杰、王丽、杨修等老师。感激重庆大学褚冬竹教授、华中科技大学李晓峰教授和汪原教授,以及读博时的同窗苏云峰、陈俊、宗德新、高伟、李静波、杨昌新、姚强、邱昊等提供宝贵意见。感激广西壮族自治区和其各市县自然资源局、住建局等相关部门领导同志为本书的调研和资料收集所提供的帮助,特别是刘哲、梁庆华、梁浩文、卢胄、卓晓宁等的大力支持。感激同济大学出版社邢宜君编辑和相关编辑的缜密出版计划和仔细审稿,才使拙作得以出版。再次感激大家!

其次,感谢广西自然科学基金面上项目"桂西南传统村落及建筑空间传承与更新研究"(联合资助培育项目)(2018GXNSFAA294148)提供支持;感谢参与"广西古建调研测绘""人体工程学""场地设计""大创项目"的广西大学建规系同学,他们为本书提供了相关图片与资料,以及参加大学生创新创业计划一般项目"桂西地区壮族干栏建筑榫卯结构调查与分析"(S202410593079)的同学们、已毕业或在读的研究生与本科生,以及相关文献和资料的作者。限于本书篇幅或相关信息不详,对你们的名字无法在书中都能图文对应、一一列举深感抱歉,借此对你们的研究成果为本书的顺利出版所提供的宝贵支持表示感谢!

最后,告慰吾父潘运根的在天之灵,感恩我的母亲陈彩云、大哥潘宁,岳父石泽雷,岳母廖新华对我的全力支持和无私帮助,尤其感谢吾妻亦同事廖宇航和吾女玥燕带给我的笃定、勇气和快乐!

再次,对我所有的领导、同事、朋友、家人深表感激、感谢和感恩!

2024 年 11 月　于邕城西大